计算机应用基础任务驱动教程
——Windows 10 + Office 2016

主　编　戴春平　涂锐伟
副主编　朱克武　戴欣华　胡国生　张乐吟
　　　　梁炳进　龙怡瑄　刘庆威

北京理工大学出版社
BEIJING INSTITUTE OF TECHNOLOGY PRESS

内容简介

全书内容包括7个模块：计算机与新一代信息技术基础知识，Windows 10 操作系统模块，计算机网络与Intermet基本应用模块，Word 2016文字处理模块，电子表格软件Excel2016模块，演示文稿处理软件PowerPoin 2010模块，信息素养与社会责任模块。本书的编者都是高职高专院校的老师，编写经验丰富。通过对学生的学习能力、学习特点的了解，将理论知识融入68个实际任务中，通过解释完成任务过程中遇到的现象，完成理论知识的传递，比如，通过文字、图片、文档等3个不同的下载需求，来讲解如何获取不同类型的网络资源。

本书适合作为高职院校计算机应用基础课程教材，也可以作为计算机爱好者自学参考用书。

版权专有　侵权必究

计算机应用基础任务驱动教程：Windows 10 + Office 2016 / 戴春平，涂锐伟主编. -- 北京：北京理工大学出版社，2021.9

ISBN 978 – 7 – 5763 – 0302 – 5

Ⅰ. ①计… Ⅱ. ①戴… ②涂… Ⅲ. ①Windows 操作系统 – 高等职业教育 – 教材②办公自动化 – 应用软件 – 高等职业教育 – 教材 Ⅳ. ①TP316.7②TP317.1

中国版本图书馆 CIP 数据核字（2021）第 183141 号

出版发行 /	北京理工大学出版社有限责任公司
社　　址 /	北京市海淀区中关村南大街5号
邮　　编 /	100081
电　　话 /	（010）68914775（总编室）
	（010）82562903（教材售后服务热线）
	（010）68944723（其他图书服务热线）
网　　址 /	http：//www.bitpress.com.cn
经　　销 /	全国各地新华书店
印　　刷 /	三河市天利华印刷装订有限公司
开　　本 /	787毫米×1092毫米　1/16
印　　张 /	19.25
字　　数 /	452千字
版　　次 /	2021年9月第1版　2021年9月第1次印刷
定　　价 /	55.00元

责任编辑 / 朱　婧
文案编辑 / 朱　婧
责任校对 / 周瑞红
责任印制 / 施胜娟

图书出现印装质量问题，请拨打售后服务热线，本社负责调换

前　言

本教材内容具有先进性和实用性，包括计算机与新一代信息技术基础知识、网络知识、微机操作系统、文字处理软件、电子表格软件和演示文稿软件等的基本知识及基本操作，使学生掌握计算机应用、新一代信息技术的基础知识，具有操作微机、计算机网络和使用现代化办公软件的基本能力。本教材为学生进一步学习计算机有关知识，利用计算机进行相关信息处理等打下基础，培养学生认真严谨的工作态度、与人为善的人文情怀和精益求精的工匠精神。

本教材秉持以学生为中心的理念，以"课程思政、立德树人"为指导，以企业工作内容为任务来驱动教学，严格按照作业流程，实施工学结合，通过"做中教、做中学"的教学策略，设计制作递进式的教学任务，定位精准，知识难度适中，通俗易懂，方便学生理解和掌握，也方便老师组织教学。

本教材由戴春平、涂锐伟负责统稿，一共分为7个模块，计算机与新一代信息技术基础知识模块由胡国生编写，Windows 10 操作系统模块由朱克武编写，计算机网络与 Internet 基本应用模块由刘庆威编写，Word 2016 文字处理模块由涂锐伟编写，电子表格处理软件 Excel 2016 模块由戴欣华编写，演示文稿 PowerPoint 2016 模块由龙怡瑄、张乐吟编写，信息素养与社会责任模块由梁炳进编写。

由于编者水平有限，书中难免存在疏漏和不足之处，恳请读者批评指正。

编　者
2021.7

目 录

模块 1　计算机与新一代信息技术基础知识 ………………………………………………… (1)

　任务 1　了解计算机 …………………………………………………………………………… (1)

　　【任务 1-1】计算机的发展历史 ………………………………………………………… (2)

　　【任务 1-2】计算机的特点和分类 ……………………………………………………… (3)

　　【任务 1-3】计算机的应用领域 ………………………………………………………… (4)

　　【任务 1-4】计算机的发展趋势 ………………………………………………………… (5)

　任务 2　认识计算机的系统组成 ……………………………………………………………… (6)

　　【任务 2-1】认识计算机的系统组成 …………………………………………………… (6)

　　【任务 2-2】认识微型计算机硬件系统 ………………………………………………… (9)

　　【任务 2-3】认识计算机的软件系统 …………………………………………………… (16)

　任务 3　认识计算机的信息存储 ……………………………………………………………… (18)

　　【任务 3-1】了解计算机的常用数制及其转换 ………………………………………… (18)

　　【任务 3-2】了解计算机中的信息编码 ………………………………………………… (21)

　任务 4　了解新一代信息技术 ………………………………………………………………… (23)

　　【任务 4-1】了解人工智能 ……………………………………………………………… (24)

　　【任务 4-2】了解云计算 ………………………………………………………………… (25)

　　【任务 4-3】了解物联网 ………………………………………………………………… (26)

　　【任务 4-4】了解大数据 ………………………………………………………………… (28)

　　【任务 4-5】了解区块链 ………………………………………………………………… (28)

模块 2　Windows 10 操作系统 …………………………………………………………………… (31)

　任务 1　认识 Windows 10 操作系统 ………………………………………………………… (31)

　　【任务 1-1】Windows 10 操作系统简介 ………………………………………………… (32)

　　【任务 1-2】Windows 10 窗口的基本操作 ……………………………………………… (33)

　任务 2　Windows 10 文件管理 ……………………………………………………………… (41)

　　【任务 2-1】了解文件和文件夹的基本概念 …………………………………………… (41)

　　【任务 2-2】管理文件和文件夹 ………………………………………………………… (42)

　任务 3　Windows 10 的系统管理 …………………………………………………………… (49)

　　【任务 3-1】定制工作环境 ……………………………………………………………… (49)

　　【任务 3-2】管理用户账户 ……………………………………………………………… (53)

　　【任务 3-3】控制面板其他设置 ………………………………………………………… (55)

模块3　计算机网络与 Internet 基本应用 (59)

任务1　认识计算机网络 (59)
【任务1-1】学习计算机网络知识 (60)
【任务1-2】认识 Internet 与万维网 (69)
【任务1-3】了解 IP 地址与域名系统 (71)

任务2　体验 Internet (73)
【任务2-1】Internet 信息浏览 (73)
【任务2-2】搜索与下载网上的信息资源 (79)

任务3　认识网络安全 (82)
【任务3-1】认识计算机病毒 (82)
【任务3-2】网络安全的举措 (84)

模块4　Word 2016 文字处理 (87)

任务1　认识 Word 2016 (87)
【任务1-1】熟悉 Word 2016 界面 (88)
【任务1-2】认识 Word 2016 文档视图 (89)
【任务1-3】创建与保存文档 (91)

任务2　编制简介文档 (93)
【任务2-1】设置字体格式 (94)
【任务2-2】设置段落格式 (97)
【任务2-3】设置首字下沉 (98)
【任务2-4】设置边框底纹 (98)
【任务2-5】插入项目符号 (99)
【任务2-6】设置分栏 (100)
【任务2-7】查找替换 (101)
【任务2-8】添加背景与页面边框 (102)
【任务2-9】添加页眉页脚 (103)
【任务2-10】添加脚注尾注 (104)

任务3　招生宣传单设计 (105)
【任务3-1】设置宣传单页面大小及背景 (106)
【任务3-2】插入艺术字 (107)
【任务3-3】插入自选图形 (108)
【任务3-4】设置文本框 (111)
【任务3-5】插入图片 (115)

任务4　制作报价单 (118)
【任务4-1】建立表格 (119)
【任务4-2】设置表格格式 (120)
【任务4-3】设置表格内容格式 (123)

【任务4-4】设计表格外观 …………………………………………………（125）
　　【任务4-5】表格计算 ……………………………………………………（127）
　　【任务4-6】表格转换为文本 ……………………………………………（128）

任务5　编制毕业论文 ………………………………………………………………（128）
　　【任务5-1】页面设置 ……………………………………………………（129）
　　【任务5-2】应用、修改和添加样式 ……………………………………（130）
　　【任务5-3】添加多级编号 ………………………………………………（132）
　　【任务5-4】制作目录 ……………………………………………………（136）
　　【任务5-5】添加页眉页脚 ………………………………………………（137）
　　【任务5-6】目录更新 ……………………………………………………（142）

任务6　制作工资条 …………………………………………………………………（143）
　　【任务6-1】复制工资条表格 ……………………………………………（144）
　　【任务6-2】选择数据源 …………………………………………………（145）
　　【任务6-3】插入合并域 …………………………………………………（146）
　　【任务6-4】合并到新文档 ………………………………………………（147）

模块5　电子表格处理软件 Excel 2016 …………………………………………（149）

任务1　认识 Excel ……………………………………………………………………（149）
　　【任务1-1】熟悉 Excel 界面 ……………………………………………（150）
　　【任务1-2】新建工作簿 …………………………………………………（151）
　　【任务1-3】保存工作簿 …………………………………………………（152）

任务2　制作产品销售报表 …………………………………………………………（154）
　　【任务2-1】输入数据 ……………………………………………………（154）
　　【任务2-2】编辑与美化工作表 …………………………………………（162）
　　【任务2-3】工作表的页面设置 …………………………………………（170）

任务3　分析学生成绩表 ……………………………………………………………（172）
　　【任务3-1】添加标题与日期 ……………………………………………（173）
　　【任务3-2】计算平时成绩 ………………………………………………（175）
　　【任务3-3】插入 IF 函数 ………………………………………………（177）
　　【任务3-4】条件格式 ……………………………………………………（180）
　　【任务3-5】计算成绩排名 ………………………………………………（180）
　　【任务3-6】统计人数 ……………………………………………………（182）
　　【任务3-7】成绩分析 ……………………………………………………（183）

任务4　Excel 常用函数拓展 …………………………………………………………（185）
　　【任务4-1】查找函数 ……………………………………………………（185）
　　【任务4-2】日期与时间函数 ……………………………………………（186）
　　【任务4-3】文本函数 ……………………………………………………（188）
　　【任务4-4】财务函数 ……………………………………………………（189）

【任务 4-5】 模拟运算 …… (191)
【任务 4-6】 函数的嵌套 …… (192)

任务 5　制作广州房产分析图表 …… (195)
【任务 5-1】 簇状柱形图 …… (196)
【任务 5-2】 折线图 …… (202)
【任务 5-3】 饼图 …… (205)

任务 6　管理与分析计算机考试数据 …… (207)
【任务 6-1】 数据排序 …… (208)
【任务 6-2】 自动筛选 …… (211)
【任务 6-3】 高级筛选 …… (214)
【任务 6-4】 分类汇总 …… (217)
【任务 6-5】 数据透视 …… (218)

模块 6　演示文稿 PowerPoint 2016 …… (224)

任务 1　认识 PowerPoint 2016 …… (224)
【任务 1-1】 了解 PowerPoint 2016 工作界面 …… (225)
【任务 1-2】 创建演示文稿 …… (229)
【任务 1-3】 管理幻灯片 …… (230)
【任务 1-4】 保存和关闭演示文稿 …… (232)

任务 2　制作"公司宣传"演示文稿 …… (234)
【任务 2-1】 制作片头页 …… (235)
【任务 2-2】 制作目录页 …… (238)
【任务 2-3】 制作转场页 …… (243)
【任务 2-4】 制作内容页 …… (245)
【任务 2-5】 制作片尾页 …… (254)

任务 3　美化"产品发布"演示文稿 …… (257)
【任务 3-1】 应用设计主题 …… (258)
【任务 3-2】 编辑幻灯片母版 …… (260)
【任务 3-3】 设置幻灯片切换效果 …… (264)
【任务 3-4】 设置幻灯片动画效果 …… (266)
【任务 3-5】 插入超链接与动作按钮 …… (270)
【任务 3-6】 添加多媒体元素 …… (274)

任务 4　放映与输出演示文稿 …… (276)
【任务 4-1】 设置放映参数 …… (277)
【任务 4-2】 控制演示文稿的放映 …… (281)
【任务 4-3】 输出演示文稿 …… (284)
【任务 4-4】 演示文稿的打包与打印 …… (288)

模块 7　信息素养与社会责任 …… (292)

任务1　信息素养 …………………………………………………………………… (292)
　【任务1-1】信息素养基本概念 ……………………………………………… (293)
　【任务1-2】信息素养标准 …………………………………………………… (293)
　【任务1-3】信息素养内涵 …………………………………………………… (294)
　【任务1-4】信息素养表现能力 ……………………………………………… (295)
任务2　社会责任 …………………………………………………………………… (295)
　【任务2-1】社会责任意识 …………………………………………………… (296)
　【任务2-2】社会责任感的重要意义 ………………………………………… (296)
　【任务2-3】网络社会 ………………………………………………………… (296)
　【任务2-4】提高社会责任意识，增强国家安全观念 ……………………… (297)

模块 1
计算机与新一代信息技术基础知识

本模块知识目标
- 了解计算机的发展历史、特点、分类、应用领域及发展趋势
- 认识计算机系统的组成及硬件指标
- 认识键盘和鼠标的基本构成和功能
- 掌握数制的基本概念及转换方法
- 掌握计算机信息编码的基础知识
- 了解新一代信息技术的基本概念与应用领域

本模块技能目标
- 能够识别微型计算机的各种配件,能够辨别各种软件的类型
- 能够熟练操作键盘和鼠标,并进行中英文字符的输入
- 能够识别计算机常用的数制并进行相互转换
- 能够认识常见的多媒体硬件与软件
- 能够举例描述新一代信息技术的应用场景

计算机的产生和发展是当代科学技术最伟大的成就,对人类的生产和社会产生了深远的影响,极大地推动了人类社会的进步。掌握和使用计算机已成为人们必不可少的技能。本模块内容包括计算机的发展历史及发展趋势、计算机的系统组成、计算机的信息存储,以及现代多媒体技术相关知识。

任务 1 了解计算机

▶**任务介绍**

计算机已经成为人们工作、学习和日常生活中不可缺少的重要工具,成为人们学习和工作的得力助手。本任务内容主要是学习计算机的发展历史、特点和分类、应用领域及发展趋势。

▶**任务分析**

为了顺利地完成本次工作任务,需要对计算机有一些基本的认识和了解,为以后的学习打下基础。本任务路线如图 1-1-1 所示。

完成本任务的相关知识点:

(1) 计算机的发展历史;

图1-1-1 任务路线

(2) 计算机的特点和分类；
(3) 计算机的应用领域；
(4) 计算机的发展趋势。

▶**任务实现**

【任务1-1】 计算机的发展历史

目前，人们公认的第一台通用电子计算机是在1946年由宾夕法尼亚大学研制成功的埃尼阿克（Electronic Numerical Integrator and Calculator，ENIAC），如图1-1-2所示。ENIAC占地面积约170m²。它是第一台全部采用电子装置的计算机，它的诞生标志着现代计算机时代的到来。

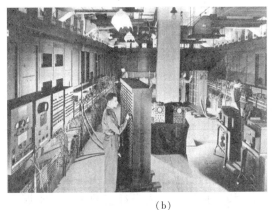

(a)　　　　　　　　　　　　　　　　　　　　(b)

图1-1-2　第一台计算机 ENIAC

(a) 局部图；(b) 全景图

按照主要元件的不同，计算机的发展一般划分为以下4个阶段。

1. 第一代：电子管计算机（1946—1958年）

电子管计算机以电子管为基本逻辑电路元件，外存储器采用磁鼓、磁带，内存储器采用水银延迟线、磁芯（见图1-1-3），主要用于军事和科学研究。其代表机型有 IBM 650、IBM 709 等。

2. 第二代：晶体管计算机（1959—1964年）

晶体管计算机以晶体管为基本逻辑电路元件，电子线路的结构得到很大的改观。外存储器开始使用更先进的磁盘，内存储器采用磁芯（见图1-1-4），开始出现 FORTRAN、ALGOL60、COBOL 等一系列高级程序设计语言，代表机型有 IBM 7094、CDC 7600 等。

3. 第三代：中小规模集成电路计算机（1965—1970年）

中小规模集成电路计算机采用半导体存储器代替磁芯存储器，集成电路取代分立元件。集成电路是做在晶片上的完整电子电路，这个晶片比指甲还小，却包含了几千个晶体管元件，杰出代表有 IBM 公司的 IBM 360。

图 1-1-3　电子管计算机

图 1-1-4　晶体管计算机

4. 第四代：大规模集成电路计算机（1971 年至今）

20 世纪 70 年代后，大规模集成电路计算机的主要逻辑部件采用大规模集成电路和超大规模集成电路技术。外存储器使用磁盘等大容量存储器，内存储器采用集成度高的半导体存储器，如图 1-1-5 所示。这期间计算机软件不断发展，出现了网络操作系统。1975 年，美国 IBM 公司推出个人计算机，并在 80 年代迅速推广，从此计算机开始深入人们的生活。

图 1-1-5　大规模集成电路计算机

【任务 1-2】计算机的特点和分类

1. 计算机的特点

计算机在人类发展中扮演着重要的角色，这与它的强大功能是分不开的。与以往的计算工具相比，它具有以下特点。

（1）运算速度快。运算速度是衡量计算机性能的一项重要指标。当今计算机的运算速度已达到几十个单字长定点指令平均执行速度（Million Instruction Per Second，MIPS），极大地提高了人们的工作效率。中国"神威·太湖之光"每秒可计算 12.54 亿亿次，这是全球首个突破十亿亿次的超级计算机，如图 1-1-6 所示。

（2）计算精度高。计算精度高是计算机的又一特点。计算机计算精度的主要技术指标是计算机的字长，即在同一时间所处理二进制数的位数。二进制的位数越多，计算机处理数据的精度就越高。

图 1-1-6 "神威·太湖之光"计算机

（3）存储（记忆）能力强大。存储器是计算机系统中的记忆设备，存储器能够存储各种数据和程序，并在计算机运行过程中完成数据和程序的存取。目前，一台计算机的硬盘容量能够达到上百甚至上千 GB。

（4）逻辑判断能力强。计算机逻辑判断能力是指应用计算机科学和人工智能的逻辑运算结果，并根据结果选择相应的处理。计算机不仅可以进行数值计算，还可以进行逻辑计算。例如，机器人就是智能模拟人脑的结果。

（5）自动化程度高。计算机的工作原理是"存储程序控制"，人们通过输入设备将程序和数据输入并保存到计算机中，计算机按照事先编好的程序自动控制并进行操作。这种执行程序的过程无须人工干预，完全由计算机自动控制执行。

2. 计算机的分类

计算机按性能指标可以分为巨型机、大型机、小型机、微型机。

（1）巨型机。巨型机也称超级计算机。通常由数百、数千甚至更多的处理器组成，多用于承担重大的科学研究、国防尖端技术和国民经济领域的大型计算课题及数据处理任务。例如，"天河一号"为我国首台千万亿次超级计算机，"神威·太湖之光"为亿亿次计算机。巨型机大多使用在军事、科研、气象、石油勘探等领域。

（2）大型机。大型机具有极强的综合处理能力和极大的性能覆盖面，主要应用在公司、政府部门、社会管理机构和制造厂家等。通常人们称大型机为"企业级"计算机。

（3）小型机。小型机规模小、结构简单、设计周期短、成本较低、工艺先进、维护简单。小型机应用范围广泛，如用在工业自动控制、大型分析仪器、测量仪器、医疗设备中的数据采集、分析计算等，并广泛运用于企业管理及大学和研究所的科学计算等。

（4）微型机。微型机简称微机，是应用最普及、产量最大的机型，其体积小、功耗低、成本少、灵活性大、性价比高。微型机按结构和性能划分为单片机、单板机、个人计算机、工作站和服务器等。

【任务1-3】计算机的应用领域

计算机应用技术已渗透到社会生活的各个领域，改变着人们的学习、工作和生活，有力地推动着社会的发展。计算机的应用领域主要有以下 7 个方面。

1. 科学计算（数值计算）

利用计算机来完成科学研究和工程技术中提出的数学问题的计算，称为科学计算。早期的计算机主要用于科学计算，从基础学科到高能物理、工程设计、地震预测、航天技术等领域，都需要计算机进行复杂而庞大的计算。

2. 数据处理

数据处理是计算机的一个重要应用，主要是指对大量信息进行收集、存储、整理、统计、加工、利用等一系列过程。因此，数据处理广泛应用于公路、铁路、航空、航天、财务管理等方面。

3. 实时控制

实时控制（过程控制）是利用计算机及时采集检测数据，对控制对象进行自动调节或自动控制。计算机的过程控制主要应用于石油化工、火箭发射、雷达跟踪、交通运输等方面。

4. 生产自动化

生产自动化是指计算机辅助设计、辅助制造及计算机集成制造系统等内容，主要指利用计算机自动或半自动地完成相关工作。包括计算机辅助设计、计算机辅助制造、计算机辅助测试、计算机辅助工程。

5. 人工智能

人工智能（Artificial Intelligence，AI），是研究、开发用于模拟、延伸和扩展人的智能的理论、方法、技术及应用系统的一门新的技术科学，被认为是21世纪的三大尖端技术之一。

6. 网络应用

计算机技术与现代通信的结合造就了计算机网络。计算机网络大大促进了文字、声音、信息等各类数据的传输和处理，实现各种资源的共享，使人与人之间的关系变得更加紧密。

7. 多媒体技术

多媒体技术是指用于计算机程序中处理图形、图像、影音、动画等的应用技术。多媒体技术涉及应用范围广，影响深远。

【任务1-4】计算机的发展趋势

随着计算机技术的不断发展，当今计算机技术正朝着巨型化、微型化、网络化和智能化及多媒体化的方向发展。

1. 巨型化

巨型化是指为了适应尖端科学技术的需要，发展高速度、大存储容量和功能强大的超级计算机。随着人们对计算机的依赖性越来越强，特别是在军事和科研教育方面对计算机的存储空间和运行速度等要求会越来越高，计算机的功能更加多元化。

2. 微型化

计算机的体积不断地缩小，台式机、笔记本、掌上电脑、平板电脑逐步微型化，为人们提供便捷的服务。

3. 网络化

互联网将世界各地的计算机连接在一起，人们通过互联网进行沟通、交流，共享教育资源、共享信息，特别是无线网络的出现，极大地提高了人们使用网络的便捷性，未来计算机将会进一步向网络化方面发展。

4. 智能化

计算机人工智能化是未来发展的必然趋势。现代计算机具有强大的功能，但与人脑相比，其智能化和逻辑能力仍有待提高。人类在不断探索如何让计算机能够更好地反映人类思维，使计算机能够具有人类的逻辑思维和判断能力，可以通过思考与人类进行沟通，抛弃以往的依靠编码程序来运行计算机的方法，直接对计算机发出指令。

5. 多媒体化

传统计算机处理的信息主要是字符和数字，而多媒体计算机可以集图形、图像、音频、视频、文字为一体，使信息处理的对象和内容更加接近真实世界。

▶任务小结

在本任务中，我们首先了解了计算机的4个发展阶段及计算机的主要特点；其次根据计算机性能指标划分计算机；最后了解了计算机的应用领域与未来发展趋势。

任务2　认识计算机的系统组成

▶任务介绍

计算机的发展及其应用已渗透到社会的各个领域，有力地推动了社会信息化的发展。为了更好地选购和使用计算机，使用者必须对计算机系统有一个整体的认识。本任务主要介绍计算机系统的构成和工作原理、计算机的硬件系统和软件系统等相关知识。

▶任务分析

为了顺利地完成本次工作任务，需要了解计算机的硬件组成与计算机软件的分类，为应用微型计算机打下一定的基础。

本任务路线如图1-2-1所示。

图1-2-1　任务路线

完成本任务的相关知识点：

(1) 计算机的系统组成、基本工作原理和工作过程；

(2) 微型计算机的硬件组成及性能指标；

(3) 计算机软件系统及分类。

▶任务实现

【任务2-1】认识计算机的系统组成

一般来说，一个完整的计算机系统包括硬件系统和软件系统两大部分，如图1-2-2所示。硬件系统是组成计算机系统的各种物理设备的总称，是看得见、摸得着的，软件系统是为运行、管理和维护计算机所编写的各种程序、数据和相关文档的总称，通常不带有任何软件的计算机称为"裸机"，裸机是无法正常工作的。

计算机的硬件系统和软件系统相辅相成，二者缺一不可。硬件性能的提高，可以为软件创造更好的开发环境。软件的发展也对硬件提出更高的要求，促使硬件性能不断地提高，甚至诞生新的硬件。

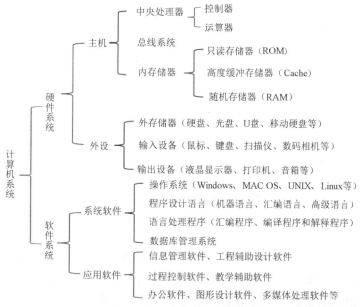

图 1-2-2 计算机系统的组成

完成本任务的相关知识点：

1. 计算机的工作原理

计算机的工作原理基于冯·诺依曼提出的存储程序控制原理，又称冯·诺依曼原理。该原理的内容可概括为以下 3 个方面。

1）冯·诺依曼计算机结构。

计算机硬件系统包括 5 个基本部件：运算器、控制器、存储器、输入设备和输出设备。

2）采用二进制形式表示数据和指令。

指令是计算机完成特定操作的命令，一条指令由操作码和地址码组成。操作码用来表征指令操作的性质，地址码指示参与操作的数据在内存中的位置。

3）存取程序。

指令和数据存放在存储器中，计算机在工作中能够自动高速地从存储器中逐条取出指令和执行任务。

2. 计算机的工作过程

计算机在工作时，按照以下 3 个步骤执行指令。

1）取指令：指令由输入设备进入内存储器，控制器发出取指令的信号，控制器控制运算器进行计算。

2）分析指令：运算过程中控制器译出该指令的微操作。

3）执行指令：运算后的结果送回内存储器，根据指令需求，由控制器决定送到输出设备进行显示或者外存储器进行长期保存，如图 1-2-3 所示。

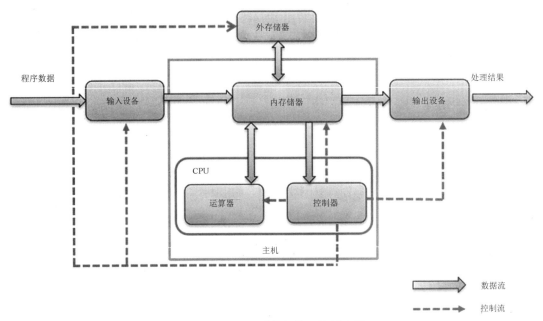

图1-2-3 计算机的工作原理图

计算机在工作时，数据流和控制流两种信息流在执行指令的过程中流动。

（1）数据流指原始数据、中间结果、源程序、最终结果等。

（2）控制流指由控制器对指令进行分析后向各部件发出的控制命令，指挥各部件协调一致地工作。

3. 计算机的基本结构

计算机硬件系统是由控制器、运算器、存储器和输入/输出设备构成的一个完整的计算机系统。

1）控制器。

控制器是微型计算机的指挥中心，主要部件有指令寄存器、状态寄存器、控制电路等。控制器发出的指令，指挥着计算机各个部位对数据进行合理的读取、传输、接收、处理，使整个计算机有条不紊地自动执行程序。

2）运算器。

运算器主要部件有算术逻辑单位、累加器和通用寄存器等，其主要功能是完成各种算术和逻辑运算。

3）存储器。

存储器用来存放程序和数据，是计算机系统中的记忆设备。存储器是具有"记忆"功能的设备，能在计算机运行过程中高速、自动地完成程序或数据的存取。按用途分存储器可分为内部存储器和外部存储器。

内部存储器简称内存，是CPU能够直接访问的存储器，用于存储正在运行的程序和数据。内存一般采用半导体存储单元，包括随机存储器、只读存储器和高速缓冲存储器。

随机存储器（Random Access Memory，RAM）存取数据快，容量大，既可以读取数据，也可以写入数据，但关机断电后无法继续保存数据。RAM分为静态随机存储器（Static Random Access Memory，SRAM）和动态随机存储器（Dynamic Random Access Memory，DRAM）。SRAM具有存取速度快的优点，用作高速缓冲存储器；DRAM存取速度慢，用作主存。

只读存储器（Read Only Memory, ROM）的数据只能被读取而不能被写入，但 ROM 存储的数据是永久性的，即使关机断电也不会丢失。因此，ROM 主要用于存储计算机的启动程序。ROM 一般含有一个称为 BIOS 的程序，提供最基本的操作系统服务。

存储器中能够存放的最大信息数量为存储器容量，其基本单位是字节（Byte，简称 B）。存储器中的存储数据由 0 和 1 两个二进制代码（每一个代码为一位，bit，简称 b）组成。1 字节包含 8 位，即 1 Byte = 8 bit。

高速缓冲存储器（Cache）是可以进行高速数据交换的存储器。Cache 的作用是预读内存上的内容，这样 CPU 就不用直接访问内存而是直接从 Cache 上读取信息。Cache 主要解决 CPU 运算速度与内存读写速度不匹配的矛盾，如图 1 - 2 - 4 所示。

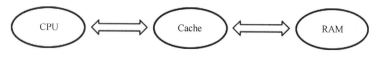

图 1 - 2 - 4　Cache 的作用

外存储器用来存放暂时不用的程序和数据，它不能直接与 CPU 交换信息，只能和内存交换数据。外存储器具有容量大、数据保存方便、便携性好的优点，属于外部设备。

4）输入/输出设备。

输入/输出设备，也称 I/O 设备，起着人机交流的作用。

输入设备用于接收用户输入的命令、程序、图像和视频等信息，负责将现实中的信息转换成计算机能够识别的二进制代码，并放入内存。

输出设备可以将计算机处理后的二进制结果转换为人们能识别的形式，如数字、字符、图形、视频、声音等，并表现出来。

【任务 2 - 2】认识微型计算机硬件系统

微型计算机简称微机。微机的主要配件有主板、中央处理器、内存、硬盘、显示器、键盘和鼠标等，采用总线结构把这些部件有机地连接起来。

1. 主板

主板又称主机板或系统板，是组成微机系统的主要电路系统。微机系统通过总线（总线分为数据总线、控制总线和地址总线）作为信息传输的工具连接其他部件和外部设备。主板上集成有 CPU 接口插座、内存条插槽、控制芯片组、各种外部设备的插座插槽等部件，为这些部件之间的控制信号与数据信号的传递提供支持，如图 1 - 2 - 5 所示。它是计算机内最大的一块集成电路板。市场上主要的主板生产厂家有华硕、微星、技嘉、升技公司等。

2. 中央处理器

中央处理器（Central Processing Unit，CPU）又称微处理器，它是微型计算机的核心部件，主要包括运算器、控制器、寄存器等。CPU 主要负责协调处理计算机内部的所有工作，同时控制着数据的交换，因此被人们称为计算机的"心脏"。

目前，生产 CPU 的公司主要有 Intel 公司和 AMD 公司，如图 1 - 2 - 6 所示。不同类型主板上的 CPU 插槽不同，因此 CPU 要与主板兼容。

(a)　　　　　　　　　　　　(b)

图 1-2-5　主板

(a) 全局图；(b) 局部图

(a)　　　　　　　　　　　　(b)

图 1-2-6　Intel 和 AMDCPU

(a) IntelCPU；(b) AMDCPU

中央处理器的主要性能指标如下。

(1) CPU 内部工作频率（主频）。主频即 CPU 的时钟频率，单位是 MHz 或 GHz，用来表示 CPU 运算、处理数据的速度。一般来说，主频越高，CPU 的速度也就越快。但由于内部制造结构不同，并非所有时钟频率相同的 CPU 的性能都一样。

(2) CPU 字长。CPU 字长表示 CPU 处理二进制数据的能力，通常情况下所说的 CPU 位数即 CPU 的字长，常见的字长有 16 位、32 位、64 位等。

(3) QPI 总线频率信道状态信息。QPI 总线频率是 CPU 与计算机系统沟通的桥梁，用来实现芯片互联，使得多个核心之间传输数据不需经过主板芯片组，解决前段总线速度较慢的问题，提升 CPU 的多核效率。

(4) 工作电压。工作电压指 CPU 正常工作所需的电压。早期的 CPU 受工艺限制采用了很高的电压，随着技术的进步，CPU 的电压在逐渐下降，解决了 CPU 发热严重的问题。

(5) 制作工艺。制作工艺反映 CPU 的精细程度，工艺越精细，CPU 就能集成越多的元件，性能也就更容易提升。

【知识点】计算机的信息表示方式

(1) 位。计算机存储设备的最小单位，由数字 0 和 1 组成。

(2) 字。CPU 处理信息一般是以一组二进制数码作为一个整体来参加运算，一次存取、加工和传送的数据长度称为字（word）。一个字通常由一个或多个（一般是字节的整数倍）字节构成。

(3) 字长。一个字中所包含的二进制数的位数称为字长。不同的计算机系统内部的字长不同，常用的字长有 8 位、16 位、32 位和 64 位等。字长是衡量计算机性能的一个重要因素。

（4）字节。字节（Byte，简称 B）是计算机信息技术用于计量存储容量和传输容量的一种计量单位，1 个字节等于 8 位二进制。通常，1 个字节可以存入一个 ASCII 码，2 个字节可以存放一个汉字国标码。

字节的换算如下：

$$1\text{KB}（千字节）= 1024\text{B} = 2^{10}\text{B}$$
$$1\text{MB}（兆字节）= 1024\text{KB} = 2^{20}\text{B}$$
$$1\text{GB}（吉字节）= 1024\text{MB} = 2^{30}\text{B}$$
$$1\text{TB}（太字节）= 1024\text{GB} = 2^{40}\text{B}$$

1 个汉字字符存储需要 2 个字节，1 个英文字符存储需要 1 个字节。

3. 内存

内存又称主存，是与 CPU 进行沟通的桥梁，是计算机必不可少的组成部分，其作用是暂时存放 CPU 中的运算数据以及与硬盘等外部存储器交换的数据，是影响计算机整体性能的重要部分。

在国内市场中，内存的品牌较多，如金士顿、现代、镁光、威刚等，如图 1-2-7 所示。

图 1-2-7 内存

内存的主要性能参数如下。

（1）传输类型。内存所采用的内存类型，即内存的规格。不同类型的内存传输类型各有差异，在传输率、工作频率、工作方式、工作电压等方面都不同。目前，市场中主要的内存类型有 DDR3、DDR4 这两种，老一代的 SDRAM 和 RDAM 等早已被淘汰。

（2）内存容量。内存容量是内存条的存储容量。常见的内存容量有 4GB、8GB、16GB 等。

（3）内存速度。内存速度一般表示存取一次数据所需的时间，时间越短，速度越快，只有当内存与主板速度、CPU 速度匹配时，才能发挥计算机最大的性能。通常用内存所能达到的最高工作频率来表示内存的速度，以 MHz 为单位来计量，代表内存所能稳定运行的最大频率。

（4）内存工作电压。内存正常工作所需要的电压值。DDR4 的优点是低电压、高频率，DDR4 的工作电压从 DDR3 的 1.5 V 降低到了 1.2 V，这有助于提升 DDR4 内存的效率，降低电力消耗，同时有利于计算机的散热。

4. 外部存储器

外部存储器，包括硬盘、软盘、光盘、U 盘与移动硬盘等。

1) 硬盘。

硬盘是一种磁介质的外部存储设备，由一个或者多个铝制或者玻璃制的碟片组成，如图 1-2-8 所示。硬盘具有存取速度快、容量大的特点。由于硬盘内部是物理结构器件，有磁盘、磁头、集成电路、电机等器件，所以硬盘对洁净度要求非常高，且防震性能较差。

硬盘主要有固态硬盘（Solid State Disk，SSD）、机械硬盘（Hard Disk Drive，HDD）、混合硬盘（Hybrid Hard Disk，HHD）3 种。固态硬盘采用固态电子存储芯片阵列而制成，具有写入和读取的速度快、防震抗摔性好、低耗等优点，但价格较高，如图 1-2-9 所示。

图 1-2-8 硬盘

图 1-2-9 固态硬盘

2) 软盘。

软盘是个人计算机中最早使用的可移动介质。软盘的读写是通过软盘驱动器完成的。软盘存取速度慢，容量小，已经被淘汰了。

3) 光盘。

光盘存储器是 20 世纪 70 年代的重大科技发明，具有容量大、价格低、体积小、便于携带和数据保存长久的优点。硬盘使用磁信号保存数据，光盘使用光信号保存数据。常见的光盘类型如表 1-2-1 所示。

表 1-2-1 常见的光盘类型

名称	说明	存储容量
CD 光盘	CD 光盘通过光盘上的细小坑点来存储信息，不同时间长度的坑点之间的平面组成了一个由里向外的螺旋轨迹。CD 光盘主要分为只读型 CD-ROM、可重复擦写 CD-RW	标准容量 700MB
DVD 光盘	DVD 光盘分别采用 MPEG-2 技术和 AC-3 标准对视频和音频信号进行压缩编码，通常用来播放标准电视机清晰度的电影。按照存放方式可分类为单面存储、双面存储	单面单层（DVD-5）为 4.7 GB 单面双层（DVD-9）为 8.5 GB 双面单层（DVD-10）为 9.4 GB 双面双层（DVD-18）为 17 GB

续表

名称	说明	存储容量
蓝光光盘 （简称 BD）	存储高品质的影音和高容量的数据，采用波长为 405nm 的蓝光激光光束进行读写操作	单面单层 25 GB 单面双层 50 GB
VCD 光盘 （Video - CD）	一种全动态、全屏播放的视频标准，没有区码限制，意味着它可以在任何兼容机器上观看	容量 650 ~ 700 MB

光盘驱动器（简称光驱）是计算机读取光盘信息的设备，如图 1 - 2 - 10 所示。现在计算机的光驱不仅可以读取光盘信息，还可以将计算机的信息写入光盘，即我们常说的刻录机。

图 1 - 2 - 10　蓝光光盘和光盘驱动器
(a) 蓝光光盘；(b) 光盘驱动器

4) U 盘。

U 盘全称 USB 闪存驱动器，采用的存储介质为闪存存储介质（Flash Memory）。U 盘是一种通过 USB 接口与计算机连接，实现即插即用的存储器，如图 1 - 2 - 11 (a) 所示。

5) 移动硬盘。

移动硬盘以硬盘为存储介质，方便计算机之间快速交换大容量数据，便携性强，其具有容量大、传输速度高、使用方便、可靠性高等优点，很大程度满足用户对大容量数据的存储、转移和交换的需求，如图 1 - 2 - 11 (b) 所示。

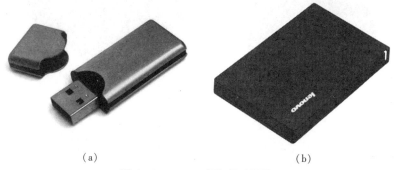

图 1 - 2 - 11　U 盘和移动硬盘
(a) U 光盘；(b) 移动硬盘

5. 显卡

显卡是电脑主机里的一个重要组成部分，是计算机进行数模信号转换的设备，承担输出显示图形的任务。显卡接在电脑主板上,它将计算机的数字信号转换成模拟信号让显示器显示出来,主要有独立显卡、集成显卡、核芯显卡三种。三种显卡如图 1-2-12 所示。

(1) 独立显卡。独立显卡以独立板卡的形式存在,可在具备显卡接口的主板上自由插拔,不占用系统内存,技术较先进,处理速度较快。

(2) 集成显卡。集成显卡是显示芯片、显存及其相关电路固化在主板上的元件,且本身无法更换,性能较低,但功耗低、发热量小。

(3) 核芯显卡。核芯显卡将图形核心与处理核心整合在同一块基板上,构成一个完整的处理器。低功耗是它的主要优势,但配置核芯显卡的 CPU 价格不高,且低端核芯显卡难以胜任大型游戏。

(a)　　　　　　(b)　　　　　　(c)

图 1-2-12　集成显卡、独立显卡、核芯显卡

(a) 集成显卡;(b) 独立显卡;(c) 核芯显卡

6. 机箱与电源

机箱是计算机的外壳,一般包括外壳,用于固定软盘、硬盘、光盘驱动器的支架,面板上的开关和指示灯等。在主机箱的背面配有电源插座,电源是为计算机系统提供动力的部件,将 220 V 交流电转换为低压直流电,如图 1-2-13 所示。

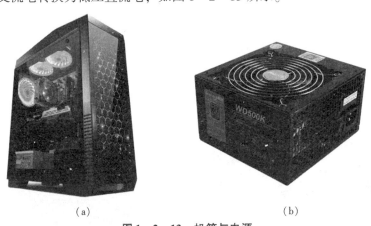

(a)　　　　　　　　　　　　　(b)

图 1-2-13　机箱与电源

(a) 机箱;(b) 电源

7. 输入设备

输入设备是计算机输入程序、命令、信息、文字、图像等信息的设备,主要功能是将信息转换成计算机能识别的二进制编码输入计算机。常见的输入设备有鼠标、键盘、扫描仪、数码相机等。

(1) 扫描仪。扫描仪能够将其捕获的图形信息转换成计算机可以编辑、处理、显示的数字化数据，如图 1-2-14（a）所示。除了图像信息外，扫描仪还可以将文本页面、照相底片等三维对象，转换成可以编辑及加工的数据传送到计算机。

（2）数码相机。利用电子传感器把光学影像转换成电子数据的照相机，如图 1-2-14（b）所示。拍摄的照片通过数码相机成像元件转化为数字信号存储到存储设备中，然后输入计算机。

(a)　　　　　　　　　　(b)

图 1-2-14　扫描仪和数码相机

(a) 扫描仪；(b) 数码相机

8. 输出设备

输出设备是计算机硬件系统的终端设备，用于接收计算机数据的输出显示、打印等。输出设备种类很多，常用的输出设备有打印机、显示设备、音箱等。

（1）液晶显示器。液晶显示器采用的 LCD 显示屏是由不同部分组成的分层结构。它由两块玻璃板构成，因为液晶材料本身并不发光，所以在显示屏两边都设有作为光源的灯管，而在液晶显示屏背面有一块背光板（或称匀光板）和反光膜，背光板是由荧光物质组成的，可以发射光线，其作用主要是提供均匀的背景光源，如图 1-2-15 所示。

图 1-2-15　液晶显示器

液晶的物理特性：当通电时导通，排列变得有序，使光线容易通过；不通电时排列混乱，阻止光线通过。

显示器的主要指标有分辨率、彩色数目及屏幕尺寸等。分辨率是指整屏可显示的像素的数目，通常用列点数乘以行点数来表示。屏幕尺寸是指显示屏对角线的尺寸，一般用英寸来表示。分辨率与屏幕尺寸和点距密切相关。点距一般是指显示屏相邻两个像素点之间的距离。我们看到的画面是由许多的点所形成的，而画质的细腻度就是由点距来决定的。点距越小，图像就 7 越细腻，越清晰。

（2）打印机。打印机是计算机常见的输出设备之一。目前，常用的打印机有针式打印机、喷墨打印机和激光打印机。打印的幅画一般为 A4、A3 和 B5 等。

①针式打印机：按照字符的点阵打印出文字和图形效果。针式打印机打印速度慢，噪声大，打印质量不佳，但是价格便宜，使用方便，被银行和超市等广泛使用，主要用于票据打印，如图 1-2-16（a）所示。

②喷墨打印机：直接将墨水喷到纸上来实现打印。喷墨打印机具有体积小、价格低廉、打印精确度高等特点，较受用户欢迎。但喷墨打印机打印成本较高，适用于小批量和高质量打印，如图1-2-16（b）所示。

③激光打印机：利用电子成像技术来打印，由于激光光束能聚焦成很细的光点，所以激光打印机的分辨率很高，打印质量更高，如图1-2-16（c）所示。

图1-2-16 打印机

(a) 针式打印机；(b) 喷墨打印机；(c) 激光打印机

（3）音箱。音箱是计算机音频数据的主要输出设备。它配合声卡将计算机中的数字化音频数据转换为用户听觉系统能够识别的声音信号，即空气振动信号，如图1-1-17所示。

图1-2-17 音箱

【任务2-3】认识计算机的软件系统

软件系统是照特定顺序组织开发的计算机数据和指令的集合，是用户与硬件之间的接口界面，着重解决使用计算机的问题。计算机软件按用途可分为系统软件和应用软件。

1. 系统软件

系统软件由一组控制计算机系统并管理其资源的程序组成，是软件系统的核心，任何程序软件都需要在系统软件的支持下运行。系统软件通常包括操作系统、程序设计语言、语言处理程序和数据库管理系统等。

1) 操作系统。

系统软件的核心是操作系统，是管理计算机软件、硬件资源的计算机程序，其他软件都必须在操作系统的支持下才能运行。操作系统的功能主要有以下5个。

（1）作业管理：每个用户请求计算机系统完成的一个独立的操作称为作业。作业管理主要负责包括界面管理、人机交互、图形界面、语音控制和虚拟现实等任务的管理。

（2）文件管理：文件管理功能涉及文件的逻辑组织、物理组织、目录结构和管理等。从操作系统的角度来看，文件系统是系统对文件存储器的存储空间进行分配、维护和回收，同时负责文件的索引、共享和权限保护；从用户的角度来说，文件系统是按照文件目录和文件名来进行存取的。

（3）存储管理。存储管理实质是对存储"空间"的管理，主要是指针对内存储器的管理。

（4）设备管理。设备管理主要负责内核与外围设备的数据交互，实质是对硬件设备的管理，其中包括对输入/输出设备的分配、启动和回收。

（5）进程管理。进程管理实质是对处理机执行"时间"的管理，即如何将 CPU 真正合理地分配给每个任务。

其中最常见的操作系统有 Windows、Mac OS、UNIX、Linux 等。

2）程序设计语言。

程序设计语言是用户用来编写程序的语言，一般包括机器语言、汇编语言和高级语言。

机器语言（二进制语言）和汇编语言（符号语言）属于低级语言，都是面向机器的语言，和具体机器的指令系统密切相关。

高级语言是相对于汇编语言而言的，并非特指某种具体语言，它与人类的语言接近，有更强的表达能力，可方便地表示数据的运算和程序的控制结构，能更好地描述各种算法，如常见的 C 语言、C++、Java、Visual Basic、Python 等。高级语言所编写的程序称为高级语言源程序，不能直接被计算机识别并执行，必须经过"翻译"才能被执行。翻译的方式有两种：一是编译方式，二是解释方式。它们所采用的翻译程序分别称为编译程序和解释程序。

编译程序是将整个高级语言源程序全部转换成机器指令，并生成目标程序，再将目标程序和所需的功能库等连接成一个可执行程序。这个可执行程序可以独立于源程序和编译程序而直接运行。

解释程序是将高级语言源程序逐句地翻译、解释，并逐条执行，执行后不保存解释后的机器代码，下次运行此源程序时还要重新解释。

3）语言处理程序。

如果要利用计算机进行工作，必须采用机器语言和计算机进行交流，故语言处理程序是将用程序设计语言编写的源程序转换成机器语言，以便计算机能够运行的翻译程序，包括汇编程序、编译程序和解释程序。

4）数据库管理系统。

数据库管理系统是一个在操作系统支持下进行工作的庞大软件，能够科学地组织和存储数据，并且高效地运行数据。目前，最常见的数据库管理系统有 FoxPro、SQL、Access、Oracle 等。

2. 应用软件

应用软件包括用户可以使用的各种程序设计语言，以及用各种程序设计语言编制的应用程序的集合，具有广阔的开发前景。表 1-2-2 列举了部分应用领域的主流应用软件。

表 1-2-2 部分应用领域的主流应用软件

种类	相关软件
办公应用	Microsoft Office、WPS、Open Office、Adobe Acrobat
平面设计	Adobe Photoshop、Adobe Illustrator、Adobe InDesign
网页设计	Adobe Dreamweaver、Fireworks
数字多媒体	Adobe Premiere、Adobe Audition、Adobe After Effects

续表

种类	相关软件
建筑工程	Auto CAD、Sketch Up、Revit
程序设计	Visual C++、Visual Studio、Delphi
杀毒安全	Kaspersky、Avira AntiVirus
通信工具	QQ、微信、MSN

▶任务小结

在本任务中,我们学习了计算机的基本工作原理及工作过程;计算机系统的组成及其功能、硬件、软件系统的分类及其特点。通过本任务的学习,读者应对计算机的整体有进一步的认识。

任务3 认识计算机的信息存储

▶任务介绍

计算机最基本的功能是对数据进行计算和加工,这些数据包括数值、字符、图形、图像和声音等。在计算机中,数据的存放及计算均是以二进制来表示的,这就需要对字符信息和数值信息进行编码,建立字符数据与二进制数之间的对应关系。

▶任务分析

本任务主要学习常用数制及其相互转换,各种类型的数据在计算机中的表示和常见的信息编码。

本任务路线如图1-3-1所示。

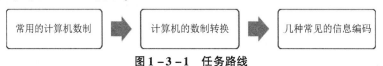

图1-3-1 任务路线

完成本任务的相关知识点:
(1) 计算机的常用数制;
(2) 计算机各种数制之间的转换方法;
(3) ASCII码和汉字编码。

▶任务实现

【任务3-1】 了解计算机的常用数制及其转换

在计算机内部,各种信息都必须经过数字化编码才能被传达、存储和处理。无论什么类型的信息,在计算机内都是采用由0和1组成的二进制来表示和处理。

1. 计算机的数制

1) 基本概念。

数制是用一组固定的数字和一套统一的规则来表示数目的方法。按照进位方式计数的数制称为进位计数制。例如,逢十进一即十进制。进位计数制的表示主要有3个基本要素:数码、基数和位权。

数码:数制中表示基本数值大小的不同数字符号。例如,十进制有10个数码,分别为0、1、2、3、4、5、6、7、8、9。

基数:一种进位计数制中允许使用的基本数字符号的个数称为基数。常用"R"表示,称 R 进制。例如,二进制的数码是0、1,则基数为2。

位权:表示一个数码所在的位。数码所在的位不同,代表数的大小也不同。例如,在十进制数537.5中,5表示的是500(5×10^2),位权为10^2;3表示的是30(3×10^1),位权为10^1;7表示的是7(7×10^0),位权为10^0;5表示的是0.5(5×10^{-1}),位权为10^{-1}。

2)常见的几种计数制。

常用的进位计数制有二进制、八进制、十进制和十六进制。计算机中不同计数制的基数、数码、进位关系和表示方法如表1-3-1所示。

表1-3-1 计算机中不同计数制的基数、数码、进位关系和表示方法

计数制	数码	基数	进位关系	位权	表示方法
二进制	0、1	2	逢二进一	2^i	1011B 或 $(1011)_2$
八进制	0、1、2、3、4、5、6、7	8	逢八进一	8^i	247 O 或 $(247)_8$
十进制	0、1、2、3、4、5、6、7、8、9	10	逢十进一	10^i	123 D 或 $(123)_{10}$
十六进制	0、1、…、9、A、B、C、D、E、F(其中 A、B、C、D、E、F 分别表示数码 10、11、12、13、14、15)	16	逢十六进一	16^i	72F H 或 $(72F)_{16}$

在数字后面加写相应的英文字母作为标识。例如:B(Binary)表示二进制数;O(Octonary)表示八进制数;D(Decimal)表示十进制数,通常其后缀可以省略;H(Hexadecimal)表示十六进制数。

应当指出,二进制和十六进制都是计算机中常用的数制,在一定数值范围内直接写出它们之间的对应表示,也是经常遇到的。表1-3-2列出了0~15这16个十进制数与其他3种数制的对应表示关系。

表1-3-2 各进制之间的对应关系

十进制	二进制	八进制	十六进制	十进制	二进制	八进制	十六进制
0	0000	00	0	8	1000	10	8
1	0001	01	1	9	1001	11	9
2	0010	02	2	10	1010	12	A
3	0011	03	3	11	1011	13	B
4	0100	04	4	12	1100	14	C
5	0101	05	5	13	1101	15	D
6	0110	06	6	14	1110	16	E
7	0111	07	7	15	1111	17	F

2. 各种数制间的转换

1)非十进制转换成十进制。

利用按权展开的方法，可以把任意数制的一个数转换成十进制，下面是将二进制、八进制和十六进制转换为十进制的例子。

例1：将二进制数 111010.1011 转换成十进制数。

$(111010.1011)_2 = 1 \times 2^5 + 1 \times 2^4 + 1 \times 2^3 + 1 \times 2^3 + 0 \times 2^2 + 1 \times 2^1 + 0 \times 2^0 + 1 * 2 - 1 + 0 \times 2^{-1} + 1 \times 2^{-3} + 1 \times 2^{-4} = 32 + 16 + 8 + 2 + 0.5 + 0.125 + 0.0625 = 58.6875$

例2：将八进制数 12345 转换成十进制数。

$(12345)_8 = 1 \times 8^4 + 2 \times 8^3 + 3 \times 8^2 + 4 \times 8^1 + 5 \times 8^0 = 4096 + 2 \times 512 + 2 \times 64 + 4 \times 8 + 5 = 5349$

例3：将十六进制数 16FC 转换成十进制数。

$(16FC)_{16} = 1 \times 16^3 + 6 \times 16^2 + 15 \times 16^1 + 12 \times 16^0 = 4096 + 1536 + 240 + 12 = 5884$

由上述例子可见，只要掌握了数制的概念，那么将任意一个进制的数转换成十进制数的方法是一样的。

2）十进制数转换成二进制、八进制、十六进制。

通常一个十进制数包含整数和小数两部分。

整数部分的转换采用除 R 取余法，直到商为0为止，最先得到的余数为最低位，最后得到的余数为最高位。

小数部分的转换采用乘 R 取整法，直到积为0或达到有效精度为止，最先得到的整数为最高位，最后得到的整数为最低位。

例4：将十进制数 101.345 转换成二进制数。

转换过程如图 1-3-2 所示。整数部分使用"除2取余法"，每次都除以2，直到商为0，所得的余数就是二进制整数各位上的数字。最后一次得到的余数是最高位，第一次得到的余数是最低位。

小数部分使用"乘2取整法"，每次都乘以2，直到积为0或达到有效精度为止，所得的整数就是二进制小数各位上的数字。第一次得到的整数是最高位，最后一次得到的整数是最低位。结果为：$(101.345)_{10} = (1100101.01011)_2$

用类似于将十进制数转换成二进制数的方法可将十进制数转换成八、十六进制数，只是所使用的除数分别以8、16去替代2，所使用的乘数分别以8、16去替代2而已。

例5：将十进制数 101 转换成八进制数。

转换过程如图 1-3-2 所示，结果为：$(101)_{10} = (145)_8$

例6：将十进制数 101 转换成十六进制数。

转换过程如图 1-3-2 所示，结果为：$(101)_{10} = (65)_{16}$

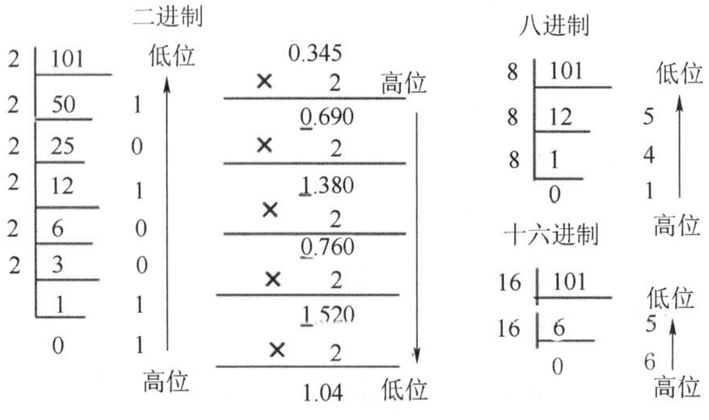

十进制→二进制　十进制→八进制　十进制→十六进制

图 1-3-2　十进制与二进制、八进制及十六进制转换

【任务 3-2】 了解计算机中的信息编码

计算机只能识别二进制数码,因此我们要对其他信息(如语音、符号、声音等)进行识别和处理时,就必须先把信息编成二进制数码,才能被计算机接受。这种把信息编成二进制数码的方法,称为计算机编码。下面介绍 2 种常见编码。

1. ASCII 码

ASCII 码是目前国际上使用最广泛的编码,它是美国标准信息交换码,被国际标准化组织指定为国际标准,编码如表 1-3-3 所示。

标准 ASCII 码使用 7 位二进制,任何一个元素由 7 位二进制数 $D_6D_5D_4D_3D_2D_1D_0$ 表示,其编码范围为 0000000B ~ 1111111B,共有 $2^7 = 128$ 个不同的编码值,相应可以表示 128 个不同字符的编码。扩展的 ASCII 码使用 8 位二进制位表示一个字符的编码,可表示 $2^8 = 256$ 个不同字符的编码。

要确定某一个字符的 ASCII 码,先在表中查到相应的位置,根据列确定高位码 ($D_6D_5D_4$),根据行确定低位码 ($D_3D_2D_1D_0$),联合高位码和低位码就是该字符的 ASCII 码。如字母 "B" 的码值为 1000010B,数字 "8" 的 ASCII 码值为 0111000B 等。

表 1-3-3 基本 ASCII 字符表

$D_3D_2D_1D_0$	$D_6D_5D_4$							
	000	001	010	011	100	101	110	111
0000	NUL	DLE	SP	0	@	P	`	p
0001	SOH	DC1	!	1	A	Q	a	q
0010	STX	DC2	"	2	B	R	b	r
0011	ETX	DC3	#	3	C	S	c	s
0100	EOT	DC4	$	4	D	T	d	t
0101	ENQ	NAK	%	5	E	U	e	u
0110	ACK	SYN	&	6	F	V	f	v
0111	BEL	ETB	'	7	G	W	g	w
1000	BS	CAN	(	8	H	X	h	x
1001	HT	EM	)	9	I	Y	i	y
1010	LF	SUB	*	:	J	Z	j	z
1011	VT	ESC	+	;	K	[	k	{
1100	FF	FS	,	<	L	\	l	|
1101	CR	GS	-	=	M	]	m	}
1110	SO	RS	.	>	N	↑	n	~
1111	SI	US	/	?	O	↓	o	DEL

2. 汉字的编码

ASCII 码只对英文字母、数字和标点符号作编码。为了用计算机处理汉字,同样也需要对汉字进行编码。通常汉字的编码有4种类型：汉字输入码、汉字信息交换码、汉字机内码及汉字字形码。

计算机处理汉字的过程如图1-3-3所示。首先用输入码将汉字输入计算机，然后计算机系统自动将汉字输入码转换为内码进行存储、处理，最后在汉字的显示和打印输出过程中，根据汉字内码从字库中取出汉字字形码，实现汉字的显示和打印输出。

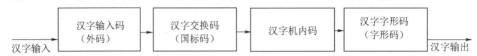

图1-3-3　计算机处理汉字的过程

（1）汉字输入码。汉字输入码（外码）是在输入汉字时对汉字进行的一种编码，通常都是由键盘上的字符或数字组合而成。目前，汉字输入编码方法有4种：数字码，音码（全拼、智能全拼、双拼、简拼），形码（五笔字型汉字输入法），音形码。例如，用搜狗输入法输入"啊"字，就要在键盘上输入"a"，再选字。虽然每种输入编码方案对同一个汉字的输入不相同，但经过转换后存入计算机的机内码都是相同的。

（2）汉字信息交换码。GB 2312汉字国标码全称是GB 2312-1980《信息交换用汉字编码字符集·基本集》，1980年颁布，也称汉字交换码。

国标码规定每个汉字由两个字节代码组成，每个字节的高位置为0。在国标码的字符集中共收录了6 763个常用汉字和682个非汉字字符。所有的国标码汉字和字符分为94个区，每区94个位。一个汉字所在的区号和位号的组合就构成了该汉字的"区位码"。例如，"啊"字，位于16区、01位，它的区位码是1601。国标码为了与ASCII码相对应，给区号和位号分别各加上20H，即国标码与区位码的关系：国标码 = 区位码 + 2020H。

（3）汉字机内码。汉字机内码是计算机系统对汉字进行存储、加工处理和传输而统一使用的代码。为了区别是汉字编码还是ASCII码，将国标码的每个字节的最高二进制位置由0变为1，变换后的国标码称为汉字机内码。

机内码一般是将国标码的高位字节、低位字节各自加上128（十进制）或80（十六进制）。

所以，汉字的国标码与其内码有下列关系：

$$汉字内码 = 汉字的国标码 + 8080H$$

例如，已知"啊"字的区位码为1601（1001H），则根据上述公式得

"啊"字的国标码 = 1001H + 2020H = 3021H

"啊"字的机内码 = 3021H + 8080H = B0A1H

（4）汉字字形码。屏幕输出或者打印字符，是汉字字形的数字化信息。为了在输出时看到汉字，就应输出汉字的字形。汉字的字形码是表示汉字字形的字模数据，通常用点阵、矢量字形表示。

点阵字形方法就是用一个排列成方阵的点的黑白来描述汉字。有字形笔画的点用黑色，反之用白色。在计算机中用一组二进制表示点阵，1表示黑点，0表示白点，这样汉字字形经过点阵数字化后就能得到该汉字的字形码，点阵结构如图1-3-4所示。

例如，对于16×16的矩阵来说，需要的位数是16×16 = 256个位，每个字节为8位，因此，每个汉字都需要用256/8 = 32个字节来表示，即每两个字节代表一行的16个点，共需要16行，显示汉字时，只需一次性读取32个字节，并将每两个字节为一行打印出来，即可形成一个汉字。

矢量字形比点阵字形复杂，一个汉字笔画的轮廓采用曲线来勾画，曲线字形用曲线的起点和终点坐标以及相应的 3 次多项式表示，字可无限放大缩小，字形打印出来很美观。

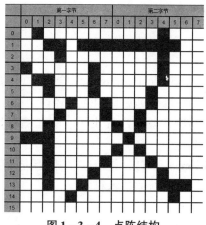

图 1-3-4　点阵结构

▶任务小结

在本任务中，我们主要学习了几种常用数制并能在各数制之间相互转换，也学习了计算机中对英文字母、数字、标点符号和汉字的信息编码。

任务 4　了解新一代信息技术

▶任务介绍

新一代信息技术是国务院确定的 7 个战略性新兴产业之一。新一代信息技术是以人工智能、云计算、物联网、大数据和区块链等为代表的新兴技术。它既是信息技术的纵向升级，又是信息技术的横向渗透融合。新一代信息技术无疑是当今世界创新最活跃、渗透性最强、影响力最广的领域，正在全球范围内引发新一轮的科技革命，并以前所未有的速度转化为现实生产力，引领科技、经济和社会。

▶任务分析

本任务主要学习人工智能、云计算、物联网、大数据和区块链技术的相关基础知识。
本任务路线如图 1-4-1 所示。

图 1-4-1　任务路线

完成本任务的相关知识点：
（1）人工智能；
（2）云计算；
（3）物联网；
（4）大数据；
（5）区块链。

▶任务实现

【任务4-1】 了解人工智能

1. 人工智能是什么

"人工智能"一词最初是在1956年DartMouth学会上提出的。当年夏天,以麦卡赛、明斯基、罗切斯特和申农等为首的一批有远见卓识的年轻科学家在一起聚会,共同研究和探讨用机器模拟智能的一系列有关问题,并首次提出了"人工智能"这一术语,它标志着"人工智能"这门新兴学科的正式诞生。

人工智能(Artificial Intelligence,AI),是研究、开发用于模拟、延伸和扩展人的智能的理论、方法、技术及应用系统的一门新的技术科学。

2. 人工智能的历史

探索人工智能领域在20世纪50年代就已经开始,这段探索的历史被称为"喧嚣与渴望、挫折与失望交替出现的时代"。

20世纪50年代明确了人工智能要模拟人类智慧这一大胆目标,从此研究人员开展了一系列贯穿20世纪60年代并延续到70年代的研究项目。这些项目表明,计算机能够完成一系列原本只属于人类能力范畴之内的任务,如证明定理、求解微积分、通过规划来响应命令、做物理动作,甚至是模拟心理学家、谱曲这样的活动。

但是,过分简单的算法、难以应对不确定环境的理论,以及计算能力的限制严重阻碍了我们使用人工智能来解决更加困难和多样的问题,人工智能于20世纪70年代中期逐渐淡出公众视野。

20世纪80年代早期,日本发起了一个项目,旨在开发一种在人工智能领域处于领先地位的计算机结构。20世纪80年代出现了人工智能技术产品的供应商,如Intellicorp、Symbolics和Teknowledge。

20世纪80年代末,几乎一半的"财富500强"都在开发或使用"专家系统",这是一项通过对人类专家的问题进行建模来模拟人类专家解决该领域问题的人工智能技术。对专家系统潜力的过高希望彻底掩盖了它本身的局限性,包括明显缺乏常识、难以捕捉专家的隐性知识、建造和维护大型系统的复杂性和高成本,当这一点被越来越多的人意识到时,人工智能研究再一次脱离轨道。

20世纪90年代,人工智能领域的研究始终处于低潮,成果寥寥,反而是神经网络、遗传算法等得到了新的关注。一方面是因为这些技术避免了专家系统的若干限制,另一方面是因为新算法让它们运行起来更加高效。

21世纪前10年的后期,出现了一系列复兴人工智能研究进程的要素,尤其是一些核心技术,如摩尔定律、大数据、互联网和云计算、新算法,这些被称为人工智能进步的催化剂。

如果说1997年5月IBM公司研制的深蓝计算机战胜世界国际象棋冠军卡斯帕罗夫(Kasparov)是人工智能技术完美表现的一个开端,那2016年,Google公司研制的阿尔法围棋(AlphaGo)击败世界围棋冠军李世石则让人工智能技术的发展更上一层楼。AlphaGo是由Google旗下DeepMind团队开发的人工智能围棋程序,其主要工作原理是"深度学习"。

人工智能始终是计算机科学的前沿学科,计算机编程语言和其他计算机软件都因为有了人工智能的进展而得以发展。

3. 应用场景

（1）安防：利用计算机视觉技术和大数据分析犯罪嫌疑人生活轨迹及可能出现的场所。

（2）金融：利用语音识别、语义理解等技术打造智能客服。

（3）医疗：智能影像可以快速进行癌症早期筛查，帮助患者更早发现病灶。

（4）交通：无人驾驶通过传感器、计算机视觉等技术解放人的双手和感知。

（5）零售：利用计算机视觉、语音/语义识别、机器人等技术提升消费体验。

（6）工业制造：机器人代替工人在危险场所完成工作，在流水线上高效完成重复性工作。

【任务4-2】了解云计算

1. 云计算是什么

云计算是一种全新的网络应用概念，即以互联网为中心，在网站上提供快速且安全的云计算服务与数据存储服务，让所有人都可以使用互联网庞大的计算资源与数据存储服务，同时获取的资源不受时间和空间的限制。

2. 云计算的发展历程

2006年8月9日，谷歌首席执行官埃里克·施密特（Eric Schmidt）在搜索引擎大会上首次提出"云计算"的概念，这是云计算发展史上第一次正式地提出这一概念，有着重大的历史意义。

2007年以来，"云计算"成为计算机领域令人关注的话题之一，是大型企业互联网建设着力研究的重要方向。云计算的出现引发了互联网技术和IT服务模式的一场变革。

2008年，微软发布公共云计算平台，由此拉开了微软的云计算大幕。同时，国内也开启了云计算的浪潮，许多大型网络公司竞相加入云计算的阵列。

2009年1月，阿里在江苏南京建立首个"电子商务云计算中心"。同年11月，中国移动云计算平台"大云"计划启动。到目前为止，云计算已经发展为一个产业。

3. 云计算的特点

云计算与传统的网络应用模式相比，具有如下优势与特点。

（1）虚拟化。云计算最为显著的特点是虚拟化，它突破了时间、空间的界限。虚拟化技术包括应用虚拟和资源虚拟两种。通过虚拟平台对相应终端进行操作可以完成数据备份、迁移和扩展等。

（2）按需部署。计算机中包含许多应用程序，不同的应用程序对应的数据资源库不同，云计算平台能够根据用户的需求快速配备计算能力及资源。

（3）动态可扩展。云计算具有高效的运算能力，在原有服务器基础上增加云计算功能能够使计算速度迅速提高，实现动态扩展虚拟化，达到对应用进行扩展的目的。

（4）高灵活性。云计算的兼容性很强，既可以兼容低配置机器、不同厂商的硬件产品，又能够外设以获得更高的计算性能。

（5）高可靠性。即使服务器故障也不会影响计算与应用的正常运行。因为单点服务器出现故障可以通过虚拟化技术将分布在不同物理服务器上的应用进行恢复，或利用动态扩展功能部署新的服务器进行计算。

（6）高性价比。用户不再需要昂贵、存储空间大的主机，可以选择相对廉价的计算机组成云，构建虚拟资源池并进行统一管理。一方面可以减少费用，另一方面计算性能不逊于大型主机。

4. 应用场景

（1）云存储。云存储是在云计算技术上发展起来的一个新的存储技术。谷歌、微软等大型网络公司均有云存储的服务，而国内的百度云、微云则是市场占有量最大的云存储服务软件。

（2）云医疗。云医疗是指使用云计算技术来创建医疗健康服务云平台、实现医疗资源的共享和医疗范围的扩大。医疗云提高了医疗机构的效率，方便了民众就医。现在医院的预约挂号、电子病历、远程会诊等都是云计算与医疗领域结合的产物。此外，云医疗还具有数据安全、信息共享、可动态扩展、跨地区布局等优势。

（3）云金融。云金融利用云计算模型，将信息、金融和服务等功能分散到庞大分支机构构成的互联网"云"中，旨在为证券、银行、保险等金融机构提供互联网应用服务，同时共享互联网资源，从而解决现有问题并达到高效、低成本的目标。

（4）云教育。云教育是教育互联网化的进一步发展。云教育是指将所需要的教育硬件资源虚拟化，并将其上传到互联网，以向教育机构和学生老师提供一个方便快捷的平台。目前流行的慕课就是云教育的一种应用。

【任务4-3】了解物联网

1. 物联网是什么

物联网（Internet of Things，IoT）即"物物相连的互联网"，是在互联网的基础上，利用射频识别（Radio Frequency Identification，FRID）、无线数据通信等技术，把所有物品通过信息传感设备与互联网连接起来，实现智能化识别、运作与管理功能的网络。其实质是利用射频识别技术，通过互联网实现物品的自动识别和信息的互联与共享。

2. 物联网的发展历程

1995 年，比尔·盖茨在《未来之路》一书中首次提及物联网概念。

1998 年，美国麻省理工学院创造性地提出了当时被称作产品电子代码（Electronic Product Code，EPC）系统的"物联网"的构想。

1999 年，美国 Auto-ID 首先提出"物联网"的概念，主要是建立在物品编码、RFID 技术和互联网的基础上。同年，在美国召开的移动计算和网络国际会议提出了"传感网是下一个世纪人类面临的又一个发展机遇"。

2003 年，美国《技术评论》提出——传感网络技术将是未来改变人们生活的十大技术之首。

2005 年 11 月 17 日，在突尼斯举行的信息社会世界峰会（World Summit on the Information Society，WSIS）上，国际电信联盟（International Telecommunication Union，ITU）发布了《ITU 互联网报告 2005：物联网》，报告指出，无所不在的"物联网"通信时代即将来临，世界上所有的物体从轮胎到牙刷、从房屋到纸巾都可以通过因特网主动进行交换。射频识别技术、传感器技术、纳米技术、智能嵌入技术将得到更加广泛的应用。

2009年1月28日，奥巴马与美国工商业领袖举行了一次"圆桌会议"，作为仅有的两名代表之一，IBM首席执行官彭明盛首次提出"智慧地球"这一概念，建议新政府投资新一代的智慧型基础设施。2009年2月4日，在IBM论坛上，IBM大中华区首席执行官钱大群公布了名为"智慧的地球"的最新策略。此概念一经提出，即得到美国各界的高度关注，甚至有分析认为IBM公司的这一构想极有可能上升至美国的国家战略，并在世界范围内引起轰动。IBM认为，IT产业下一阶段的任务是把新一代IT技术充分运用在各行各业之中，具体地说，就是把感应器嵌入和装备到电网、铁路、桥梁、隧道、公路、建筑、供水系统、大坝、油气管道等各种设施中，并且被普遍连接，形成物联网。

日本u-Japan战略希望实现从有线到无线、从网络到终端、包括认证、数据交换在内的无缝连接泛在网络环境，100%的国民可以利用高速或超高速网络。

韩国也实现了类似的发展。配合u-Korea推出的u-Home是韩国的u-IT839八大创新服务之一。智能家庭最终让韩国民众能通过有线或无线的方式远程控制家电设备，并能在家享受高质量的双向互动多媒体服务。

在国内，无锡市率先建立了"感知中国"研究中心，中国科学院、电信运营商、多所大学在无锡建立了物联网研究院。物联网被正式列为国家五大新兴战略性产业之一，写入了十一届全国人大三次会议政府工作报告。从此，国内拉开了物联网技术研究与应用的序幕。

3. 应用场景

（1）智能交通。对道路交通状况实时监控并将信息及时传递给驾驶人，让驾驶人及时作出出行调整，可以有效缓解交通压力；高速路口设置道路自动收费系统（Electronic Toll Collection, ETC），提升车辆通行效率；公交车上安装定位系统，能够让城市指挥中心及时了解公交车行驶路线及到站时间，从而让乘客根据搭乘路线确定出行时间。基于云计算平台的智慧路边停车管理系统，能够通过物联网技术与移动支付技术，共享车位资源，提高车位利用率的同时方便了用户。

（2）智能工厂。安装在制造设备中或者放置在工厂的传感器可以帮助解决制造过程中的隐患，从而缩短生产时间及避免浪费。可以在机器发生故障之前进行预防性维护，使用先进的传感器和分析方法来预测机器何时需要维护，大大降低成本。

（3）智慧使用能源。利用物联网技术能够使个人和企业的能源使用量大幅降低。传感器可以监控照明、温度、能源使用情况等数据，并通过智能算法处理数据从而实现实时监控和管理。

（4）智能仓库管理。给每个产品贴上RFID或NFC标签，可以共享大型仓库中每个物品的确切位置，从而节省寻找时间、降低人工成本。

（5）智能货架管理。在零售业，利用物联网技术可以确切地了解货架上某种货物是否缺货，商店只需在有需要时订购货物，从而减少额外库存成本；此外，智能库存管理无须人工检查货架缺货与否，从而降低人工成本。

（6）灾难预警。使用传感器可以收集周边环境的重要信息，及早发现地震、海啸、山体滑坡等各种灾难，达到挽救生命、保护财产的目的。

（7）环境质量监测。使用传感器可以监测辐射、病原体和空气质量，以便及早识别危险的情况，及时疏散撤离。

（8）挽救生命。使用传感器监控病人，可以及时发现病人跌倒或心脏病发作，以便立即进行急救。

【任务4-4】 了解大数据

1. 大数据是什么

2016年3月17日,《中华人民共和国国民经济和社会发展第十三个五年规划纲要》发布,其中第二十七章"实施国家大数据战略"提出:把大数据作为基础性战略资源,全面实施促进大数据发展行动,加快推动数据资源共享开放和开发应用,助力产业转型升级和社会治理创新。

那么,大数据是什么?大数据是指无法在一定时间范围内用常规软件工具进行捕捉、管理和处理的数据集合,是需要新处理模式才能具有更强的决策力、洞察发现力和流程优化能力的海量、高增长率和多样化的信息资产;具有海量的数据规模、快速的数据流转、多样的数据类型和价值密度低4大特征。

大数据技术的战略意义不在于掌握庞大的数据信息,而在于对这些有意义的数据进行专业化处理。

2. 应用场景

(1) 金融。大数据在高频交易、社交情绪分析和信贷风险分析3大金融创新领域发挥重大作用。

(2) 城市管理。利用大数据能够实现智能交通、环保监测、城市规划和智能安防。

(3) 医疗。借助大数据平台可以收集不同病例、治疗方案和基本病症,建立针对具体疾病特点的数据库,辅助医生快速诊断病情、给出治疗方案。

(4) 零售。零售行业可以通过大数据技术了解客户消费喜好、预测消费趋势,从而进行商品的精准营销,降低营销成本。

(5) 气象。借助大数据技术,天气预报的准确性和实效性将会大大提高,预报的及时性也会大大提升。同样,对于重大自然灾害,如龙卷风、洪水等,我们可以通过大数据平台,更加精确地了解其运行轨迹和危害等级,以提高应对自然灾害的能力。

(6) 疫情控制。借助大数据技术,人们可以控制疫情的传播。

【任务4-5】 了解区块链

2019年10月24日,在中央政治局第十八次集体学习时,习近平总书记强调,"把区块链作为核心技术自主创新的重要突破口""加快推动区块链技术和产业创新发展"。区块链已走进大众视野,成为社会的关注焦点。

1. 区块链是什么

区块链是一种去中心化的分布式账本数据库,主要作用是存储信息,任何人都可以在电脑上运行区块链节点,加入区块链网络,每个节点都是平等的,所有节点记录的内容都会同步,每个节点都保存着整个数据库内容。

区块链具有去中心化、不可篡改、全程留痕、可以追溯、集体维护、公开透明等特点。这些特点保证了区块链的"诚实"与"透明",为区块链创造信任奠定基础。区块链是分布式数据存储、点对点传输、共识机制、加密算法等计算机技术的新型应用模式。

2. 区块链的发展历程

区块链起源于比特币。2008 年,中本聪第一次提出了区块链的概念,在随后的几年中,区块链成为电子货币比特币的核心组成部分,作为所有交易的公共账簿。

2014 年,"区块链 2.0"成为一个关于去中心化区块链数据库的术语。

2016 年 12 月 20 日,数字货币联盟——中国 FinTech 数字货币联盟及 FinTech 研究院正式筹建。

2019 年 3 月 14 日,由斯坦福大学的尼古拉斯团队推出了基于恒星共识算法的 Pi Network 区块链,简称 Pi 链。

3. 区块链的特征

区块链具有以下 5 个特征。

(1) 去中心化。区块链技术不依赖额外的第三方管理机构或硬件设施,没有中心管制,除了自成一体的区块链本身,通过分布式核算和存储,各个节点实现了信息的自我验证、传递和管理。去中心化是区块链最突出、最本质的特征。

(2) 开放性。区块链技术基础是开源的,除了交易各方的私有信息被加密外,区块链的数据对所有人开放,任何人都可以通过公开的接口查询区块链数据和开发相关应用,因此整个系统信息高度透明。

(3) 独立性。基于协商一致的规范和协议(类似比特币采用的哈希算法等各种数学算法),整个区块链系统不依赖其他第三方,所有节点能够在系统内自动安全地验证、交换数据,不需要任何人为的干预。

(4) 安全性。只要不能掌控全部数据节点的 51%,就无法肆意操控修改网络数据,这使区块链本身变得相对安全,避免了人为主观的数据变更。

(5) 匿名性。除非有法律规范要求,单从技术上来讲,各区块节点的身份信息不需要公开或验证,信息传递可以匿名进行。

4. 应用场景

(1) 金融领域。区块链技术在金融领域有着潜在的巨大应用价值,能够省去第三方环节,实现点对点的直接对接,从而在大大降低成本的同时,快速完成交易支付。

(2) 物联网和物流领域。区块链可以降低物流成本,追溯物品的生产和运送过程,并且提高供应链管理的效率。该领域被认为是区块链一个很有前景的应用方向。

(3) 公共服务领域。区块链应用于与民众的生产生活息息相关的公共管理、能源、交通等领域,这些领域的中心化特质带来的问题可以用区块链来改造。

(4) 数字版权领域。通过区块链技术,可以对作品进行鉴权,证明文字、视频、音频等作品的存在,保证权属的真实、唯一性。作品在区块链上被确权后,后续交易都会进行实时记录,就能实现数字版权生命周期管理,也可作为司法取证中的技术性保障。

(5) 保险领域。通过智能合约的应用,既无须投保人申请,也无须保险公司批准,只要触发理赔条件,就能实现保单自动理赔。

(6) 公益领域。区块链上存储的数据,高可靠且不可篡改,适合用在社会公益项目中。

▶ **模块总结**

本模块主要介绍了计算机的基础知识,包括计算机的基本概念、计算机的发展史、计算机的分类、用途等;计算机的硬件系统和软件系统,介绍了计算机的基本结构与工作原理,以及计算机的系统组成;数据在计算机内部的表示形式及数制间的转换方法。另外,为适应时代的需求,本模块还介绍了新一代信息技术中的人工智能、云计算、物联网、大数据和区块链等方面的知识。本模块为进一步学习本书及后续课程打下基础。

模块 2
Windows 10 操作系统

本模块知识目标
- 了解 Windows 10 操作系统的基本概念及其功能
- 掌握 Windows 10 的窗口与库的基本组成
- 掌握 Windows 10 文件和文件夹的基本操作
- 掌握 Windows 10 用户账户基本概念
- 掌握 Windows 10 控制面板的基本操作
- 掌握 Windows 10 常用附件程序的基本操作

本模块技能目标
- 能够熟练使用 Windows 10 窗口和库的基本操作
- 能够熟练操作 Windows 10 的文件夹和文件
- 能够熟练创建和管理用户账户
- 能够熟练操作 Windows 10 控制面板的各项设置
- 能够熟练操作 Windows 10 常用的附件程序

任务 1　认识 Windows 10 操作系统

▶**任务介绍**

健民医械药品总公司为龙洞地区的分药店配发了一台计算机，用来存放、管理龙洞药店医疗器械、药品日常的销售运营方面的各类资料。

▶**任务分析**

为了完成本次任务，店员小张首先需要了解 Windows 10 操作系统的基本知识，学会启动/关闭计算机；认识 Windows 10 的桌面、图标、任务栏、窗口的各部分组成。

本任务路线如图 2 – 1 – 1 所示。

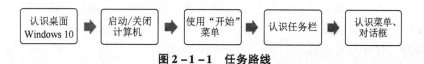

图 2 – 1 – 1　任务路线

▶任务实现

【任务1-1】Windows 10 操作系统简介

1. Windows 10 桌面

Windows 启动后，看到的整个屏幕区域，就是 Windows 的桌面，它是用户工作的界面，Windows 桌面如图 2-1-2 所示。桌面的底部是任务栏，任务栏的左边是"开始"按钮。

（1）图标。图标分为系统图标和快捷方式图标两种类型，系统图标包括计算机、网络、回收站等；快捷方式图标包括 QQ、千千静听等，快捷方式图标左下角有一个箭头标记。双击桌面图标，可以启动相应的程序或文件。

（2）"开始"按钮。单击"开始"按钮会弹出"开始"菜单，"开始"菜单将显示 Windows 10 中各种程序选项，单击其中的任意选项可启动对应的系统程序或应用程序。

（3）任务栏。任务栏位于桌面的底部，从左至右分别为"开始"按钮、中间部分、通知区域。

（4）背景。用户可以根据自己的喜好将图片或颜色设为桌面背景，美化工作环境。

图 2-1-2　Windows 界面

2. "开始"菜单

"开始"菜单是 Windows 10 系统的一个关键部分，是启动应用程序最直接的工具，如图 2-1-3 所示。

1）"开始"菜单的组成。

（1）应用程序按照字母的顺序分类，如百度网盘、便笺，汉字的拼音是"b"开头，归在同一类。

（2）应用程序的图标和应用程序的名称。

（3）本机的用户，单击"用户"按钮，进入用户设置窗口，对用户账户进行管理。

（4）文档，打开文档窗口。

（5）图片，打开图片窗口。

（6）设置，打开设置窗口，可以设置网络、系统、账户等。

（7）关机。

2）"开始"菜单应用程序的显示。

单击"开始"菜单里面的任何一个字母，应用程序以字母的形式显示，如图 2-1-4 所示。白色的字母表示有应用程序，灰色的字母表示没有对应的应用程序。

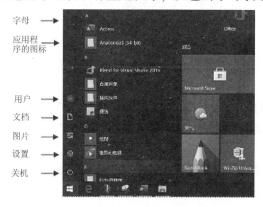

图 2-1-3　"开始"菜单　　　　图 2-1-4　"开始"菜单的应用程序

3. Windows 10 的启动与退出

1）Windows 10 的启动。

Windows 10 安装以后，每次启动计算机，Windows 被载入计算机内存，并开始检测主板、内存、CPU、显卡等硬件，Windows 系统启动完成后，如果用户没有设置密码，会直接进入 Windows 界面。如果用户设置了密码，在进入 Windows 系统前，会有输入密码提示，密码输入正确，才可以进入 Windows 界面，否则无法进入 Windows 界面。

2）Windows 10 的退出。

计算机使用完成后，需要关闭 Windows 系统，关闭 Windows 系统的步骤如下。

（1）关闭正在运行的所有应用程序。

（2）单击"开始"按钮，在弹出的"开始"菜单中，单击"关机"按钮，系统会自动退出并关闭电源。

（3）单击"关机"按钮右侧的箭头，如图 2-1-5 所示。在打开的快捷菜单中，有"睡眠""关机""重启"3 个选项，用户根据需要，选择其中的某一个选项。

图 2-1-5　"关机"菜单

【任务 1-2】Windows 10 窗口的基本操作

当运行程序或打开文档时，Windows 系统会在桌面上开辟一块称为"窗口"的矩形区域，供用户使用。用户的绝大部分操作都是在窗口中完成的，如窗口的打开/关闭、最大化/最小化/还原、窗口的移动等。

1. Windows 10 窗口的组成

Windows 10 窗口主要由标题栏、地址栏、菜单栏、搜索框、窗口工作区、窗格和状态栏等部分组成，如图 2-1-6 所示。

（1）标题栏。标题栏用来标识窗口，通常位于窗口的顶部。从左到右分别是："控制菜单"的图标、窗口的标题、"最小化"按钮、"最大化/还原"按钮和"关闭"按钮，单击这些按钮可对窗口执行相应的操作。

（2）地址栏。当知道某个文件或程序的保存路径时，直接在地址栏中输入路径可以打开该文件或程序的文件夹。在地址栏上输入"计算机"或"桌面""库""视频"等关键字，可以直接访问。

Windows 10 的地址栏中每一个路径都由不同的按钮组成，单击这些按钮，就可以在相应的文件夹之间进行切换。单击按钮右侧的箭头按钮，将会弹出一个子菜单，显示该按钮对应文件夹内的所有子文件夹。

（3）菜单栏。不同的应用程序，菜单栏的组成是不同的。Windows 的"计算机"窗口的菜单栏主要由"文件""计算机""查看"3 部分组成。"文件"菜单包括打开新窗口、帮助、关闭等；"查看"菜单包括图标的显示方式、当前视图、显示/隐藏等。

（4）搜索框。在计算机中搜索各类文件和程序，只需在搜索框中输入关键字。随着输入的关键字越来越完整，窗口的工作区显示符合条件的内容也将越来越少，直到搜索出完全符合条件的内容为止。这种在输入关键字的同时进行搜索的方式称为"动态搜索功能"。使用搜索框时应注意，如在"计算机"窗口中打开某个文件夹窗口，并在搜索框中输入内容，表示只在该文件夹中搜索，而不是对整个计算机资源进行搜索。

（5）窗口工作区。窗口工作区用于显示当前窗口的内容或执行某项操作后显示的内容，如打开"计算机"，窗口工作区显示"硬盘""可移动存储的设备""其他"等内容。如果窗口工作区的内容较多，将在其右侧和下方出现滚动条，通过拖动滚动条可查看其他未显示出的部分。

（6）窗格。Windows 10 的"计算机"窗口中有多个窗格类型。如果需要显示其他窗格，单击"查看"，在弹出的窗口中，选择所需的窗格，如图 2-1-6 所示，其中包括详细信息窗格、预览窗格和导航窗格。

图 2-1-6 "查看"菜单项

窗口中各个窗格的作用介绍如下。

①详细信息窗格：在窗口的工作区，选中某个文件夹或文件，在详细信息窗格显示该对象的属性信息。如选中一个文件，在详细信息窗格中，显示出该文件大小、创建日期等详细信息。

②导航窗格：以树形图的方式列出了一些常见位置，同时该窗格中根据不同位置的类型，显示多个节点，每个节点可以展开或折叠。单击导航窗格中的某个位置时，在窗口的工作区，显示该位置下的文件夹的内容。如图 2-1-7 所示的左边的导航窗格，包含"此电脑"，"此电脑"又包含文档、图片、本地磁盘等。

③预览窗格:用于显示当前选择的文件内容,从而可预览该文件的大致效果。文件是图片,则显示图片。如果是 Word、文本文件等文件类型,则在预览窗格可以预览文件的内容。

(7)状态栏。状态栏显示当前选项的一些信息。如图 2-1-7 所示,当前的对象是"此电脑",显示有 6 个项目。

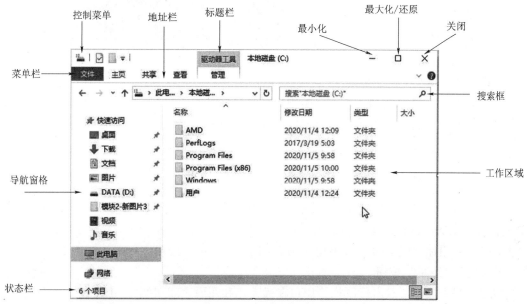

图 2-1-7 Windows 10 窗口

2. 窗口的基本操作

窗口是用户进行工作的重要区域,必须熟练窗口的各项操作。

1)打开与关闭窗口。

窗口的打开方法如下。

方法 1:双击程序、文件或文件夹图标打开对应的窗口。

方法 2:在选中的程序、文件或文件夹图标上右击,在弹出的快捷菜单中,选择"打开",即可打开对应的窗口。

方法 3:单击"开始"按钮,在"开始"菜单中,找到应用程序对应的子菜单项,单击该菜单项,打开该程序对应的窗口。

窗口的关闭方法如下。

方法 1:单击窗口的"关闭"按钮。

方法 2:双击窗口的"控制菜单"。

方法 3:单击窗口的"控制菜单",如图 2-1-8 所示,在弹出的快捷菜单中,选择"关闭"命令。

方法 4:按"Alt + F4"组合键。提示:组合键的使用,先按住"Alt"键不放,再按"F4"键。

方法 5:打开的窗口,都会在任务栏上分组显示,如果要关闭任务栏上的单个窗口,在任务栏上右击要关闭的窗口,在弹出的快捷菜单中,选择"关闭窗口"命令。

方法 6:当多个窗口以组的方式显示在任务栏上时,要关闭所有这些窗口,需要在任务栏上右击这个组,在弹出的快捷菜单中,选择"关闭所有窗口"命令,如图 2-1-9 所示。如果文档处于编辑状态,则会以对话框的形式,提示用户是否保存该文档。

图 2-1-8 控制菜单

图 2-1-9 "关闭所有窗口"

2）最小化、最大化和还原窗口。

窗口的最小化、最大化和还原窗口是用户经常使用的操作。最小化窗口后，对应的应用程序转入后台继续运行。最大化窗口是使已打开的窗口铺满整个桌面。还原窗口是指窗口最小化或最大化后，恢复为原来的大小。

操作方法如下。

方法 1：使用标题栏上的"控制菜单"图标。单击"控制菜单"图标，在弹出的快捷菜单中，有"还原""移动""大小""最小化""最大化""关闭"6 个菜单项，单击相应的菜单项，可以完成对窗口的操作，如图 2-1-8 所示。

方法 2：使用标题栏上的"最小化""最大化""还原"按钮。单击标题栏上的"最小化""最大化""还原"按钮。

方法 3：双击操作。双击标题栏，窗口在最大化和还原之间切换。

3）移动与改变窗口的大小。

窗口在不是最大化的状态下，可以移动，移动窗口的方法如下。

方法 1：单击标题栏上的"控制菜单"图标，在弹出的快捷菜单中，选择"移动"命令。

方法 2：按住鼠标左键拖动窗口的标题栏，到达预期的位置，松开鼠标。

改变窗口的大小是指在窗口不是最大化的状态下，改变窗口的大小。改变窗口大小的方法如下。

方法 1：将鼠标放在窗口的 4 条边或 4 个角上，此时光标变成双向箭头，按住鼠标左键向相应的方向拖动，即可改变窗口的大小。

方法 2：单击标题栏上的"控制菜单"图标，在弹出的快捷菜单中，选择"大小"命令。

注意：对话框的大小是不能被改变的。

4）窗口的排列。

Windows 10 提供了层叠窗口、堆叠显示窗口、并列显示窗口 3 种排列窗口的方式。当打开多个窗口时，在任务栏上右击，在弹出的快捷菜单中，选择"层叠窗口""堆叠显示窗口"或"并列显示窗口"命令之一，便可更改窗口的排列方式。

5）窗口的切换。

如果在桌面上打开多个窗口，用户并不能同时对这些窗口进行操作，只能对其中的一个窗口进行操作，这个窗口就是当前窗口。用户要想使用某个窗口，需要将其转换为当前窗口。Windows 10 的窗口预览切换功能是非常强大和快捷的，并且提供的方式也很多。下面介绍切换窗口的 3 种方法。

方法 1：通过窗口可见区域切换窗口。如果非当前窗口的部分区域可见，将光标移动至该窗口的可见区域处单击，即可切换到该窗口。

方法2：通过"Alt + Tab"组合键预览切换窗口。通过"Alt + Tab"组合键预览切换窗口时，将显示桌面所有窗口的缩略图。其方法是，按住"Alt"键的同时按"Tab"键，可以预览所有打开窗口的缩略图，当选中某张缩略图时，窗口会以原始大小显示在桌面上，释放"Alt"键便可切换到该窗口。

方法3：使用任务栏切换窗口。打开的窗口都会以图标的方式显示在任务栏上，用户只需单击任务栏上的某个窗口的图标，就可以切换为当前窗口。

3. 菜单栏

菜单是 Windows 10 操作系统中命令的集合。常见的菜单有下拉菜单、控制菜单、快捷菜单等。菜单栏中的菜单由子菜单组成，每个菜单项对应一个命令，单击某个菜单项，会完成相应的功能。

1）下拉菜单。

在窗口中单击某个菜单，即可打开相应的下拉菜单。图2-1-10是Photoshop软件"编辑"菜单的下拉菜单。图2-1-11是IE浏览器"编辑"菜单的下拉菜单。从这两幅图中，可以看到，不同的窗口包含的菜单可能是不同的；相同的菜单名称，里面包含的菜单项也可能是不同的。例如，PhotoShop软件的"编辑"菜单与IE浏览器"编辑"菜单里面的菜单项就不同。

所有的菜单，都有相同的约定。约定如下。

图2-1-10　下拉菜单1

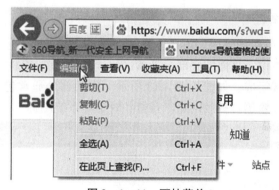
图2-1-11　下拉菜单2

（1）菜单项的右边有一个"三角形"的箭头，表示该菜单项下面有一个子菜单，将光标移至带"三角形"箭头的菜单项上面，就会自动打开它的子菜单。

（2）菜单项右边有省略号标记，表示该命令会打开一个对话框，如图2-1-10的"渐隐"菜单项，该菜单项右边有一个省略号，表示打开一个新的"渐隐"对话框。

（3）菜单项的文字呈现灰色，表示该菜单项在当前情况下不能使用。

（4）菜单的左侧有选中标记"√"，表示该命令当前处于选中状态。

（5）菜单的左侧有选中标记"●"，表示一组选项中只有一个被选中。

（6）菜单的右边括号里面的字母表示快捷键，打开菜单后，按下某个菜单项括号里面的字母，与单击菜单项的作用是一样的，都执行相同的命令。如图2-1-11所示的"编辑"菜单里面的"全选"菜单项，按下括号内字母"A"，会将窗口的工作区里面的所有内容都选中，与"编辑"菜单里面的"全选"菜单项的命令执行的效果是相同的。

（7）如图2-1-11所示，"全选"菜单项后面，有"Ctrl + A"组合键，直接按住"Ctrl"键，再按"A"键，选中当前窗口工作区中的所有内容。

2）控制菜单。

"控制菜单"位于标题栏的左侧，如图 2-1-8 所示。

3）快捷菜单。

右击操作对象，可以在窗口或桌面上弹出与该对象相关的快捷菜单，如图 2-1-12 所示。

图 2-1-12　快捷菜单

（4）关闭菜单。单击菜单外的任意位置，即可关闭菜单。按"Esc"键，可以逐级关闭菜单。

4. 任务栏

1）任务栏的组成。

任务栏位于桌面的底部，是 Windows 10 的重要组件，主要由"开始"按钮、中间部分和通知区域组成，如图 2-1-13 所示。中间部分通常包含快速启动栏、应用程序栏。通知区域通常包含语言栏、网络、音量、时钟等系统图标。

图 2-1-13　任务栏的组成

2）快速启动栏的操作。

（1）快速启动栏位于"开始"按钮的右侧，当光标停在某个按钮上时，将会显示相应的提示信息。

（2）添加程序的图标到快速启动栏，用户将要添加的程序的图标拖动到快速启动栏即可完成添加。

（3）删除某个快速启动程序图标，只要右击该程序的快捷图标，在弹出的快捷菜单中选择"删除"命令即可；或者，直接将该程序的快捷图标拖到回收站。

（4）单击快速启动栏中的任一图标，即可打开相应的程序。

3）应用程序栏。

（1）快速启动栏的右边是应用程序栏，每打开一个应用程序，就会有一个对应的按钮图标显示在任务栏上。

（2）任务栏上图标颜色较深的按钮，表示其对应的程序处于前台运行（活动窗口）。

(3) 图标颜色较淡的按钮，表示其对应的程序处于后台运行（非活动窗口）。单击执行状态按钮，就可以将相应的程序调到前台运行。

4）通知区域。

(1) 通知区域位于任务栏的最右侧，在该区域中主要显示输入法、音量、时间及后台运行的程序图标。

(2) 在相应的图标上单击，打开该应用程序；右击图标，打开该应用程序的快捷菜单。

5）任务栏的操作。

(1) 打开"设置"窗口，单击"任务栏"选项，即展开"任务栏"选项卡窗口，如图2-1-14所示。

(2) 在"任务栏"没有锁定的情况下，按住任务栏的空白处，可以拖动任务栏到桌面的任何位置；将光标移到任务栏的边界，可以改变任务栏的大小。

(3) "自动隐藏任务栏"开关项，可以隐藏或显示任务栏；"锁定任务栏"开关项，可以锁定或解锁任务栏。

(4) "选择哪些图标显示在任务栏上"，如图2-1-15所示，通过开关按钮，可以将需要的应用程序的图标显示在任务栏上。

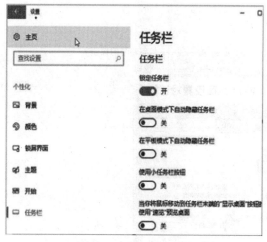
图2-1-14 任务栏选项卡

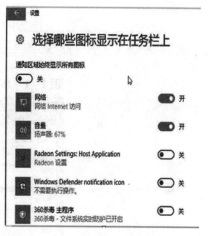
图2-1-15 任务栏上图标的显示

5. 对话框

Windows 10 的对话框提供了更多的相应信息和操作提示，使操作更准确。对话框的组成如下。

(1) 选项卡：对话框中一般有多个选项卡，通过选择相应的选项卡可切换到不同的设置页。例如，在任务栏上右击，选择"属性"菜单项，打开"任务栏属性"对话框。打开Word文档处理应用程序，在"布局"选项卡中，打开"页面设置"对话框，如图2-1-16所示，有"页边距""纸张""版式""文档网格"4个选项卡。

(2) 列表框：列表框在对话框中以矩形框形式显示，其中分别列出了多个选项。

(3) 单选按钮：选中单选按钮，可以完成某项操作或功能的设置，选中后单选按钮前面的标记变为 。单选按钮的功能是多个选项中，只有一个选项起作用。如图2-1-17所示，Word 的"页面设置"对话框的"文档网格"选项卡中有单选按钮、数值框、复选框等控件。在"文字排列"方向上，选中了"水平"，就不能选择"垂直"，两个选项只能选择其中的一个。

(4)数值框:可以直接在数值框中输入数值,也可以通过后面的按钮设置数值。

(5)复选框:其作用与单选按钮类似,多个选项,各个选项之间没有联系,因此,可以多选,当选中复选框后,复选框前面的标记变为☑。

(6)下拉列表框:与列表框类似,只是将选项折叠起来,单击对应的按钮,将显示所有的选项。

(7)按钮:按钮标题的后面有省略号的,表示单击该按钮可以打开一个新的对话框;按钮上面只有标题,单击按钮则执行对应的功能。如单击"确定"按钮,执行对话框中各种选项的操作;单击"取消"按钮,取消本次操作。

图2-1-16 Word页面设置对话框

图2-1-17 "文档网格"选项卡

▶任务小结

本次任务是了解Windows 10操作系统的基础知识,包括Windows 10系统的启动和关闭、Windows 10的窗口组成、任务栏、菜单、对话框等基础知识,为后面学习Windows 10系统的操作打下理论基础。

任务 2 Windows 10 文件管理

▶任务介绍

健民医械分药店员工小张需要使用计算机存放、管理公司销售方面的各类资料,如各类药品的厂家信息、药品的分类、产品的生产日期及价格、医械和药品的日常销售等。需要在磁盘创建文件夹,用来保存文件、规范和管理资料。

▶任务分析

为了完成本次任务,需要了解文件夹和文件的基本知识,包括磁盘、文件夹和文件的显示,文件或文件夹的剪切、复制、粘贴、搜索、属性、快捷方式等。本任务是 Windows 操作的重点,在掌握这些基本的知识后,才能够实现本次任务。本任务路线如图 2-2-1 所示。

图 2-2-1 任务路线

▶任务实现

【任务 2-1】 了解文件和文件夹的基本概念

1. 文件和文件名的基本概念

文件是存储在外存储器(如磁盘)上的相关信息集合。这些信息最初是在内存中建立的,然后以用户给定的名称转存在磁盘上,以便长期保存。

文件名用来标识每一个文件,实现"按名字存取"。文件名一般由主文件名和扩展名两部分组成,主文件名和扩展名之间用小圆点"."隔开。

文件名格式如下。

<主文件名>[.<扩展名>]

说明:主文件名是必选的,扩展名是可选的。扩展名代表文件的类型,如扩展名为 txt,表示该文件是文本文件;扩展名是 doc 或 docx 表示该文件是 Word 文档;扩展名为 exe,表示该文件是一个可执行文件。

2. 文件和文件夹的命名规则

文件名由最长不超过 255 个合法的可见字符组成,而扩展名由 1~4 个合法字符组成。文件名英文字符不区分大小写。同一文件夹内不能有相同的文件名,不同文件夹中可以同名。文件取名时最好能做到见名知义。

3. 文件类型

根据文件存储类型的不同来划分,文件类型有应用程序文件(.exe 或 .com)、文本文件(.txt)、Word 文档文件(.doc)、图像文件(.bmp、.jpg)、压缩文件(.zip、.rar)等。

4. 文件夹和文件名的通配符

?——代替所在位置上的任一字符,如 P?a.doc。

*——代替所在位置起的任意一串字符，如 *.exe。

利用这两个特殊字符，可以组成多义文件名。

5. 文件夹和文件位置（路径）

文件及文件夹存放在磁盘上。例如，在 C 盘上有"Temp"文件夹，在"Temp"文件夹下有"ABC"文件夹，在"ABC"文件夹下有"Readme.txt"文件，这个文件的路径表示如下：

C：\ Temp \ ABC \ Readme.txt

其中，"C:"是 C 盘的盘符；"\"是盘符与文件夹之间的分隔符。

注意：文件夹或文件的字母没有大小写的区别。

6. 文件夹

文件组织结构是分层次的，即树形结构（倒置的树），如图 2-2-2 所示。文件夹是文件和子文件夹的集合，即相关的文件和子文件夹存放在同一个文件夹中，以便更好地查找和管理这些文件和子文件夹。文件夹有广泛的含义（桌面、文档、磁盘驱动器等也是文件夹），当前文件夹又称缺省文件夹。

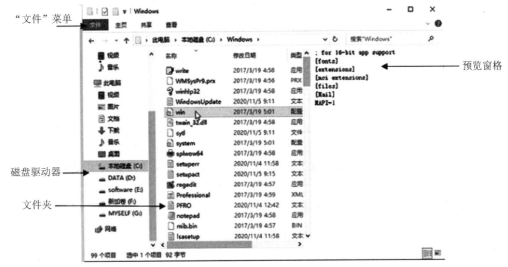

图 2-2-2　文件夹的树形结构

7. 回收站

回收站是硬盘上的特殊文件夹，用来存放用户删除的文件。通过"回收站"的"文件"菜单，可以将回收站中的文件恢复到原位置，也可以永久删除。

【任务 2-2】管理文件和文件夹

1. 创建文件

1）使用应用程序创建新文件。

创建应用程序的文件，需要打开这个应用程序，一般使用"文件"菜单里面的"新建"菜单项来创建新文件，新文件一般是没有命名的文件，需要使用"保存"菜单项，给这个新文件命名，完成文件的创建。

2）通过菜单创建新文件。

在 Windows 10 窗口中，把要创建文件的文件夹确定为当前文件夹，通过菜单栏上的"文件"→"新建"，在子菜单中，选择某一类文件类型，建立新文件，如图 2-2-3 所示。

3）通过快捷菜单创建新文件。

在 Windows 10 窗口中，把要创建文件的文件夹确定为当前文件夹，在当前文件夹窗口的空白处右击，在打开的快捷菜单中，选择"新建"，在子菜单中选择某一类文件类型，完成新文件的创建。

图 2-2-3 文件夹的子菜单

2. 创建文件夹

（1）通过菜单栏上的"新建文件夹"按钮创建。

把要创建文件的文件夹确定为当前文件夹。单击工具栏上的"新建文件夹"按钮，创建一个新的空文件夹，如图 2-2-4 所示。"文件"选项卡包含文件夹和文件操作，包括复制、剪切、粘贴、删除、重命名、新建文件夹等操作。例如，创建一个"计算机应用基础"文件夹。在"文件"选项卡上，单击"新建文件夹"按钮，在工作区会出现新建的文件夹，输入"计算机应用基础"，即可完成文件夹的创建。

图 2-2-4 新建文件夹

（2）通过快捷菜单创建文件夹。

在当前文件夹窗口的空白处右击，在打开的快捷菜单中，选择"新建"选项，在子菜单击，单击"文件夹"按钮，即可创建一个新文件夹。在文件夹中，输入要创建的文件夹的名称。

3. 选定文件和文件夹

Windows 对文件夹和文件操作的基本原则是先选定后操作，即一定要先选中要操作的文件夹或文件，然后再进行打开、复制、粘贴、删除等操作。

（1）选定一个文件或文件夹：单击该文件或文件夹。

（2）选定多个连续的文件或文件夹：单击要选定的第一个文件或文件夹，再按住"Shift"键，单击最后一个要选定的文件或文件夹，即可选定多个连续的文件或文件夹。

（3）选定所有的文件或文件夹：按"Ctrl + A"组合键，即可选定。

（4）选定多个不连续的文件和文件夹：单击选中第一个，再按住"Ctrl"键，单击下一个，直到所有需要选定的文件和文件夹都被选中为止。

（5）取消选定的内容：单击窗口工作区的空白处。

4. 复制文件和文件夹

复制文件或文件夹就是将文件或文件夹复制一份，放在其他地方，执行复制命令后，原位置和目标位置均有该文件或文件夹。复制文件和文件夹有以下两种方法。

（1）使用菜单复制：选定文件或文件夹，选择菜单"主页"→"复制到"，移至目标位置选择菜单"主页"→"粘贴"。

（2）使用快捷菜单复制：右击选定的文件或文件夹，在弹出的快捷菜单中选择"复制"，移至目标位置，在目标文件夹中的空白处右击，在弹出的快捷菜单中选择"粘贴"。

举例：在"C：\windows\temp"的"temp"文件夹中，创建一个"ibA60E.tmp"临时文件，文件的路径是"C：\windows\temp\ibA60E.tmp"。使用方法（1）或方法（2）将这个文件复制到F盘。选定要复制的文件进行复制。打开目标文件夹所在的位置F盘，粘贴文件，如图2-2-5所示。文件夹的复制和文件的复制操作相同。

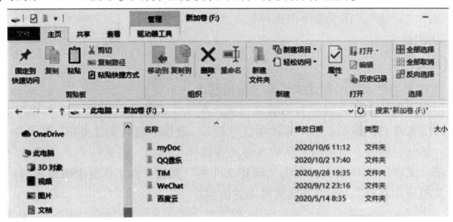

图2-2-5 文件的复制和粘贴

5. 移动文件和文件夹

移动也称剪切，通过移动操作后，原位置处不再保留原有内容，操作方法与复制操作相似。剪切文件和文件夹有下列2种方法。

（1）使用菜单复制：选定文件或文件夹，选择菜单"主页"→"剪切"，移至目标位置选择菜单"主页"→"粘贴"。

（2）使用快捷菜单复制：右击选定的文件或文件夹，在弹出的快捷菜单中选择"剪切"，移至目标位置，在目标文件夹中的空白处右击，在弹出的快捷菜单中选择"粘贴"。

举例：将文件"C：\windows\temp\ibA60F.tmp"剪切到F盘中，选中要剪切的文件，使用"剪切"命令。在目标文件夹中，使用"粘贴"命令，实现文件的"剪切"操作。文件夹的剪切和文件的剪切操作相同。

6. 重命名文件和文件夹

（1）使用菜单：选定文件或文件夹，菜单"文件"→"重命名"菜单项，给文件或文件夹重命名。

（2）使用快捷菜单：右击选定的文件或文件夹，在弹出的快捷菜单中，选择"重命名"。

（3）使用快捷键：选定文件或文件夹，按"F2"键。

（4）单击文件夹或文件的名称，再单击一次这个文件夹或文件的名称。此时，文件夹或文件处于选中状态，可以进行编辑，编辑完成后，按"Enter"键或单击空白处，完成文件夹或文件的重命名。

7. 删除文件夹和文件

删除文件夹或文件，可以是一个文件夹或文件，可以是连续的文件夹或文件，可以是不连续的文件夹或文件，还可以是多个文件夹和文件一起删除。要先选定文件夹或文件，然后执行删除操作。

(1) 使用"Delete"键。选定文件或文件夹,按"Delete"键。

(2) 使用菜单。选定文件或文件夹,菜单"文件"→"删除"。

(3) 使用快捷菜单。右击选定的文件或文件夹,在弹出的快捷菜单中,选择"删除"。

例如:删除"myDoc"和"sounds"两个文件夹,如图 2-2-6 所示,先选定这两个对象,再执行"删除"命令,完成文件夹和文件的删除。单击"删除"按钮下的"三角形"标记,有"回收""永久删除""显示回收确认"3 个子菜单项。

①选择"回收",将删除的文件夹或文件放到回收站。

②选择"永久删除",直接删除文件夹或文件。

③选择"显示回收确认",在执行删除之前,会出现一个提示框,提示是否要删除,如果确定删除,单击"是"按钮;如果不删除,单击"否"按钮。

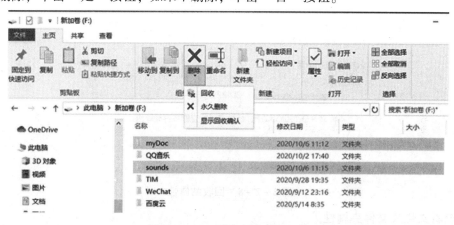

图 2-2-6 删除文件夹和文件

(4) 在回收站中删除文件或文件夹。除了"永久删除"外,其他删除方法并没有真正将文件或文件夹删除,而是将删除的文件或文件夹放到了回收站,在回收站里面的文件或文件夹是可以还原的,如图 2-2-7 所示。"回收站"窗口中按钮功能如下:

①清空回收站。回收站里面的所有内容全部被删除,不能再还原。

②回收站属性。可以设置回收站属性。

③还原所有项目。将回收站里面的所有文件和文件夹还原到原先删除的位置。

④还原选定的项目。选定要恢复的多个文件和文件夹,单击"还原选定的项目"按钮,即可将它们还原到原先删除的位置。

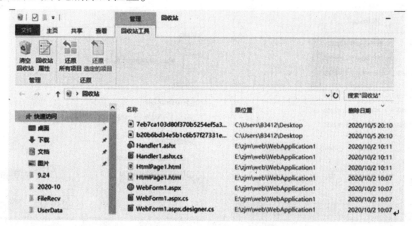

图 2-2-7 "回收站"窗口

（5）回收站属性的设置。回收站属性如图2-2-8所示。每个磁盘都有一个回收站，设置回收站的可用空间，默认是14229 MB，约1.5 G。如果选择"不将文件移到回收站中。移除文件后立即将其删除"选项，要删除的文件将被直接删除，不放到回收站。

（6）永久删除文件或文件夹：选定要删除的文件或文件夹，使用"Shift + Delete"组合键将其删除。

图2-2-8　回收站属性

8. 查看文件或文件夹属性

文件或文件夹属性信息包括名称、位置、大小、创建时间、属性等。属性值包括只读、隐藏、存档。查看文件属性如图2-2-9所示，在该对话框中，只有"只读""隐藏"两个属性值，"存档"属性值可以通过"高级"属性进行设置，单击"高级"按钮，打开"高级属性"对话框，设置文件或文件夹的"存档"属性，如图2-2-10所示，"可以存档文件"是文件夹的存档属性。文件的存档是相似的。

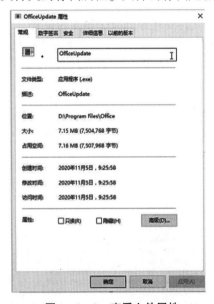

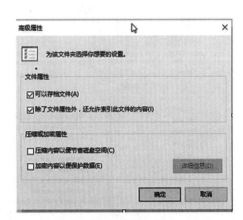

图2-2-9　查看文件属性　　　　图2-2-10　"高级属性"对话框

9. 文件夹选项

计算机使用一段时间后，会安装各种各样的应用程序，如 360 杀毒软件、Office 办公软件等；用户出于办公需要，也会有自己的文件夹和文件。因此，随着计算机的不断使用，计算机中的文件夹和文件会越来越多。在浏览文件或文件夹的时候，用户可以使用不同的视图来浏览文件夹和文件。

(1) 文件夹或文件的显示方式。

Windows 10 系统提供了"超大图标""大图标"等 8 种文件夹或文件的显示方式。要改变文件夹或文件的显示方式，单击"查看"视图中，选择所需的命令即可。文件夹或文件的"查看"选项如图 2-2-11 所示。当文件比较多的时候，常使用"列表"方式显示；如果想看文件夹和文件的大小、创建的时间等信息，可以使用"详细信息"显示方式。

图 2-2-11　文件夹或文件的"查看"选项

(2) "文件夹选项"的常规属性。

"常规"选项卡主要用于设置文件夹的"常规"属性，"文件夹选项"的常规选项卡如图 2-2-12 所示。"浏览文件夹"区域用来设置文件夹的浏览方式，设置在打开多个文件夹时，是在同一个窗口打开还是在不同的窗口打开。"在同一窗口中打开每个文件夹"表示在"计算机"窗口中，每打开一个文件夹，只会出现一个窗口来显示当前打开的文件夹。"在不同的窗口中打开不同的文件夹"表示每打开一个文件夹，就会有一个窗口出现，打开多少个文件夹，就会出现多少个窗口。

(4) "文件夹选项"的查看属性。

"文件夹选项"的"查看"选项卡用于设置文件夹的显示方式，如图 2-2-13 所示。在"文件夹视图"区域，有两个按钮，分别是"应用到文件夹""重置文件夹"。单击"应用到文件夹"按钮，将当前文件夹正在使用的视图应用到所有相同类型的文件夹中。单击"重置文件夹"按钮，将文件夹还原为默认视图设置。

"查看"的"高级设置"列表框显示了文件夹和文件的多项高级设置选项，可根据实际需要进行设置。选中"显示隐藏的文件、文件夹和驱动器"单选按钮，则会显示属性为隐藏的文件、文件夹和驱动器，如图 2-2-13 所示。

图 2-2-12　"文件夹选项"的"常规"选项卡　　图 2-2-13　"文件夹选项"的"查看"选项卡

10. 搜索文件夹和文件

Windows 10 提供了文件夹和文件的搜索功能,可以使用多种方式查找文件夹和文件。

(1) 使用"开始"菜单的搜索框。

打开"开始"菜单,在搜索框中,输入要查找的文件夹或文件的名称,系统会自动搜索磁盘上与搜索框中匹配的内容,包括文件夹、文件以及包含该搜索内容的文件。

(2) 在"计算机"窗口,使用"搜索框"搜索。

打开"计算机"窗口,在"搜索框"中,输入要查找的文件夹或文件,系统会自动搜索,搜索的结果如图 2-2-14 所示,搜索的结果自动显示在窗口的工作区。

单击搜索框,在搜索框的下面,显示有"修改日期""类型""大小"。选择"修改日期",可以设置要查找的文件夹或文件的日期或日期范围。选择"大小",可以设置要查找的文件的大小范围。

图 2-2-14 使用"搜索框"搜索

(3) 使用通配符搜索。

在上面的搜索框中,使用通配符进行搜索。有两种通配符? 和 * 。其中,? 代表任意一个字符;* 代表任意多个字符。例如,输入"a?.jpg",则搜索以 a 或 A 开头的两个字符的 jpg 文件。在实际的搜索过程中,会把所有以 a 或 A 开头的 .jpg 文件全部找出来。输入"*.jpg",则搜索出所有扩展名为 .jpg 的文件。

11. 快捷方式

快捷方式是一种特殊类型的文件,用于实现对计算机资源的链接。可以将某些经常使用的程序、文件、文件夹等以快捷方式的形式,放在桌面上或某个文件夹中。

(1) 创建快捷方式。

①选中程序、文件或文件夹,右击,在弹出的快捷菜单中,选择"发送到"→"桌面快捷方式",在桌面出现该对象的快捷方式。

②选中程序、文件或文件夹,右击,在弹出的快捷菜单中,选择"创建快捷方式"命令,在当前文件或文件夹所在的位置,创建一个快捷方式。

③选中程序、文件或文件夹,按住鼠标右键不要放,将它拖到目标位置后,松开鼠标,从弹出的快捷菜单中,选择"在当前位置创建快捷方式"命令。

(2) 删除快捷方式。

快捷方式的删除与文件夹或文件的删除相同,选中该快捷方式,按"Delete"键;也可以右击，从弹出的快捷菜单中，选择"删除"命令。

快捷方式是一个扩展名为.lnk的链接文件，它指向链接的程序、文件或文件夹，单击快捷方式可以打开它链接的对象。删除快捷方式并不影响它链接的对象。

▶ **任务小结**

本次任务学习文件夹和文件的操作，这是Windows操作最重要的一部分内容，要熟练掌握。对文件和文件夹的操作包括命名、选择、复制、剪切、粘贴、删除等。

任务3　Windows 10 的系统管理

▶ **任务介绍**

健民医械分药店员工小张想要对电脑的桌面进行一些个性化的设置，以提高工作效率，主要内容包括设置个性化的桌面，设置屏幕保护，通过用户管理，控制登录到计算机上的用户，使得不同用户之间互不干涉，对计算机的安全起到保护作用。

▶ **任务分析**

为了完成本次任务，需要了解图标、主题、桌面背景、屏幕保护程序、设置日期和时间、控制面板中应用程序的使用、用户管理等基本知识，通过对Windows 10 操作系统的掌握和理解，能够熟练完成本次任务的各项操作。任务路线如图2-3-1所示。

图2-3-1　任务路线

▶ **任务实现**

【任务3-1】定制工作环境

1. 桌面背景的设置

Windows 10的桌面有图标、背景、"开始"菜单、任务栏。可以任意替换桌面的背景，背景的设置如下。

（1）在桌面空白处右击，在弹出的快捷菜单中选择"个性化"命令，如图2-3-2所示。

（2）"开始"菜单，打开"设置"选项卡，在"个性化"里面，有"背景""颜色""锁屏界面"等设置。

（3）在"背景"下拉列表框里面，选择背景。

（4）通过"浏览"按钮，可以选择自己喜欢的图片作为背景。

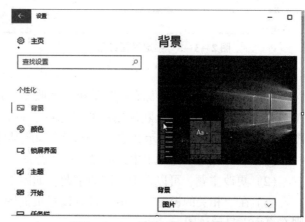

图2-3-2　选择"个性化"命令

(5)"颜色"选项，可以选定某一种颜色作为桌面的背景。

2. 锁屏界面

锁屏界面，如图2-3-3所示，锁屏界面的操作如下。

(1) 在登录界面上，显示锁屏界面的背景图片。

(2) 屏幕保护程序的设置，选择"屏幕保护程序设置"选项，打开"屏幕保护程序设置"对话框，如图2-3-4所示。在"屏幕保护程序"下拉列表框中，可以选择一个"屏幕保护程序"。如果选择"无"，则没有设置屏幕保护；如果选择"三维文字"，单击"设置"按钮，可以设置屏幕保护显示的文本、动态类型、表面样式等内容；如果选择"变幻线"等选项，不需要使用"设置"按钮。选择某一个屏幕保护程序后，单击"预览"按钮，可以查看屏幕保护程序的运行效果，移动光标或按键盘上的任意键即可返回。

(3) 设置启动屏幕保护程序的等待时间，在"等待"数值框中，输入启动屏幕保护程序的等待时间，单位是"分钟"。

图2-3-3 锁定界面设置

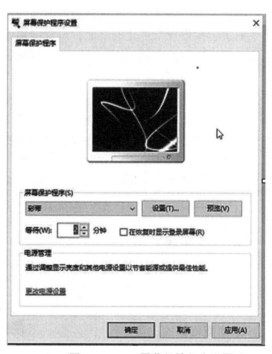

图2-3-4 屏幕保护程序设置

3. 添加桌面图标

Windows 10的桌面图标有：计算机、回收站、用户的文件、控制面板、网络。Windows 10安装完成以后，桌面上默认显示的图标可能只有计算机、回收站、控制面板，其他两个图标不显示，如果需要显示其他两个图标或隐藏某些图标，可按照以下步骤操作。

(1) 在"主题"选项卡中，可以设置"背景""颜色""声音"等，如图2-3-5所示。

(2) 更改主题，可以设置不同的主题，如图2-3-6所示。

(3) 在"相关的设置"里面，可以设置桌面图标。如图2-3-7所示，选中某个图标，则在桌面上显示该图标。

(4) 删除桌面上的"控制面板"图标。例如，取消"控制面板"图标，即将"控制面板"复选框前面的钩去掉，单击"应用"按钮，桌面上"控制面板"图标被删除。

(5) 如果更改了"计算机""网络"等5个默认的系统图标，想要将其中的某个系统图标还原,则要先选中这个系统图标,单击"还原默认值"按钮,选中的这个系统图标会被还原为系统默认的图标。

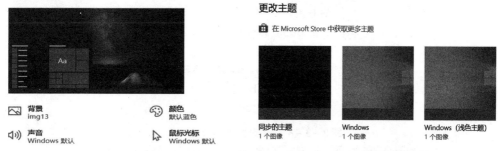

图2-3-5 "主题"设置 　　　　　图2-3-6 更改主题

图2-3-7 设置桌面图标

4. 添加快捷图标

(1)在桌面的空白处,右击,在弹出的快捷菜单中选择"新建"→"快捷方式",如图2-3-8所示。

(2)单击"浏览"按钮,如图2-3-9所示,找到要添加的文件或文件夹,单击"确定"按钮,根据屏幕提示,在桌面上完成该文件或文件夹快捷图标的添加。

(3)例如,创建 Excel 的快捷方式,可以在"C:\Program Files\Microsoft Office\Office14"文件夹中,找到"Excel.exe"应用程序所在位置,单击"Excel"文件,然后单击"确定"按钮,如图2-3-10所示。

(4)单击"下一步"按钮,给"快捷方式"起一个自己喜欢的名字,默认文件名是"Excel",单击"完成"按钮,桌面上出现创建的快捷图标,如图2-3-11所示。

图 2-3-8　在桌面添加快捷方式

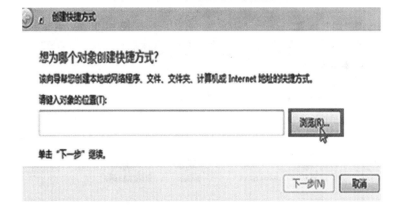

图 2-3-9　创建快捷方式

图 2-3-10　浏览"Excel"文件

图 2-3-11　创建"Excel"快捷方式

5. 更改桌面的图标

（1）选中要更改的桌面的图标，如修改桌面上的"微信"图标。

（2）右击桌面图标，在打开的"微信-属性"对话框中，单击"更改图标"按钮，如图 2-3-12 所示。

（3）打开"更改图标"对话框，单击"浏览"按钮，可以找应用程序或 dll 等，在图标列表中选择一个图标，如图 2-3-13 所示，打开"C：\ Windows \ System32 \ shell32. dll"，在图标框中，出现很多图标，选择一个"磁盘"的图标，单击"确定"按钮。

（4）回到"微信-属性"对话框，单击"应用"按钮，在桌面上，原先的"微信"图标已经被替换为"磁盘"图标。

(5) 还原"微信"图标,在更改图标的浏览界面,找到微信程序所在的路径,打开微信的应用文件,在图标框中,找到微信图标,按照步骤(2)→(3)→(4)的操作,即可还原微信图标。

图 2-3-12　更改"快捷方式"图标

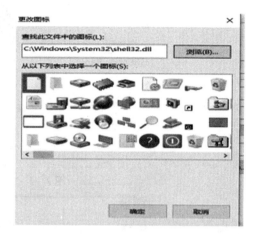

图 2-3-13　"更改图标"对话框

6. 删除桌面的图标

如果要删除桌面上的图标或者"开始"菜单里面的图标,右击快捷方式图标,在弹出的快捷菜单中选择"删除"。

【操作技巧】

用鼠标左键直接将快捷方式图标拖到"回收站"也可以删除。

【任务 3-2】 管理用户账户

用户管理是计算机安全管理的一项内容,通过设置用户账户和密码,可以控制登录到计算机上的用户,对计算机的安全起到保护作用。管理员账户拥有计算机的完全访问权,可以对计算机做任何需要的修改。

1. 添加家庭成员和其他用户

(1) 单击"设置"菜单→"账户",右边展开的是"账户信息",如图 2-3-14 所示。可以设置管理员、付费信息、家庭设置、安全设置等。

(2) 添加"家庭成员"和"其他人员",如图 2-3-15 所示,根据系统提示,完成用户信息的设置。

2. 更改账户设置

账户创建成功后,可以对该账户进行修改,如更改账户的密码、图片,设置家长控制等。

(1) 在"管理账户"窗口中,单击要修改的账户。

(2) 更改账户设置,如图 2-3-16 所示。例如,创建账户密码,在"创建密码"窗口中,输入账户密码,单击"创建密码"按钮,即可给账户设置一个密码。在"删除密码"窗口中,可以删除账户的密码。

图 2-3-14　账户信息

图 2-3-15　添加"家庭成员"和"其他人员"

图 2-3-16　更改账户设置

3. 删除账户

（1）在"管理账户"窗口中，单击要删除的账户。

（2）"删除账户"窗口如图 2-3-17 所示，单击"删除账户"按钮，即可删除指定的账户。

4. 注销、睡眠

（1）注销计算机。注销计算机是指清除当前登录系统的用户，清除后即可重新使用任何一个用户身份登录系统。注销系统的方法如下。

单击"开始"菜单，选择"关机"按钮右侧的箭头按钮，在弹出的下拉菜单中，选择"注销"命令。

图 2-3-17 "删除账户"窗口

①使用键盘上的"Windows"键,弹出"开始"菜单,后续操作与步骤1相同。

②按下"Ctrl + Alt + Delete"组合键,在 Windows 10 安全选项界面中,选择"注销"。

(2)睡眠。在使用电脑的时候,有事情需要离开电脑一段时间,在离开的这段时间,不希望别人使用自己的电脑,又不想关机,这时候,可以让电脑进入睡眠状态。

【任务3-3】控制面板其他设置

1. 安装和删除字体

Windows 10 系统有自带字体,基本上能够满足用户的需求。但是,在电脑的使用过程中,用户可能需要安装自己的字体。安装和删除字体的步骤如下。

(1)安装字体。

①首先,准备字体的素材,可以在网上搜集自己满意的字体,下载到电脑上。

②如果字体文件是压缩文件,需要解压。字体文件是 TTF 格式。

③右击字体文件,选择"安装"。

④或直接将这个字体文件拖到"C:\windows\fonts"目录里面,字体会自动安装。

⑤或将字体文件拖到控制面板页"字体"中安装。

(2)删除字体。

①打开控制面板,找到"字体",在"字体"界面中,找到要删除的"字体"。

②在工具栏上,单击"删除"按钮。

2. 设备管理器

通过 Windows 10 设备管理器,用户可以查看计算机中已经安装的硬件设备,如 CPU、显示器、显卡、打印机、光驱、鼠标、键盘、网卡等硬件设备。

使用设备管理器可以安装和更新硬件的驱动程序、更改这些设备的硬件设置。通过使用设备管理器来检查硬件的状态以及更新计算机上的设备驱动程序。一般来说,用户不需要使用设备管理器来更改资源设备,因为在硬件安装过程中,系统会自动分配资源。

打开"设备管理器"的方法:在桌面的"计算机"图标上右击,在快捷菜单中,选择"管理",在打开的"计算机管理"对话框中,选择"设备管理器",就可以看见计算机上的硬件设备。在控制面板上,选择"设备管理器"。"设备管理器"窗口如图 2-3-18 所示。

安装设备及其驱动程序,Windows 10 支持即插即用设备,用户在插入硬件设备时,Windows 会搜索适当的设备驱动程序,并自动将该硬件配置为在不影响其他设备的情况下运行。

3. 磁盘管理

用户的文件夹和文件都存放在计算机的磁盘上,用户需要安装或卸载程序,会经常移动、复制、删除文件夹和文件，如果长期不对计算机进行处理的话，计算机上会产生很多磁盘碎片或临时文件，可能会导致计算机系统性能下降。因此，需要定期对磁盘进行管理，以保证系统运行状态良好。

磁盘管理操作通过磁盘属性来设置，磁盘属性如图2－3－19所示。

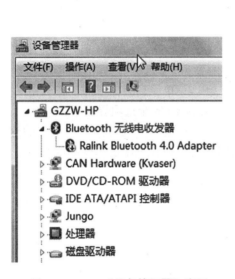

图2－3－18 "设备管理器"窗口

图2－3－19 磁盘属性

（1）磁盘属性。

在磁盘"属性"的"常规"选项卡中，能够了解磁盘的文件系统类型、磁盘的空间，使用饼图显示磁盘的使用情况。

磁盘"属性"对话框打开的方法：选中要管理的磁盘右击，在打开的快捷菜单中，选择"属性"。在"属性"对话框中，有"常规""工具""硬件""共享""安全""以前的版本""配额""自定义"8个选项卡，用户可根据自己的要求，对各个选项卡进行设置。

（2）磁盘清理。

在"常规"选项卡中，单击"磁盘清理"按钮，启动磁盘清理程序对磁盘进行清理。打开"磁盘清理"对话框，在"要删除的文件"列表框中，列出了可删除的文件类型及其所占用的磁盘空间大小，选中某种文件类型的复选框，单击"确定"按钮，在磁盘清理过程中，会将其删除。

4. 添加或删除程序

（1）程序的安装。

大多数应用程序都提供安装向导，用户根据安装向导的提示，完成应用程序的安装。应用程序安装完成后，都会在桌面或"开始"菜单中，创建一个快捷方式，单击应用程序的快捷方式，就可以启动这个应用程序。

应用程序安装以后，可以通过多种方式，查看计算机上安装的软件。如"360软件管家"、控制面板里面的"应用和功能"工具等。在控制面板中，打开"应用和功能"窗口，可以看见安装的应用程序。

（2）程序的删除。

如果应用程序不再使用，可以将其删除，删除的方式有多种。应用程序一般都有安装向导和卸载向导,通过卸载向导,完成程序的卸载。使用"360 软件管家"可以卸载要删除的应用程序。使用控制面板里面的"应用和功能"卸载程序。打开"应用和功能"窗口,如图 2 – 3 – 20 所示,选中要卸载的应用程序,下面会出现两个按钮,分别是"修改"和"卸载",单击"卸载"按钮,根据提示,完成程序的卸载。

图 2 – 3 – 20　"应用和功能"窗口

(3) 添加或删除 Windows 组件。

在"程序和功能"窗口中,单击"打开或关闭 Windows 功能"超链接,打开"Windows 功能",用户可以在列表框中添加或删除 Windows 组件。

如果添加尚未安装的 Windows 组件,在组件列表中选中该组件前面的复选框,单击"确定"按钮,Windows 会自动进行安装。由于 Windows 10 在安装时会自动把安装文件全部复制到磁盘上,在组件的安装过程中,不需要使用 Windows 系统光盘。

用户删除已经安装的 Windows 组件时,在组件列表中,取消勾选该组件前面的复选框,单击"确定"按钮,Windows 会删除该组件。注意,不要轻易删除 Windows 的组件,否则可能会影响用户的正常工作。

5. 防火墙的设置

使用 Windows 10 自带的防火墙,可以保护计算机,预防病毒的侵入。在 Windows Defender 安全中心,有"病毒和威胁防护""设备性能和运行状况""防火墙和网络保护"等选项。启用防火墙,选择"防火墙和网络保护"选项,如图 2 – 3 – 21 所示。

图 2 – 3 – 21　Windows Defender 安全中心

设置防火墙的目的是确保内部网络的安全,所有内部网络与外部网络的信息交流必须通过防火墙,只有按本地的安全策略被授权的信息才允许通过。一般内部的主机可以主动访问外部的网络资源,外部网络不能发起对内部主机的访问连接。设置防火墙如图 2 – 3 – 22 所示,"专用网络设置""公用网络设置"分别设置"启用 Windows 防火墙"。

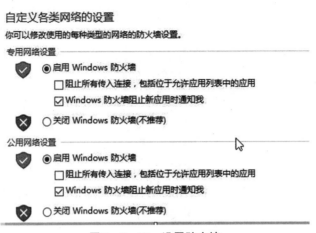

图 2-3-22 设置防火墙

▶**任务小结**

本次任务主要是控制面板的设置,包括桌面图标、桌面背景、屏幕保护、用户管理、Windows 组件等内容。

模块 3
计算机网络与 Internet 基本应用

本模块知识目标
- 了解计算机网络的定义、分类、功能和应用
- 了解互联网和万维网
- 熟悉常用的通信协议和局域网
- 掌握 Windows 10 中的网络连接
- 熟悉 IP 地址和域名系统
- 掌握如何在互联网上搜索信息并在互联网上搜索和下载信息资源
- 识别电子邮件地址并发送和接收电子邮件
- 了解与网络安全相关的问题

本模块技能目标
- 能够熟练浏览网页和保存网页信息
- 能够使用和管理收藏夹、历史记录
- 能够管理设置的浏览器
- 能够在网上搜索和下载信息资源
- 能够申请电子邮箱和收发电子邮件
- 能使用杀毒软件杀毒和查杀木马

任务 1　认识计算机网络

▶任务介绍

局域网（Local Area Networt，LAN）是指由多台计算机、手机等数字产品组成的有线和无线网络。同一局域网下连接的多台计算机可以实现在线共享文件和相互访问数据。尤其是在网上玩游戏的时候，会经常使用局域网。那么，在现实生活中，如果要实现网络接入，在几台电脑之间在线玩游戏，如何建立局域网呢？

▶任务分析

现在很多家庭都有多种上网设备，如台式计算机、笔记本电脑、手机、电视、打印机等。这些互联网设备是如何共享资源的？这些设备可以通过无线路由器连接，文件可以从一台计算机复制到另一台计算机。在寒冷的冬天，你可以用手机播放存储在电脑里的音乐和电影，即使没有连接到互联网。本任务详细介绍 Windows 10 系统如何搭建局域网。

本任务路线如图 3-1-1 所示。

图 3-1-1　任务路线

完成本任务的相关知识点如下：

（1）宽带调制解调器（Modem）和路由器（Router）的作用、工作原理和功能；

（2）局域网组建线路连接安装；

（3）路由器等设备的设置和使用。

▶ **任务实现**

【任务 1-1】学习计算机网络知识

1. 计算机网络的定义和功能

计算机网络是通过通信设备和线路连接分布在不同地理位置的多台具有独立功能的计算机及其外部设备，在网络操作系统、网络管理软件和网络通信协议的管理和协调下实现资源共享和信息传输的系统。

计算机网络的功能主要体现在 3 个方面：信息交换、资源共享和分布式处理。信息交换是指计算机网络为用户提供传递电子邮件、发布新闻和进行电子商务活动的强大信息手段。资源共享是指一台计算机的硬件和软件资源可以被其他具有访问权限的计算机使用，以提高资源的利用率。分布式处理是指当一台计算机过载时，将一些任务转移到其他空闲的计算机上。当一台计算机出现故障时，可以使用另一台计算机。如果一条通信线路出现问题，则可以走另一条线路，从而提高网络的整体可靠性。

2. 计算机网络的分类

计算机网络分类的方法有很多，下面介绍 3 种常见的分类方法，如图 3-1-2 所示。

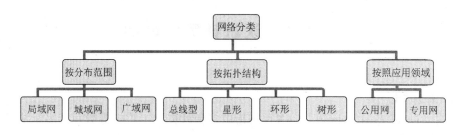

图 3-1-2　网络分类图

（1）按分布范围，可以将网络分为局域网（LAN）、城域网（Metropolitan Area Network，MAN）和广域网（Wide Area Network，WAN）3 种，其结构图如图 3-1-3 所示。

① 局域网。局域网的分布距离一般在几千米以内，最大不超过 10 千米，是一个部门或单位形成的网络。局域网是在大量使用微型计算机后逐渐发展起来的计算机网络。一方面，局域网易于配置和管理；另一方面，局域网容易形成简洁的拓扑结构。局域网速度快，延迟时间短。此外，它还具有成本低、应用广泛、组网方便、使用灵活等特点，非常受用户欢迎。局域网是目前发展最快、最活跃的计算机网络分支。

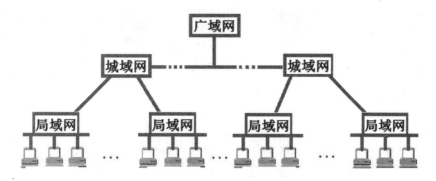

图 3-1-3 局域网、城域网和广域网结构图

② 城域网。城域网是适合应用于一个城市的信息和通信基础设施,是国家信息高速公路和城市用户之间的中间环节。构建城域网的目的是提供通用的、公共的网络架构,从而高速有效地传输数据、声音、图像和视频,满足用户不断变化的互联网应用需求。由于各种原因,城域网的独特技术没有得到广泛的应用和推广。

③ 广域网。广域网也称远程网络,跨越城市、国家甚至全世界。它通常连接到不同地区的主机系统或局域网。在广域网中,网络之间的连接大多是租用的或自己铺设的专用线路。"专线"是指某一条线路专用于某一个用户,其他用户不能使用。广域网中物理设备的分布距离一般在 10 千米以上。

(2) 按拓扑结构,网络分为总线型、星形、环形、树形等类型。

计算机网络拓扑是指网络中通信线路、计算机等组件的物理连接方式和形式。网络拓扑与网络设备的类型、设备的能力、网络的扩展潜力和网络的管理模式有关。

① 总线型拓扑结构。网络中的每台计算机都由一条总线连接,只允许每个节点占用总线进行通信。这种结构的特点是结构简单、可靠性高、布线容易、节点容易扩展和删除,但繁重的总线任务会导致瓶颈问题,如图 3-1-4 所示。

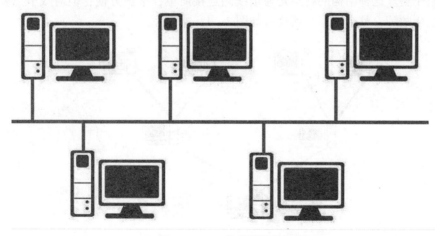

图 3-1-4 总线型拓扑结构

② 星形拓扑结构。网络中的每个节点都与中心节点相连,并围绕中心节点呈放射状排列。网络中的任何两个节点都必须通过中心节点进行通信。这种结构的特点是结构简单、通信协议也简单,但对中心节点的可靠性要求高,网络性能完全依赖于中心节点,如图 3-1-5 所示。

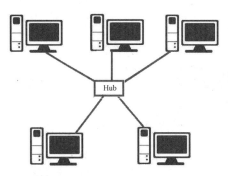

图 3－1－5　星形拓扑结构

③环形拓扑结构（令牌环）。每个节点首尾相连形成一个闭环，环中的数据单向传输。这种结构具有传输速率高、传输距离长、各节点位置和功能相同、传输信息时间固定、易于实现分布式控制的特点，但是任何一个节点或者传输介质出现故障，整个网络将瘫痪，如图3－1－6所示。

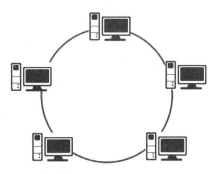

图 3－1－6　环形拓扑结构

④树形拓扑结构。最低的节点称为根节点。当一个节点发送信息时，根节点接收信息并将其发送到整个树。这种结构的特点是通信线路连接简单，维护方便，但对根节点要求高，一旦根节点发生故障，整个网络将瘫痪，如图3－1－7所示。

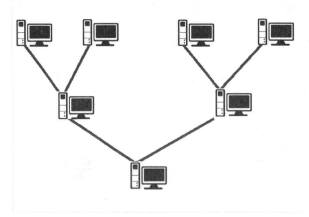

图 3－1－7　树形拓扑结构

（3）根据应用领域的不同，计算机网络可以分为公用网和专用网。

①公用网。公用网一般是由国家机关或行政部门组织，由网络服务提供商建设，供公共用户使用的通信网络。

②专用网。专用网一般是单位或公司建立的为自己服务的网络，可以是局域网、城域网

甚至广域网。一般不对外开放，即使开放也有很大的限制，如校园网、银行网等。

4. 计算机网络的组成

从逻辑功能上看，计算机网络可以分为通信子网和资源子网两部分，如图 3 – 1 – 8 所示。

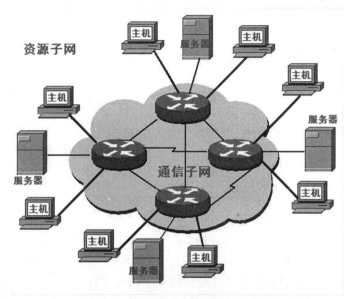

图 3 – 1 – 8 通信子网和资源子网结构图

资源子网位于网络周围，由计算机系统、终端控制器和软件数据资源组成。它负责网络上的数据处理，为网络用户提供各种网络资源和服务。

通信子网位于网络的内层，主要用于提供网络通信功能，完成网络主机之间的数据传输、交换、通信控制和信号转换，包括通信线路、网络连接设备、网络协议和通信软件。

从物理结构上看，一个完整的计算机网络系统由两部分组成：网络硬件系统和网络软件系统。网络硬件系统主要包括计算机、传输介质和网络设备。网络软件系统主要包括网络操作系统、网络协议软件和网络通信软件。

1) 网络硬件设备。

网络硬件设备是连接到网络的物理实体。网络设备有很多种，如中继器、调制解调器、集线器、网络适配器、交换机、网桥、路由器、工作站、服务器、防火墙等。传输介质分为有线和无线。

（1）物理层设备：中继器、调制解调器和集线器，主要负责比特流的传送和接收，物理接口，电气特性等。

①中继器。中继器是局域网互联最简单的设备。它在 OSI 架构的物理层工作，接收和识别网络信号，然后重新生成它们，并将其发送到网络的其他分支，如图 3 – 1 – 9 所示。

中继器是扩展网络最便宜的方式。扩展网络的目的是突破距离和节点的限制，当连接的网络分支不会产生太多的数据流量，且成本不能太高时，可以考虑直放站。中继器没有隔离和过滤功能，不能阻止有异常的数据包从一个分支传递到另一个分支。

②调制解调器。调制解调器是为通过模拟信道传输数字信号而开发的一种通信设备。计算机只能处理数字信号，而现有的一些通道只能传输模拟信号。为了使用模拟信道传输数字信号，发送器将数字信号转换成模拟信号，并将要传输的数字信号调制到载波上，载波是模拟信号，可以在模拟信道上传输。然后，接收端进行相应的处理，恢复发送的数字信号，这个过程

就是解调。这样就达到了在模拟信道上传输数字信号的目的。在实际应用中,通常采用双工通信,因此将调制器和解调器组装在一起就是我们常用的调制解调器,如图3-1-10所示。

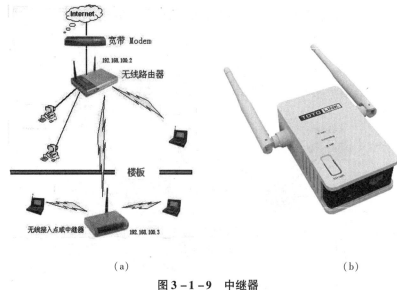

图 3-1-9 中继器

(a)连接场景;(b)设备

③集线器。集线器的主要功能是对接收到的数字信号进行再生、整形、放大,从而增加网络的传输距离,同时将所有节点集中在以其为中心的节点上,如图3-1-11所示。

图 3-1-10 调制解调器　　　　图 3-1-11 集线器

(2)数据链路层设备:网络适配器、交换机和网桥。数据链路层将上层数据封装成帧,用 MAC 地址访问媒介,进行错误检测与修正,根据 MAC 地址进行转发。

①网络适配器。网络适配器也称为网络接口卡或网卡。有针对特定传输介质的数据收发设备和连接设备,是真正通过传输介质进行通信的设备。随着电子技术的发展,网卡的集成度越来越高。虽然网卡种类繁多,但都需要实现数据封装和解封装、传输介质控制管理、编码解码等功能,如图 3-1-12 所示。

②交换机。交换机是一种用于电(光)信号转发的网络设备。它可以为接入交换机的任意两个网络节点提供专用的信号路径。交换机是基于 MAC 地址识别的网络设备,可以完成封装和转发数据帧的功能。交换机可以"学习"MAC 地址,并将其存储在内部地址表中。交换机的主要功能包括物理寻址、网络拓扑、错误检查、帧序列和流量控制。交换机也有一些新的功能,如VLAN(虚拟局域网)支持,链路汇聚支持,甚至还有防火墙功能,如图3-1-13所示。

③网桥。网桥在 OSI 系统的数据链路层工作,如图 3-1-14 所示。网桥包含了中继器的功能和特点,它不仅可以连接各种媒体,还可以连接不同的物理分支,如以太网和令牌网,可以在更大范围内传输数据包。

模块3 计算机网络与Internet基本应用

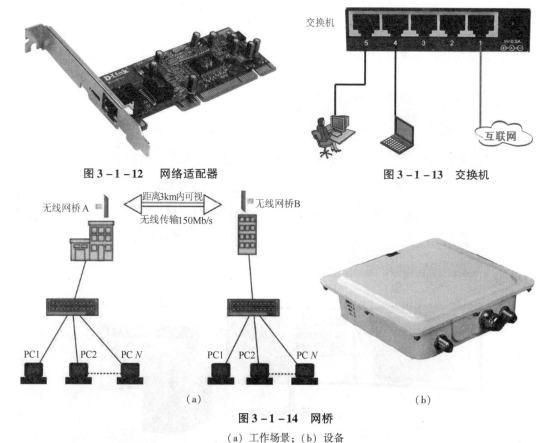

图3-1-12 网络适配器　　　　图3-1-13 交换机

图3-1-14 网桥
(a) 工作场景；(b) 设备

(3) 网络层设备：路由器、三层交换机，根据IP地址进行转发，主要负责网络路径的选择、数据从源端到目的端的传输。

①路由器。路由器是互联网中连接各种局域网和广域网的设备。它会根据信道条件自动选择和设置路由，并以最佳路由依次发送信号。路由器是互联网枢纽的"交警"，如图3-1-15所示。

路由器也称为网关设备，用于连接多个逻辑上分离的网络。当数据从一个子网传输到另一个子网时，可以通过路由器的路由功能来完成。因此，路由器具有判断网络地址和选择IP路径的功能。它可以在多网络互连环境中建立灵活的连接，是互连网络的枢纽，是网络层的一种互连设备。

②三层交换机。三层交换机是一个具有部分路由器功能的交换机。三层交换机最重要的目的是加快大型局域网内的数据交换。它可以路由一次，转发多次，如图3-1-16所示。

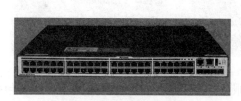

图3-1-15 路由器　　　　图3-1-16 三层交换机

(4) 应用层设备：工作站和服务器负责提供软件接口，以便程序可以使用网络服务。提供的服务包括文件传输、文件管理和电子邮件信息处理。

— 65 —

①工作站。工作站本身就是一台计算机，但性能比普通家用或办公计算机更强大。工作站往往只处理某些问题，如建筑设计、影视制作等。它的硬件和软件是专门设计用来处理某些问题的，通常配备高分辨率大屏幕、多屏显示、大内存和外存，以及具有高性能图形和图像处理功能的计算机。另外，连接到服务器的终端也可以称为工作站，如图3-1-17所示。

图3-1-17　工作站
(a) 主机；(b) 主机内部；(c) 显示器

②服务器。服务器是计算机网络上最重要的设备，如图3-1-18和图3-1-19所示。服务器是指在网络环境下运行的应用软件，为网络中的用户提供共享信息资源和服务的设备。

图3-1-18　服务器局部

图3-1-19　服务器外观

服务器的组成和微型计算机基本类似，包括处理器、硬盘、内存、系统总线等。但是服务器是专门为特定的网络应用而设计的，服务器和微机在处理能力、稳定性、可靠性、安全性、可扩展性、可管理性等方面都有很大的区别。服务器比客户端有更多的处理能力，更多的内存和硬盘空间。服务器上的网络操作系统不仅可以管理网络上的数据，还可以管理用户、用户组、安全和应用程序。服务器是网络的中心和信息技术的核心，具有高性能、高可靠性、高可用性、强 I/O 吞吐量、大存储容量、强组网和网络管理能力等特点。

2）网络的传输介质。

网络传输介质是指在网络中传输信息的载体。根据传输介质的不同，计算机网络可以分为有线网络和无线网络。有线网络是采用同轴电缆、光纤和双绞线来连接的计算机网络；同轴电缆如图 3－1－20 所示，光纤如图 3－1－21 所示。

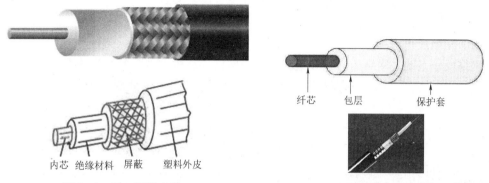

图 3－1－20　同轴电缆　　　　　　　图 3－1－21　光纤

双绞线是由两根绝缘线按照一定规格相互缠绕而成的一种通用布线。计算机网络中使用的双绞线通常是 8 芯（4 对），生产时用不同颜色隔开。与双绞线相连的物理接口称为 RJ－45 接口，如图 3－1－22（b）所示。双绞线分为屏蔽双绞线和非屏蔽双绞线，现在常用的非屏蔽双绞线有 5 种。

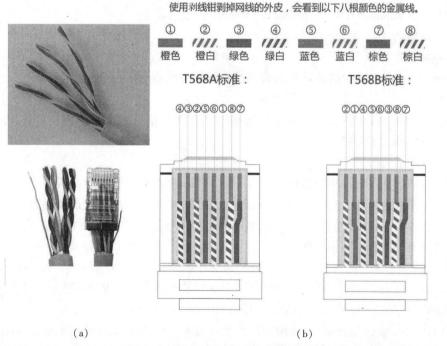

(a)　　　　　　　　　　　　(b)

图 3－1－22　双绞线、RJ－45 接口

(a) 双绞线；(b) RJ－45 接口

同轴电缆的中心是铜芯线，其外侧覆盖有绝缘层。绝缘层外有网状金属线制成的外导体屏蔽层，最外层为塑料保护层。同轴电缆通常包括基带同轴电缆和宽带同轴电缆，分别用于

传输数字信号和模拟信号。

光纤是一种薄而柔韧的介质，可以传输光信号。光纤的优点是低损耗、高带宽和高抗干扰，缺点是连接和分支困难、技术和工艺要求高、需要光电转换设备。

微波是一种高频电磁波，地面微波一般沿直线传输，具有容量大、传输质量高的特点，适用于网络布线困难的地区。

卫星通信利用人造卫星作为中继站传输微波信号，使各地能够相互通信。它的优点是通信容量大、传输距离长、可靠性高，缺点是受天气因素的影响。

3）网络软件。

（1）网络操作系统。

网络操作系统是网络的心脏和灵魂，是为网络计算机提供服务的特殊操作系统。网络操作系统是能够方便有效地共享网络资源，为网络用户提供各种服务的软件和相关程序的集合。

网络操作系统不同于普通操作系统。除了处理器管理、内存管理、设备管理和文件管理之外，它还应该具备普通操作系统应该具备的以下两个功能：提供高效可靠的网络通信能力；提供多种网络服务功能，如远程作业录入和处理服务功能、文件传输服务功能、电子邮件服务功能、远程打印服务功能。

Windows 系统不仅在个人操作系统上有绝对优势，在网络操作系统上也有绝对优势。这种操作系统配置是整个局域网配置中最常见的。但由于硬件要求高，稳定性差，微软的网络操作系统一般只在中低端服务器上使用，而高端服务器通常使用 UNIX、Linux 或 Solaris 等非 Windows 操作系统。在局域网中，微软的网络操作系统常用的是 Windows Server 2008 和最新的 Windows Server 2016。工作站系统可以采用 Windows 或非 Windows 操作系统，包括个人操作系统，如 Windows XP、Windows 7、Windows 10。

（2）网络协议和网络体系结构。

①网络协议。

网络协议是由网络中的计算机为数据交换而建立的规则、标准或惯例的集合，包括在两个通信方之间交换数据或控制信息的格式、要给出的响应和要完成的动作，以及它们之间的时序关系。网络协议使网络上的各种设备能够相互交换信息。常见的协议有 TCP/IP、IPX/SPX 协议和 NetBEUI 协议等。

②网络体系结构。

分层的概念是在制订网络协议以允许不同计算机制造商生产的计算机相互通信并构建更大规模的计算机网络时引入的。协议的每一层都有一个对应的层。协议和相邻层有自己的协议，层与层之间也有协议。计算机网络中各种层协议和层间协议的集合称为网络体系结构。常见的网络架构是 OSI 和 TCP/IP。

国际标准化组织于 1978 年提出了"开放系统互连参考模型"（Open Systems Interconnection/Reference Model，OST/RM），它将计算机网络体系结构的通信协议从下到上分为 7 层：物理层、数据链路层、网络层、传输层、会话层、表示层和应用层。

TCP/IP 是传输控制协议/互联网协议的英文缩写。TCP/IP 是互联网最基本、最核心的协议，可以使用其他制造商和规格的计算机系统来传达信息。TCP/IP 是一组用于实现网络互连的通信协议。总的来说，我们认为 TCP/IP 参考模型自下而上分为网络接口层、网络层、传输层（主机到主机）和应用层。网络接口层的功能与 OSI 参考模型的物理层和数据链路层的所有功能相同。传输层处理可靠性、流量控制、数据重传和其他问题，包括 TCP 和

UDP。来自网络层设备的数据包被发送到目标设备，包括 IP、ARP 和 RARP。应用层是面向用户的，完成对编码和会话的控制，包括 HTTP、FTP、SMTP、DNS 和其他协议。与 OSI 参考模型相比，TCP/IP 参考模型更简单，OSI 和 TCP/IP 的层次结构对比关系如图 3-1-23 所示。

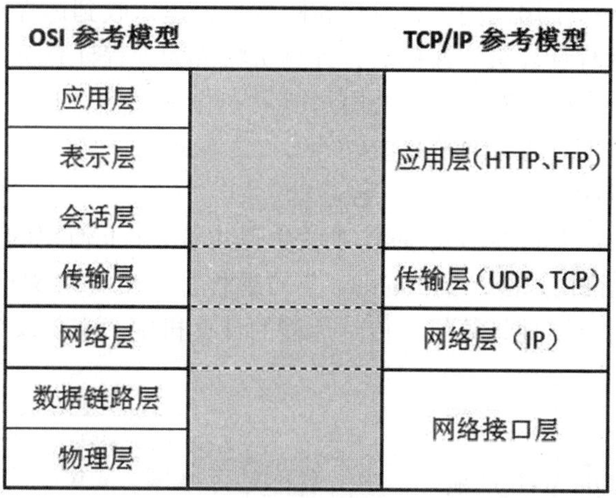

OSI 参考模型	TCP/IP 参考模型
应用层	应用层（HTTP、FTP）
表示层	
会话层	
传输层	传输层（UDP、TCP）
网络层	网络层（IP）
数据链路层	网络接口层
物理层	

图 3-1-23　OSI 与 TCP/IP 的层次结构对比关系

TCP/IP 参考模型各层的功能如表 3-1-1 所示。

表 3-1-1　TCP/IP 参考模型各层的功能

名称	功能
应用层	应用层是 TCP/IP 的最高层，该层定义了大量的应用协议，常用的有提供远程登录的 TELNET 协议、超文本传输的 HTTP、提供域名服务的 DNS 协议、提供邮件传输的 SMTP 等
传输层	传输层的主要任务是提供传送连接的建立、维护和拆除功能，完成系统间可靠的数据传输
网络层	网络层控制分组传输系统操作，完成路由选择、网络互连等功能
网络接口层	网络接口层位于 TCP/IP 的最底层，提供网络连接的物理特性，完成非结构化数据流传输

【任务 1-2】认识 Internet 与万维网

1. Internet

Internet，又称因特网，始于 1969 年的 ARPANET，现已发展成为覆盖全球的开放式计算机网络系统。Internet 为用户提供信息检索、电子邮件、文件传输、远程登录和信息检索等多种服务。

（1）信息浏览。

信息浏览是用户登录 Internet 后最常用到的功能。用户可以通过基于网络的方式浏览、搜索、查询以及发布信息，实时或非实时地与他人联系，玩游戏、娱乐、购物等。

（2）电子邮件（E-mail）。

互联网使用最多的网络通信工具是电子邮件或电子邮件系统，电子邮件已成为一种广泛使用的通信方式。电子邮件系统允许用户与来自世界任何地方的用户交换电子邮件。

(3) 远程登录 (TELNET)。

远程登录意味着使用支持 TELNET 协议的远程计算机系统，就像使用本地计算机一样。远程计算机可以位于同一个房间内，也可以相距数千公里。收到远程登录请求后，用户可将自己的计算机连接到远程计算机。连接后，计算机将成为远程计算机上的终端。通过正式注册（登录），用户可以进入系统成为合法用户，发布作业命令，提交作业，使用系统资源，完成任务后通过注销关闭远程计算机系统。

(4) 文件传输 (FTP)。

文件传输协议 (File Transfer Protocol, FTP) 是 Internet 上使用的第一个文件传输程序。它相当于 TELNET，允许用户登录到 Internet 上的远程计算机并将文件下载到他们的计算机中，反之亦然，将文件从本地计算机上传到远程的计算机中。本协议允许用户下载软件或上传文件。

2. 万维网

WWW 是 World Wide Web 的缩写，中文名称是万维网。WWW 允许 Web 客户端（普通浏览器）访问和检索 Web 服务器上的页面。Web 是一个系统，由许多通过 Internet 访问的互连超文本组成。在该系统中，每个有用的超文本都称为一个"资源"，由一个全局的"统一资源标识符（Uniform Resource Locator, URL)"标识。这些资源通过超文本传输协议传输给用户，通过单击链接来获得资源。

万维网联盟 (World Wide Web Consortium, W3C)，又名 W3C 委员会，于 1994 年 10 月在麻省理工学院计算机科学实验室成立。

万维网是互联网的一部分，它基于 3 种机制为用户提供资源。

(1) 协议。万维网通过 HTTP（超文本传输协议）向用户提供多媒体信息。HTTP 使用请求/响应模型，该模型指定浏览器和万维网服务器之间的通信规则。

(2) 统一资源定位符。统一资源定位符（URL）也称网页地址，是因特网上标准的资源的地址。万维网使用 URL 来标识网络上的页面和资源。URL 由 3 部分组成：协议类型，主机名和路径及文件名。

网址格式为"通信协议://IP 地址或域名/路径/文件名"。

例如，"http://lib.gzhu.edu.cn/w/"是访问广州大学图书馆的 URL。其中"http"是协议，"://"是分隔符，"lib.gzhu.edu.cn"是 Web 服务器，广州大学图书馆的域名地址，"/w"表示路径。

(3) 超文本标记语言（Hypertext Markup Language, HTML）。用于创建网页文档的超文本标记语言，2010 年发布了新版本的 HTML5。HTML 文档是使用 HTML 标签和元素创建的，这些文件存储在带有 .htm 或 .html 扩展名的 Web 服务器上。

当 Web 浏览器通过 Internet 请求某些信息时，Web 服务器会响应该请求并将请求的信息以 HTML 格式发送给客户端。浏览器将服务器发送的 HTML 信息格式化后显示，如图 3-1-24 所示。

3. Internet 接入方式

Internet 服务提供商（Internet Service Provider, ISP）是专门为用户提供 Internet 服务的公司或个人。ISP 允许用户通过电话线、LAN、无线和其他方法将计算机连接到 Internet。

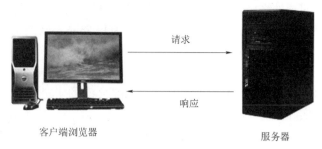

图 3-1-24 网页浏览原理

(1) 公用电话网的使用。

对于拨号访问,一般使用可以连接到用户的 ISP、账户和调制解调器的电话线。其优点是简单、成本低;缺点是传输速度慢、线路稳定性低,影响电话通话。

(2) 综合业务数字网(Integrated Services Digital Network,ISDN)。

窄带 ISDN(N-ISDN)基于公共电话网络,采用同步时分复用技术。它是由一个为用户提供端到端连接并支持所有语音、数字、图像和传真业务的统一数字网络演变而来,现在被广泛使用。虽然使用电话线作为通信媒介,但不影响正常通话。宽带 ISDN(B-ISDN)采用光纤干线作为传输介质,采用 ATM 技术进行异步传输。

(3) 非对称数字用户线(Asymmetric Digital Subscriber Line,ADSL)。

ADSL 采用普通电话线作为传输介质,实现上行传输速率高达 640 Kb/s,下行传输速率高达 8 Mb/s。要获得 ADSL 提供的宽带服务,只需在线路两端安装 ADSL 设备即可。

(4) 电缆调制解调器。

电缆调制解调器(Cable Modem,CM),Cable 表示有线电视网络,Modem 就是调制解调器。调制解调器通常通过电话线访问 Internet,而电缆调制解调器是用于通过有线电视网络访问 Internet 的设备,串联连接在用户家中的电缆插座之间。上行数据采用 QPSK 或 16QAM 调制,调制频率为 5~65M,上行传输带宽为 2~3M,速率为 300~10Mb/s。下行数据采用 64QAM 或 256QAM 解调,带宽为 6~8M,速度高达 40 Mb/s。

(5) 光纤接入(FDDI)。

使用光缆构建的高速城域网可以实现高达 10 Gb/s 的骨干网速度并引入宽带接入。光纤可以放置在用户的道路旁边或建筑物前面,并且可以以高于 100 Mb/s 的速度访问(光纤可以进入房屋)。

(6) 卫星接入。

一些 ISP 提供互联网的卫星接入,使其适合偏远地区需要更高带宽的用户。需要安装包括天线和接收设备在内的小孔径终端,下行数据的传输速率通常在 1Mb/s 左右,上行通过 ISDN 连接到 ISP。

(7) DDN 专线。

DDN 称为数字数据网,即同步数字传输网,不具备交换功能,可在电缆、光纤上传输,速率为 1Kb/s~155Mb/s。

【任务 1-3】 了解 IP 地址与域名系统

1. IP 地址

IP 地址是一种旨在允许计算机网络相互通信的协议。在 Internet 中,它是一组规则,允许连接到Internet的任何计算机网络相互通信，它规定了计算机在Internet上通信时必须遵循的规则。

网址是连接到网络的计算机的标识号。Internet为每个进入网络的用户分配两个地址：IP地址和域名地址。一个IP地址为每台连接到互联网的计算机分配一个唯一的32位二进制数地址，通常分为4个"8位二进制数"（即4个字节）。IP地址通常以"点分十进制表示法"表示。例如"100.4.5.6"的取值范围是0到255之间的十进制数。例如，点分十进制IP地址（100.4.5.6）实际上是一个32位的二进制数（01100100.00000100.00000101.00000110）。

IP地址的标准书写方法是8位数组，由两部分组成，一部分是网络号，另一部分是主机号。IP地址有A、B、C、D、E 5种类型，如图3-1-25所示，常用的类型有A、B、C 3种，如表3-1-2所示。

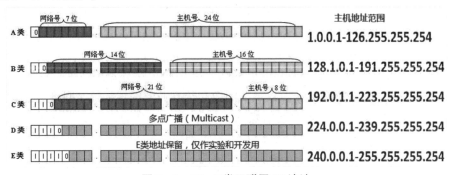

图3-1-25 5类互联网IP地址

表3-1-2 常用A、B、C3类IP地址的情况

分类	IP地址范围	网络数	单个网络中主机数	主机总数
A	1.0.0.1 – 126.255.255.254	126	1 677 214	211 328 964
B	128.1.0.1 – 191.255.255.254	16 384	65 534	1 073 709 056
C	192.0.1.1 – 223.255.255.254	2 097 152	254	532 676 608

2. 域名

域名，由于IP地址不容易记忆和理解，互联网引入了一组易于记忆和通信的服务器（网站、电子邮件服务器、FTP服务器等）的地址。在域名服务系统中，域名采用分层次的命名方法。

主机域名的一般结构为主机名.三级域名.二级域名.一级域名。

例如，广州大学的域名：www.   gzhu.   edu.   cn
　　　　　　　　　　　　主机名　广州大学　教育机构　中国
　　　　　　　　　　　　主机名　三级域名　二级域名　一级域名

除一级域名（顶级域名）为规定域名，其他域名可以随意选取，一般二级域名表示机构、领域。

域名系统是互联网将域名映射到IP地址的分布式数据库，它使用户可以更轻松地访问Internet，而无须记住可直接从其计算机读取的IP号码字符串。通过域名最终获得一个域名对应的IP地址的过程称为域名解析（主机名解析）。

▶**任务小结**

本次任务主要是通过学习认识Internet与万维网，了解Internet的主要服务，知道Internet接入的几种常用方式，掌握IP地址及域名的基本概念。

任务 2　体验 Internet

▶任务介绍

体验互联网，了解互联网的价值，分享互联网丰富优质的资源，享受"上网冲浪"的乐趣。培养学生的观察力和实践能力，了解计算机网络在人类生活中的作用，教育学生健康上网，养成良好的上网习惯。学习如何从互联网上搜索和下载信息资源，学习搜索技巧，学习发送和接收电子邮件。

▶任务分析

互联网上的信息非常丰富，与人们生活、学习和工作有关的应有尽有，还有不少免费的大型数据库。用户可以在互联网上找到最新的科学文献和信息，在互联网上获取休闲、娱乐和家庭科技的最新动态，并从互联网上下载许多免费软件。

互联网上的信息庞大而复杂，不知道包含所有信息的网站的网址，该怎么办？互联网提供了一个很好的工具来搜索互联网上的信息，这就是搜索引擎。如果用户可以使用搜索引擎来查找和存储需要的信息，就可以满足用户的数据分析需求。

本任务路线如图 3-2-1 所示。

图 3-2-1　任务路线

完成本任务的相关知识点：
(1) 下载并保存网页信息；
(2) 使用收藏夹与历史记录；
(3) 管理浏览器；
(4) 使用搜索引擎进行信息搜索，并下载文件；
(5) 用电子邮箱收发邮件；

▶任务实现

【任务 2-1】Internet 信息浏览

操作步骤

1. 浏览网页

如果用户的计算机连接到 Internet，将需要一个特殊的工具（浏览器），它允许用户从 Internet 检索信息。Windows 10 自带的浏览器是 Internet Explorer 11（IE 浏览器）。双击桌面上的 IE 图标以启动 IE 浏览器。

2. 保存网页上的信息

(1) 保存整个网页。单击 IE 浏览器菜单栏中的"文件"→"另存为"，将出现"保存网页"对话框。在该对话框中用户可以选择保存网页的位置，编辑名称和选择一种允许用户保存当前正在查看的网页的文件类型，如图 3-2-2 所示。

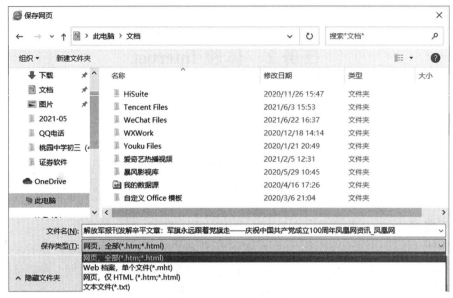

图 3-2-2　保存网页

（2）保存网页上的图片。右击图片，在弹出的快捷菜单中选择"图片另存为"，然后在对话框中选择要保存的路径和文件名，如图 3-2-3 所示。

图 3-2-3　保存图片

（3）保存网页中的文字到 Word 文档或文本文档。

① 进入网页，选中要复制的文本，右击，从快捷菜单中选择"复制"命令。

② 创建空白 Word 文档或文本文档。

③ 如果想保存在 Word 文档中，选择"开始"→"粘贴"→"选择性粘贴"命令，出现"选择性粘贴"对话框。从对话框选项中选择"无格式文本"选项，然后单击"确定"按钮以删除网页文本的所有格式，将其转换为无格式的文本，如图 3-2-4 所示。如果要保存文本文件，只需直接复制和粘贴。

模块 3　计算机网络与 Internet 基本应用

图 3-2-4　保存网页文字

3. 使用收藏夹与历史记录

（1）把网址添加到收藏夹。网络世界非常有趣，如果用户想经常访问有趣的网页，可以使用浏览器附带的网页书签功能将网址添加到收藏夹中。操作方法如下。

单击 IE 浏览器"菜单栏"中的"收藏夹"→"添加收藏"按钮，出现如图 3-2-5 所示的"添加收藏"对话框，用户可以编辑网页的名称和位置。

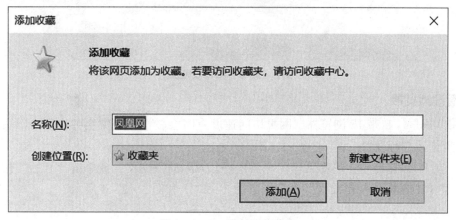

图 3-2-5　添加到收藏夹

（2）管理收藏夹。随着上网时间的增加，很多网址都存储在 IE"收藏夹"中，查看非常不方便，因此需要定期清理 IE"收藏夹"中的历史记录。单击 IE 浏览器"菜单栏"中的"收藏夹"→"整理收藏夹"按钮，弹出如图 3-2-6 所示的"整理收藏夹"对话框，用户可以编辑收藏夹，还可以删除不需要的记录。

（3）使用历史记录。

①打开 IE 浏览器并单击菜单栏中的"查看"→"浏览器栏"→"历史记录"，然后从弹出的窗口中选择"历史记录"。

②要打开历史记录，请按键盘上的"Ctrl + Shift + H"或"Alt + C"组合键。

③用户可以通过单击菜单栏中的"工具"→"删除浏览历史"命令删除用户的搜索历史。

— 75 —

图 3-2-6 整理收藏夹

4. 管理浏览器

使用 Windows 自带 IE 浏览器,网页访问速度有时会较慢,经常会弹出广告等页面,需要对 IE 浏览器进行设置。

(1) 在 IE 浏览器中,单击菜单"工具"→"Internet 选项",或单击"开始"按钮,在"开始"菜单中选择"控制面板"选项,如图 3-2-7 和图 3-2-8 所示。

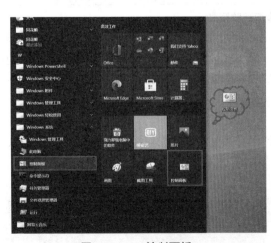

图 3-2-7 控制面板

图 3-2-8 网络和 Internet

(2) 单击"安全"选项卡→"受信任的站点"→"站点"按钮,设置如图3-2-9所示。

(3) 加入可信站点,然后单击"关闭"按钮,设置如图3-2-10所示。

图3-2-9 "Internet"对话框

图3-2-10 设置可信站点

(4) 单击"自定义级别"按钮禁用下方的ActiveX控件,然后单击"确定"按钮,防止某些广告插件、病毒等。如果部分网页打不开或显示不正常,需要重启,设置如图3-2-11所示。

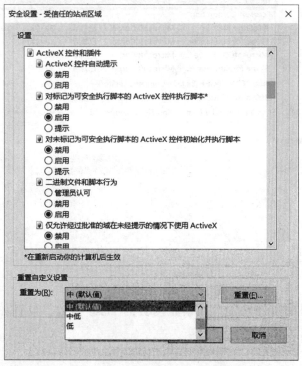

图3-2-11 禁用ActiveX控件

(5) 管理加载项。单击"工具"菜单"管理加载项",设置如图 3-2-12 和图 3-2-13 所示。

图 3-2-12 管理加载项 1

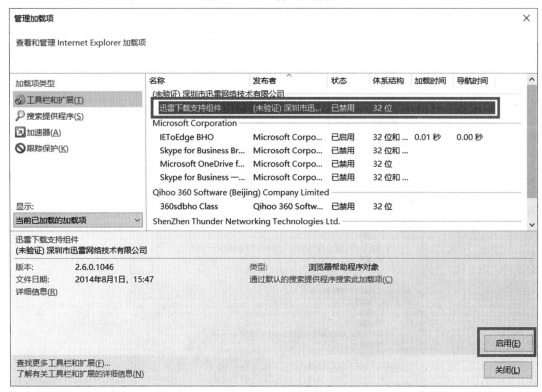

图 3-2-13 管理加载项 2

(6) 禁用不必要的额外功能,如禁止网页的 Flash 播放,设置如图 3-2-14 和图 3-2-15 所示。

模块 3　计算机网络与 Internet 基本应用

图 3-2-14　禁用 Flash 插件 1

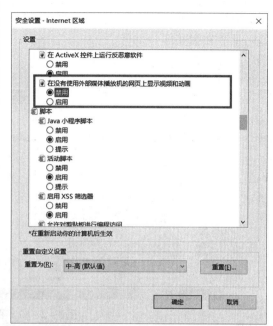

图 3-2-15　禁用 Flash 插件 2

【任务2-2】搜索与下载网上的信息资源

在互联网上想要快速搜索信息，用户需要使用搜索引擎。搜索引擎拥有庞大的数据库，用于记录在线信息源的地址。它是一种允许用户查找相关网站 URL 的工具，使用自动跟踪技术定期漫游互联网以查找新的网站 URL 并将它们合并到自己的数据库中。

在互联网上浏览网页时，经常会下载自己需要的文件，常用的下载方式有 HTTP 下载、FTP 下载、P2P 下载、P2SP 下载，也可使用迅雷下载等第三方软件进行下载。

操作步骤

1. 搜索引擎

（1）使用百度搜索引擎搜索相关资料。在地址栏中输入百度地址，按"Enter"键进入百度网站，如图 3-2-16 所示。

图 3-2-16　百度主页

（2）在搜索栏中输入"中国顶尖大学排名"并按"Enter"键，就会出现如图3-2-17所示的网页。网页上显示了最流行的主题网站，用户可以单击网站链接进入该网站。百度搜索技巧见"知识拓展"部分。

图3-2-17　百度搜索页

2. 从网站下载文件

为了方便用户下载资源，很多网站都可搜索最新的软件，并按照软件大小、运行环境、功能简介等进行分类，方便用户快速查找下载。

1）HTTP下载。

（1）如果用户想通过网站服务器下载资源，可以直接单击软件的超链接地址下载。如下载PC版微信，需要通过搜索引擎找到下载PC版微信的网页，如图3-2-18所示，然后单击"下载"按钮或右击链接按钮并从快捷菜单中选择"目标另存为"选项。

图3-2-18　下载PC版微信

（2）打开"另存为"对话框，如图3-2-19所示。单击"保存"按钮，文件将直接保存到默认位置，用户可以在此对话框中修改文件名和文件保存位置。

（3）这种方式下载速度比较慢。有些浏览器如 IE 浏览器，不支持"断点续传"，无法下载多线程文件，所以这种方式非常适合下载小文件。

图 3-3-19　"另存为"对话框

2）FTP 下载。FTP 是"File Transfer Protocol"的英文缩写，中文含义是"文件传输协议"，用于通过 Internet 双向传输控制文件。同时，它也是一个应用程序，不同的操作系统有不同的 FTP 应用程序，它们都遵循相同的协议来传输文件。

用户在使用 FTP 时，经常会遇到下载文件和上传文件两个概念，下载文件是将文件从远程主机复制到用户计算机中，而上传文件是将文件从用户计算机复制到远程主机上。互联网允许用户通过客户端程序上传下载文件。以下是使用 FTP 下载的方法。

打开"计算机"窗口，在地址栏中输入 FTP 服务器地址，出现如图3-2-20所示的登录 FTP 服务器对话框。在用户名后面的文本框中输入用户名，在密码后面的文本框中输入密码，然后单击"登录"按钮，即可查看 FTP 用户的文件和文件夹。若要下载文件到用户计算机，或上传文件到 FTP 服务器，只需选择复制文件和粘贴文件。

(a)　　　　　　　　　　　　　　　　　(b)

图 3-2-20　登录 FTP 服务器

(a)"登录身份"对话框；(b)"pub"文件夹

随着用户数的增加，FTP 对带宽的要求也随之增加，所以大多数 FTP 下载服务器的用户数和下载速度都有限，这种方式更适合大文件传输。

3）P2P 下载。

P2P 允许用户通过直接连接到另一个用户的计算机而不是连接到服务器进行浏览和下载来交换文件。在 P2P 下载中，每个主机都是负责下载和上传的服务器，互相帮助，人数的增加不会减慢下载速度。

4）P2SP 下载。

P2SP 下载方式实际上是 P2P 技术的进一步延伸，具有更快的下载速度，丰富的下载资源，更强的下载稳定性。

任务 3　认识网络安全

▶**任务介绍**

在使用计算机时，会出现计算机无故重启、运行应用程序突然死机、屏幕显示异常、硬盘上出现文件丢失或数据丢失等现象。这些现象可能由硬件错误或不正确的软件配置引起，但也有可能由计算机病毒引起。因此，用户需要了解计算机病毒相关知识，学习如何检测、诊断和清除各种计算机病毒和网络病毒，确保计算机和计算机网络的安全。

▶**任务分析**

由于计算机的普及，特别是互联网的普及，计算机病毒造成的危害越来越严重，其运行机制和形式与以往的病毒相比发生了很大的变化，查杀难度加大，要做到彻底查杀则更困难。面对计算机病毒带来的各种问题，计算机用户需要深入了解计算机病毒，防患于未然，尽量减少计算机病毒造成的损害。为确保计算机和个人信息的安全，用户需使用杀毒软件对计算机进行扫描和修复。

本任务路线如图 3 - 3 - 1 所示。

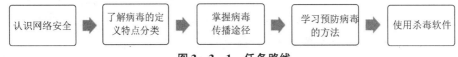

图 3 - 3 - 1　任务路线

完成本任务的相关知识点：

（1）网络安全的基本概念；

（2）计算机病毒的定义、特点、分类和传播途径；

（3）预防计算机病毒的方法；

（4）常用杀毒软件和木马的清理方法。

▶**任务实现**

【任务 3 - 1】认识计算机病毒

计算机病毒是由编制者插入计算机程序中的一组计算机指令或程序代码，可以破坏计算机功能或数据，影响计算机的使用，并可以自我复制。计算机病毒是一种程序，它是可执行代码的一部分。与生物病毒一样，它具有生物病毒的特性，如自我繁殖、相互传播、激活再生等。

计算机病毒具有独特的复制能力,可以快速传播,并且难以消除。它可以将自己附加到不同类型的文件,并且当文件从一个用户复制或传输到另一个用户时,它会随文件一起传播。

1. 计算机病毒概念

计算机病毒是一种人为的计算机程序,它存在于计算机系统中,通过自我复制传播,在一定条件下被激活,对计算机系统造成损害。

2. 计算机病毒的特性

计算机病毒具有常规程序的所有特征,并隐藏在常规程序中。当用户调用常规程序时,它会控制系统并在常规程序启动之前运行,用户不知道病毒的作用和目的。它主要有以下特点。

(1) 繁殖性。计算机病毒可以像生物病毒一样繁殖,即使在运行常规程序时,它也会自我复制。复制和感染特性是判断特定程序为计算机病毒的主要标准。

(2) 破坏性。计算机被感染后,可能无法正常运行程序,计算机上的文件可能会被不同程度地删除或损坏。计算机病毒会破坏引导扇区和 BIOS,破坏硬件环境。

(3) 感染性。计算机病毒感染性是指计算机病毒修改其他程序以使其他无病毒对象感染其自身的副本或变体。这些对象可以是程序或系统的一部分。

(4) 潜伏性。计算机病毒潜伏性是指计算机病毒附着并寄生于其他媒体的能力。病毒入侵后,直到条件成熟才开始攻击用户计算机,使运行速度减慢。

(5) 隐蔽性。计算机病毒具有高度隐蔽性,病毒软件可以检测到少量病毒。隐藏的计算机病毒有时会变得不可见并发生变化,这些类型的病毒很难对付。

(6) 可触发性。编译计算机病毒的人通常会为病毒程序设置一些触发条件(如系统时钟上的特定时间或日期),然后系统运行该特定程序。当条件满足时,计算机病毒就会"发生"并破坏系统。

3. 计算机病毒的分类

计算机病毒的种类繁多、复杂,根据计算机病毒的特点,可能有多种分类方法。同时,同一种计算机病毒根据不同的分类方法可能属于不同的计算机病毒类型。计算机病毒可以根据以下属性进行分类。

1) 根据存在病毒的媒体分类。

网络病毒——通过计算机网络在网络上传播和感染可执行文件。

文件病毒—— 感染计算机上的文件(如 com、exe、doc 等)。

引导病毒——感染硬盘的引导扇区(Boot Sector)和系统引导扇区(Master Boot Record,MBR)。

也有这 3 种情况的混合类型。例如,多类型病毒(文件和引导类型)感染两个目标,一个文件和一个引导扇区。这些病毒通常使用加密和转换算法,使用不寻常的方法入侵用户的系统。

2) 按病毒感染途径分类。

常驻病毒:常驻型病毒躲在内存 RAM 中,由于这个原因,常驻型病毒往往对磁盘造成更大的伤害。一旦常驻型病毒进入内存,只要文档被执行,常驻型病毒就对其进行感染的动作。将常驻型病毒清除出内存的唯一方法就是冷开机(完全关掉电源之后再开机)。

非常驻病毒:非常驻病毒被激活时不会感染计算机内存。内存有一小部分病毒,但不会通过这部分内存传播,这些类型的病毒被归类为非常驻病毒。

3) 按破坏力分类。

无害型:无害型病毒除了在感染期间磁盘上的可用空间减少外,对系统没其他影响。

非危险型：非危险型病毒会导致内存减少、显示图像、发出声音等类似的效果。

危险型：危险型病毒会导致计算机系统运行出现严重错误。

非常危险型：非常危险型病毒会删除程序、破坏数据并从系统内存和操作系统中删除重要信息。

4）根据算法分类。

"蠕虫"病毒：通过计算机网络传播而不改变文件和信息。它使用网络从一个系统的内存传播到另一个系统的内存，然后计算机通过网络传播病毒。有时存在于系统上，通常不占用除内存之外的任何其他资源。

寄生病毒：除了伴随病毒和"蠕虫"类型外，其他病毒也称为寄生病毒。它附加到系统的引导扇区或文件并通过系统功能传播。

4. 计算机病毒传播途径

病毒主要的传播途径有两种。一种是网络传输，包括互联网和局域网，另一种是U盘、移动硬盘等移动媒体传输。以下是详细介绍。

（1）硬盘传播：当感染病毒的硬盘在本地使用、移动到另一个位置或修复时，病毒被感染并传播。

（2）光盘传播：大部分软件都是刻录在光盘上的，所以一些不法商家就可以把感染病毒的文件刻录到光盘上。

（3）U盘传播：U盘常将病毒从一台电脑传播到另一台电脑。

（4）网络传播：随着计算机普及，人们通过网络相互发送文件和信件，加速了病毒的传播，网络是现代病毒传播的主要途径。

5. 木马病毒及清理

特洛伊木马（Trojan Horse）病毒，是指通过特定程序（木马程序）控制另一台计算机。特洛伊木马通常有两个可执行程序，一个控制端，另一个被控制端。木马程序是当今比较流行的病毒，与普通病毒不同，它不会自我复制，也不会"故意"感染其他文件。但木马会随意破坏或窃取主机的文件，甚至可以远程控制主机。特洛伊木马病毒的出现严重威胁现代网络的安全运行。

查杀这种顽固的木马病毒难度很大，理想的方法是进入安全模式并清除病毒，因为在安全模式下，第三方程序不会自动运行。

【任务3-2】网络安全的举措

网络安全是指保护网络系统的硬件和软件以及系统的数据不受意外或恶意原因造成损坏、修改或泄漏，系统网络连续稳定和正常运行，不受影响。

1. 网络安全的举措

（1）访问控制。严格认证和控制用户对网络资源的访问。如执行用户身份验证、加密、更新和验证密码，设置用户访问目录和文件的权限，控制网络设备配置权限等。数据加密保护：加密是保护数据安全的重要手段，信息被截取了，也不可读。

（2）网络隔离保护。网络隔离有两种方式，一是实施隔离卡，二是实施网络安全隔离关守。

（3）其他手段。包括信息过滤、容错、数据镜像、数据备份和审计。

2. 计算机病毒的预防措施

随着网络的发展和应用,计算机病毒在网络上传播速度更快、种类更多、破坏性更强,因此了解和掌握计算机病毒的安全防范措施十分必要。

(1) 不要随意下载不明来源的可执行文件或邮件附件。
(2) 使用聊天工具时,不要轻易打开陌生人发来的链接。
(3) 安装防火墙,实时监控病毒入侵,保护内部网络。
(4) 经常更新杀毒软件,以检查和清除计算机病毒。
(5) 及时备份重要文件。

3. 计算机病毒的清除

如果发现计算机病毒,必须立即将其清除。目前的杀毒软件(常见的杀毒软件包括360杀毒软件、金山杀毒软件、瑞星杀毒软件、诺顿杀毒软件)都在不断更新病毒库可使用相关的杀毒软件对计算机进行全面扫描,如图3-3-2和图3-3-3所示。

图3-3-2 360杀毒

图3-3-3 全盘扫描

4. 防火墙

防火墙是一个位于内部网络和外部网络之间的网络安全系统，根据特定规则允许或限制数据传输的信息安全保护系统。

防火墙是指建立在内外网、私网和公网接口上的防护屏障，是一种软硬件设备相结合的实时采集方式。防火墙主要由4部分组成：服务访问规则、认证工具、包过滤和应用网关。防火墙是计算机与其连接的网络之间的软件或硬件，所有进出计算机的网络通信和数据包都必须通过此防火墙。

在网络中，"防火墙"是指将内部网络与公共访问网络（如 Internet）隔离的一种方法，实际上是一种隔离技术。防火墙是两个网络通信时实施的访问控制措施，允许人和数据"同意"网络，并尽可能阻止任何不"同意"网络的人。它可以防止网络上的黑客访问用户的网络。也就是说，如果不通过防火墙，公司内部的人就无法访问互联网，互联网上的人也无法与公司内部的人进行通信。

防火墙自诞生以来，经历了4个发展阶段：基于路由器的防火墙、自定义防火墙工具包、基于通用操作系统的防火墙和具有安全操作系统的防火墙。

原则上，防火墙可以分为4类：专门设计的硬件防火墙、包过滤、电路级网关和应用级网关。一个高安全性的防火墙系统将多种类型的防火墙组合起来，形成多通道的防火墙，增强防御力。

▶**任务小结**

在该任务中，计算机通过通信设备和传输介质相互连接，并在通信软件的支持下，实现了计算机之间资源共享、交换信息或协作。将计算机连接到互联网，组建一个小型局域网。

使用搜索引擎查找有用的信息，除了掌握 IE 的基础知识，能够熟练地使用 IE 浏览器访问网络、浏览网页、存储和管理网页上的重要信息。还可以使用 IE 浏览器注册一个网络电子邮件地址并发送带有附件的普通邮件。在使用网络的过程中，用户需要学习如何设置网络安全措施来预防和清理网络病毒。

▶**模块总结**

在本模块中，计算机通过通信设备及传输媒体互连，在通信软件的支持下，实现计算机间资源共享、信息交换或协同工作。将计算机与互联网连接，能够组建小型局域网。

使用搜索引擎从网络众多的信息中搜索有用信息和保存的方法。掌握 IE 的基本设置，还能熟练使用 IE 浏览器访问网络和浏览网页，并能保存与管理网页上有价值的信息。还能运用 IE 浏览器申请网页电子邮箱，发送普通邮件。在使用网络的过程中，要学会设置网络安全的举措，能够防范和清理网络病毒。通过多个任务的完成，我们可以总结出学习计算机网络与 Internet 基本应用的基本流程，如图 3-3-4 所示。

图 3-3-4 计算机网络与 Internet 基本应用的基本流程

模块 4
Word 2016 文字处理

本模块知识目标
- 了解 Word 2016 的视图及各选项卡的功能
- 熟练掌握 Word 2016 文档文字格式的设置
- 熟练掌握 Word 2016 各种对象的插入及格式的设置
- 熟练掌握 Word 2016 表格的插入及格式的设置
- 熟练掌握 Word 2016 样式、编号、目录等操作设置
- 熟练掌握邮件合并功能

本模块技能目标
- 能够在 Word 2016 文档界面中快速找到相应功能按钮
- 能够使用 Word 2016 熟练进行文字编辑排版工作
- 能够使用 Word 2016 设计内容丰富的宣传海报
- 能够熟练使用 Word 2016 进行长文档排版
- 能熟练使用邮件合并功能，简化日常工作

Word 2016 是 Microsoft 公司开发的 Office 2016 办公组件之一，主要用于文字处理。Word 2016 增强后的功能可创建专业水准的文档，用户可以更加轻松地与他人协同工作并可在任何地点访问文件。Word 2016 可提供各种文档格式设置工具，利用它可更轻松、高效地组织和编写文档，无论何时何地灵感迸发，都可捕获这些灵感。

任务 1 认识 Word 2016

▶**任务介绍**

小明虽然在高中已经学习过信息技术课程，但是对于办公软件中文字处理软件 Word 2016 还不算非常熟悉，有很多功能还不会使用，进入大学后，希望能在计算机基础课程中系统地学习相关的知识。为了实现这一目标，让我们首先认识 Word 2016 的界面，初步了解怎样使用 Word 2016 进行浏览编辑文档，并且学会使用 Word 2016 创建与保存文档。

▶**任务分析**

为了顺利完成本任务，需要了解 Word 2016 的界面，能创建与保存 Word 文档，对 Word 2016 要有整体的认识。

本任务路线如图 4-1-1 所示。

图 4-1-1　任务路线

完成本任务的相关知识点：
（1）启动 Word 2016 的方法；
（2）Word 2016 的 5 种文档视图；
（3）Word 2016 的界面各区域的名称和基本功能；
（4）文档导航；
（5）Word 2016 文档的创建和保存。

▶任务实现

【任务 1-1】　熟悉 Word 2016 界面

启动 Word 2016 后，首先要认识 Word 2016 界面中各区域的基本功能。

1. 启动 Word 2016

（1）单击"开始"→"Word 2016"启动 Word 2016。
（2）如果桌面上已经创建有 Word 2016 快捷方式图标，双击图标即可启动 Word 2016。
（3）打开已经存在的 Word 文档也可以启动 Word 2016。

2. Word 2016 工作界面

启动 Word 2016 后，我们看到的 Word 2016 界面如图 4-1-2 所示。

图 4-1-2　Word 2016 界面

（1）标题栏。标题栏从左到右包括快速访问工具栏、文档名称、功能区显示选项、"最小化"按钮，"最大化/向下还原"按钮、"关闭"按钮。

快速访问工具栏：由最常用的工具按钮组成，如"保存""打印"按钮、"撤销"和"恢复"等按钮。单击快速访问工具栏中的相应按钮，可以快速实现其相应的功能。单击快速访问工具栏右侧的下拉按钮，弹出"自定义快速访问工具栏"下拉菜单，在下拉菜单中，可自行添加相应的功能按钮到快速访问工具栏中或删除相应的功能按钮。

文档名称：文档名称显示当前文档名称，新建的文档名称为"文档1"，没有扩展名，保存后显示扩展名". docx"。

功能区显示选项：该功能选项在"最小化"按钮旁边，用于显示和隐藏功能区。

（2）功能区。功能区由多个"选项卡"组成，每个选项卡由不同的"组"组成，"组"的名称在该组的下方，"组"中存放着各种"命令按钮"。当我们将光标放在"命令按钮"上面时，会出现该"命令按钮"的名称和功能说明，右击功能区可以对功能区进行自定义。

"告诉我"搜索框：在选项卡的右侧，当找不到相应的功能时，可以在"告诉我"搜索框中进行搜索。

对话框启动器：某些"组"的右下方有一个很小的"对话框启动器"的命令按钮，单击该命令按钮会弹出一个对话框，可以对相关内容进行更多的设置。

折叠功能区："功能区"右下角有一个"折叠功能区"按钮，单击该按钮可以隐藏或显示功能区。

（3）编辑区。编辑区显示文档内容，用户在该区域进行编辑。

插入点：插入点一般是用一条闪烁的竖线表示。插入点在文字输入的过程中，指示字符输入的位置，即输入的字符就放在插入点所在的位置。

（4）状态栏。状态栏位于主窗口底部，显示正在编辑的文档的相关信息。从左到右分别是页码、字数统计、拼写和语法检查、语言、视图快捷方式、缩放滑块、显示比例等，单击可打开相应功能。右击状态栏可添加或取消相关功能，如图4－1－3所示。

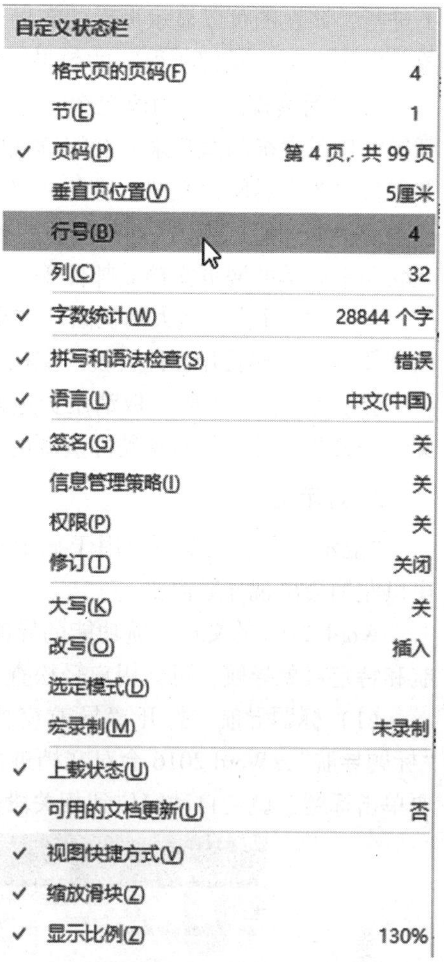

图4－1－3　自定义状态栏

【任务1－2】认识Word 2016文档视图

Word 2016的"视图"选项卡，由"视图"组、"显示"组、"显示比例"组、"窗口"组、"宏"组等组成，如图4－1－4所示。

图4－1－4　"视图"选项卡

1. 视图组

在"视图"组中有5种视图模式，分别为页面视图、阅读视图、Web版式视图、大纲视图、草稿。

（1）页面视图。"页面视图"是 Word 2016 默认的视图模式，文档的编辑通常在该视图下进行，该视图可以显示页面的布局与大小，方便用户编辑页眉、页脚、页边距、分栏等对象，即产生"所见即所得"的效果，该视图主要用于编排需要打印的文档。

（2）阅读视图。"阅读视图"以图书的分栏样式显示 Word 文档，"文件"按钮、功能区等窗口元素被隐藏起来。在阅读视图中，用户可以单击"工具"按钮选择各种阅读工具，如果仅需要查看阅读文档，避免文档被修改，可以使用阅读视图。

（3）Web 版式视图。"Web 版式视图"以网页的形式显示 Word 文档，如果要编排用于互联网中展示的网页文档或邮件等，可以使用 Web 版式视图。

（4）大纲视图。"大纲视图"主要用于 Word 文档的设置和显示标题的层级结构，并可以方便地折叠和展开各种层级的文档。大纲视图广泛应用于 Word 长文档的快速浏览。

（5）草稿。"草稿"取消了页边距、分栏、页眉、页脚和图片等元素，仅显示标题和正文，是最节省计算机系统硬件资源的视图方式。

2. 显示组

"显示"组，主要可以用于显示标尺、网格线及导航窗格。勾选"导航窗格"复选框，窗口左侧会出现导航窗格。

Word 2016 的文档导航功能的导航方式有 4 种：标题导航、页面导航、关键字（词）导航和特定对象导航，可让用户轻松查找、定位到想查阅的段落或特定的对象。

（1）标题导航。打开"导航窗格"后，单击"标题"按钮，将文档导航方式切换到"标题导航"，Word 2016 会对文档进行智能分析，并将文档标题在"导航"窗格中列出，只要单击标题，就会自动定位到相关段落，如图 4-1-5 所示。

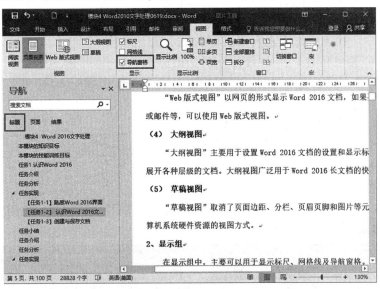

图 4-1-5　文档标题导航

要注意的是，文档标题导航有先决条件，打开的长文档必须预先设置标题的大纲级别，没有设置大纲级别，文档导航里面是不会出现内容的。

（2）页面导航。页面导航是根据 Word 文档的默认分页进行导航的。单击"导航"窗格上的"页面"按钮，将文档导航方式切换到"页面导航"，Word 2016 会在"导航"窗格上以缩略图形式列出文档分页，单击分页缩略图，就可以定位到相关页面查阅。

（3）关键字（词）导航。单击"导航"窗格上的"结果"按钮，然后在搜索框中输入关键字（词），"导航"窗格上就会列出包含关键字（词）的导航链接，单击这些导航链接，就可以快速定位到文档的相关位置。

（4）特定对象导航。一篇完整的文档，往往包含有图形、表格、公式、批注等对象，Word 2016 的导航功能可以快速查找文档中的这些特定对象。单击搜索框右侧放大镜后面的"▼"，选择"查找"栏中的相关选项，就可以快速查找文档中的图形、表格、公式和批注，如图 4-1-6 所示。

图 4-1-6 特定对象导航

在"显示"组中，勾选"标尺"复选框，在文档的上方和左边会出现文档的标尺，我们可以利用标尺来调整文档中段落的缩进，也可以使用标尺调整页眉页脚。

3. 显示比例组

在"显示比例"组中控件的功能可调整编辑区的显示比例。

4. 窗口组

单击"窗口"组中的"拆分"命令，可将文档拆分为上下两个窗口进行显示。

【任务 1-3】创建与保存文档

创建一个新的 Word 文档，可以新建一个空白文档，也可以使用系统的模板创建文档。
操作步骤
1. 创建文档

1）创建空白文档。
创建空白文档有三种方法，如图 4-1-7 所示。
方法 1：选择"文件"选项卡的"新建"命令，选中"空白文档"。
方法 2：在"快速访问工具栏"中单击"新建"按钮。
方法 3：按"Ctrl+N"组合键。
2）使用模板创建文档。
选择"文件"→"新建"命令，选择所需要的模板，或者使用搜索功能搜索需要的文档模板。

2. 保存文档

创建新文件时，应用程序会给它分配一个临时名称，如文档1、文档2等。要替换临时文件名，并安全地将文件中的内容保存在计算机硬盘上，需要保存文件。

（1）保存新文件。

方法1：单击"文件"→"保存"命令。

方法2：使用"Ctrl + S"组合键。

方法3：单击快速访问工具栏中的

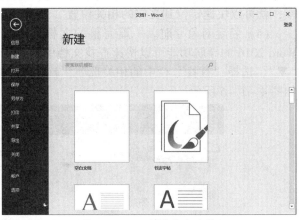

图4-1-7 创建空白文档

"保存"按钮，一个新建的文档被保存时，会弹出"另存为"对话框，如图4-1-8所示，在对话框中设置保存路径和文件名称，单击"保存"按钮。

（2）保存已存盘的文件。

如果对已经存盘的文件进行了修改，需要对其再次保存，使修改后的内容被计算机保存并覆盖原有的内容，方法同上，但不会弹出对话框。

（3）文件另外保存。

单击"文件"选项卡中的"另存为"命令或按"F12"键，在打开的"另存为"对话框中选择不同于当前文档的保存位置或者文件类型，单击"保存"按钮。

Word 2016 默认的保存格式为 .docx 格式，也可以将文档保存为其他格式，如 PDF 格式、Word 97-2003 文档格式等。

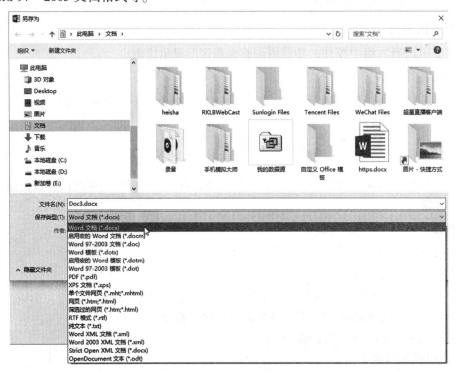

图4-1-8 保存文档

模块 4　Word 2016 文字处理

▶任务小结

本任务主要介绍了 Word 2016 的启动、文档的创建和保存、Word 2016 的文档视图及文档导航功能等知识。通过本任务的实践，为今后熟练操作打下基础。

任务 2　编制简介文档

▶任务介绍

简介是每个企业单位必写的电子文档，是外界了解企业单位的一个重要途径，下面是对软件学院实际情况编写的简介，效果如图 4－2－1 所示。

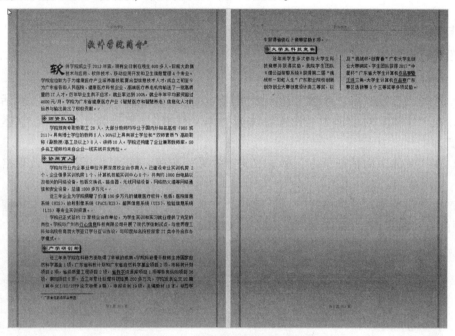

图 4－2－1　软件学院简介效果图

▶任务分析

为了完成本任务，需要对文本字体、段落、页面、页眉页脚等进行设置。

本任务路线如图 4－2－2 所示。

图 4－2－2　任务路线图

完成本任务的相关知识点：

（1）选取文本；

（2）字体格式、段落格式、首字下沉、分栏格式；

（3）项目符号；

（4）查找和替换；

（5）文档背景、边框与底纹；

— 93 —

（6）添加页眉页脚；
（7）脚注、尾注。

▶任务实现

【任务2-1】设置字体格式

将文档标题"软件学院简介"字体设置为"华文行楷、一号、浅绿色"，文字效果为"0.5磅深蓝色实线边框"；将文档第3段"师资队伍"、第5段"协同育人"、第9段"产学研创新"、第11段"大学生科技竞赛"的字体设置为"隶书、小三、字体间距加宽1.2磅"；将文档第2、4、6、7、8、10、12段的字体设置为"宋体、小四"。

操作步骤

1. 设置标题字体

（1）选择标题"软件学院简介"。
（2）选择"开始"→"字体"组→"字体"对话框启动器，弹出"字体"对话框。
（3）在"字体"对话框中，设置字体为"华文行楷"、字号为"一号"、字体颜色为"浅绿色"。
（4）在"字体"对话框下方，单击"文字效果"按钮，打开"设置文本效果格式"对话框。
（5）在"设置文本效果格式"对话框的"文本边框"选项卡中，设置文本边框为"实线"，颜色为"深蓝色"，宽度为"0.5磅"，如图4-2-3所示。

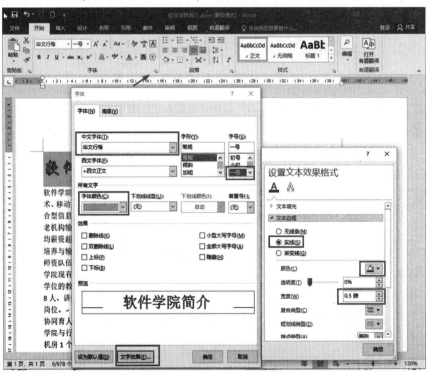

图4-2-3 设置字体格式

2. 设置段落标题字体

（1）按住"Ctrl"键选择文档第 3 段"师资队伍"、第 5 段"协同育人"、第 9 段"产学研创新"、第 11 段"大学生科技竞赛"。

（2）选择"开始"→"字体"组→"字体"对话框启动器，弹出"字体"对话框。

（3）在"字体"对话框中，设置字体为"隶书"、字号为"小三"。

（4）在"字体"对话框的"高级"选项卡中，将字体间距设置为"加宽、1.2 磅"，如图 4-2-4 所示。

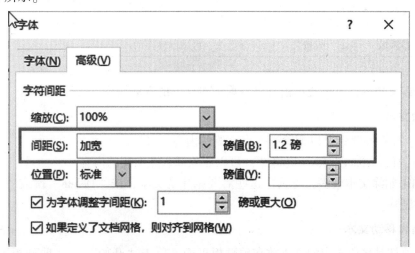

图 4-2-4　间距加宽设置

3. 设置正文字体

（1）按住"Ctrl"键选中文档第 2、4、6、7、8、10、12 段。

（2）在"开始"选项卡的"字体"组中将字体设置为"宋体、小四"。如图 4-2-5 所示。

图 4-2-5　正文字体设置

【操作技巧】

1. 选取文本

选取文本的常见方法，如表 4-2-1 所示。

表 4-2-1　选择文本基本操作

选取对象	操作
连续文本	从文本开始按住鼠标左键不放拖动至选取文本的最后
一行文本	单击该行文本左侧文本外的选定栏
大块区域	插入点放在文本块的起始位置，然后按住"Shift"键单击文本块的结束位置
一个段落	在段落中连续单击 3 下或双击段落左侧的选中栏

续表

选取对象	操作
整个文档	连续单击选中栏3次或按"Ctrl + A"快捷键
字或单词	双击该字或单词
多行文本	在字符左侧的选中栏中拖动
句子	按住"Ctrl"键,并单击句子中的任意位置
多个段落	如果是连续的段落,在选中栏拖动鼠标如果是不连续的段落,按住"Ctrl"键单击该段落的选中栏
矩形文本区域	先按住"Alt"键不放,再用鼠标拖动

用鼠标在文档的任意位置单击,可以取消对文本的选取操作。

2. 删除文本

(1) 按"Delete"键可以删除插入点右侧的内容。

(2) 按"Backspace"键(退格键)可以删除插入点左侧的内容。

(3) 如果删除文本较多,可选择这些需要删除的文本,按"Delete"键或"Backspace"键一次全部删除。

3. 复制和移动文本

复制、剪切是将所选中的文本放在剪贴板里面,单击"开始"→"剪贴板"→"剪贴板"对话框启动器查看复制、剪切过的文本,其中复制不会删除文本内容,剪切会删除文本内容。粘贴则是将"剪贴板"的内容放到文本中。可以使用快捷菜单、选项卡按钮、鼠标或快捷键多种方法,如表4-2-2所示。

表4-2-2 复制与移动文本基本操作

操作方法	复制文本	移动文本
选项卡按钮	(1) 选中要复制的文本 (2) 单击"开始"→"剪贴板"→"复制"按钮 (3) 将插入点置于目标位置,然后单击"粘贴"按钮	(1) 选中要移动的文本 (1) 单击"开始"→"剪贴板"→"剪切"按钮 (2) 将插入点置于目标位置,然后单击"粘贴"按钮
快捷键	(1) 选中要复制的文本 (2) 按"Ctrl + C"组合键 (3) 将插入点置于目标位置,按"Ctrl + V"快捷键	(1) 选中要移动的文本 (2) 按"Ctrl + X"组合键 (3) 将插入点置于目标位置,按"Ctrl + V"组合键
鼠标	(1) 选中要复制的文本 (2) 按住"Ctrl"键,拖动文本块到达目标位置后,释放鼠标左键	(1) 选中要移动的文本 (2) 拖动文本块到达目标位置后,释放鼠标左键
快捷菜单	(1) 选中要复制的文本 (2) 右击选择"复制"命令 (3) 将插入点置于目标位置,右击选择"粘贴"命令	(1) 选中要移动的文本; (2) 右击选择"剪切"命令; (3) 将插入点置于目标位置,右击选择"粘贴"命令

粘贴时按照需要可以选择"保留原格式""合并格式""只保留文本"。

4. 撤销与恢复

在编辑文档过程中难免出现错误操作,可以对操作予以撤销,将文档还原到执行该操作前的状态。方法:使用快速工具栏中的按钮或快捷方式撤销或恢复一次操作,或按"Ctrl + Z"组合键撤销前一次操作,按"Ctrl + Y"组合键恢复撤销的操作。

【任务 2 – 2】 设置段落格式

将文档标题"软件学院简介"段落对齐方式设置为"居中对齐",间距设置为"段后、1.5 行"。

将文档第 2、4、6、7、8、10、12 段段落格式设置为"首行缩进、2 字符、1.2 倍行距"。

操作步骤

1. 设置标题段落格式

(1) 选中标题行(或者插入点置于标题行)。
(2) 选择"开始"→"段落"组→"段落",打开"段落"对话框。
(3) 在"段落"对话框中,设置对齐方式为"居中"、间距为段后"1.5 行",如图 4 – 2 – 6 所示。

2. 设置正文段落格式

(1) 选中文档第 2、4、6、7、8、10、12 段。
(2) 选择"开始"→"段落"组→"段落",打开"段落"对话框。
(3) 在"段落"对话框中,设置"首行缩进、2 字符、1.2 倍行距",如图 4 – 2 – 7 所示。

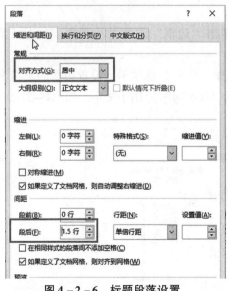

图 4 – 2 – 6 标题段落设置

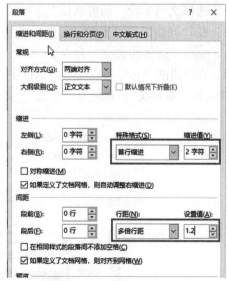

图 4 – 2 – 7 正文段落设置

【操作技巧】
操作步骤

1. 设置标题段落格式

(1) 在 Word 中,每个段落的末尾都会有回车符,称为段落标记。
(2) 如果只对某一段设置格式,需要将插入点置于段落中,如果是对多个段落进行设置，需要先将它们选定。

（3）Word 提供了 5 种水平对齐方式，包括左对齐、居中、右对齐、两端对齐和分散对齐，默认是两端对齐。

（4）除使用对话框进行设置外，可以使用"开始"选项卡中"段落"组的命令按钮进行设置。

【任务 2-3】 设置首字下沉

设置文档第 2 段首字下沉两行，字体为"华文隶书"。

操作步骤

（1）将插入点定位在文档第 2 段。

（2）选择"插入"→"首字下沉"→"首字下沉选项"，打开"首字下沉"对话框。

（3）在"首字下沉"对话框中，设置"首字下沉"的"下沉行数"为"2"，字体为"华文隶书"，如图 4-2-8 所示。

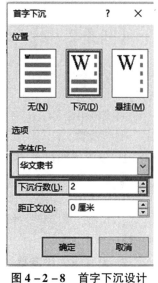

图 4-2-8 首字下沉设计

【任务 2-4】 设置边框底纹

将文档第 3 段"师资队伍"、第 5 段"协同育人"、第 9 段"产学研创新"、第 11 段"大学生科技竞赛"加"双实线紫色 0.5 磅阴影"边框，并加文字主题颜色为"紫色、个性色 4、淡色 80%"的底纹。

操作步骤

（1）选择文档 3 段"师资队伍"。

（2）在"开始"选项卡的"段落"组中，单击"边框"右侧的小三角，在下拉菜单中选择最下面的"边框和底纹"命令。

（3）在弹出的"边框和底纹"对话框中，选择"边框"选项卡，设置边框的类型为"阴影"、样式为"双实线"、颜色为"紫色"、宽度为"0.5 磅"应用于文字，如图 4-2-9 所示。

图 4-2-9 文字边框设置

(4)在"边框和底纹"对话框中,选择"底纹"选项卡,设置文字填充为"紫色、个性色4、淡色80%",应用于文字,如图4-2-10所示。

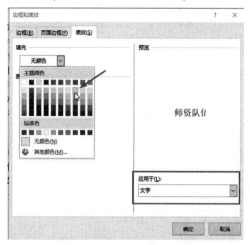

图4-2-10 文字底纹设置

(5)选择刚才设置的"师资队伍",双击"开始"选项卡中"剪贴板"里面的"格式刷"。选择第5段"协同育人"、第9段"产学研创新"、第11段"大学生科技竞赛",将"师资队伍"的格式应用到相应的段落里面,如图4-2-11所示。

注:格式刷单击后可用一次,双击后可用多次,双击后取消可再单击格式刷或者按"Esc"键。

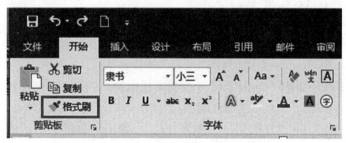

图4-2-11 使用格式刷复制格式

【任务2-5】插入项目符号

项目符号是插入在文本前的符号,可以给各段落起到强调的作用。

为文档第3段"师资队伍"、第5段"协同育人"、第9段"产学研创新"、第11段"大学生科技竞赛"插入项目符号✍,符号字体"Wingdings2",字符代码加"178"。

操作步骤

(1)选择第3段"师资队伍"、第5段"协同育人"、第9段"产学研创新"、第11段"大学生科技竞赛"。

(2)选择"开始"→"段落"组→"项目符号"→"定义新的项目符号",在弹出的"定义新项目符号"对话框中选择"符号"按钮,弹出"符号"对话框。

(3)在"符号"对话框中设置符号字体"Wingdings2",字符代码"178"。依次单击"确定"按钮,如图4-2-12所示。

计算机应用基础任务驱动教程——Windows 10 + Office 2016

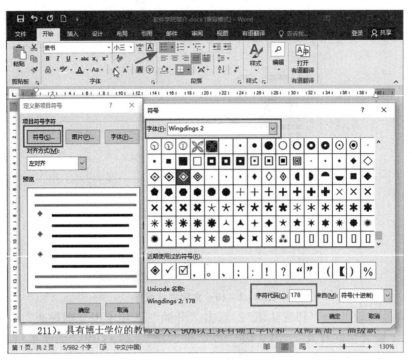

图 4-2-12　插入项目符号

【任务 2-6】 设置分栏

将文档中最后 1 段分成两栏，栏间距为"3 字符"，加"分隔线"。

操作步骤

（1）在最后 1 段后面按"Enter"键（为使两栏内容均匀）。选中第 12 段内容"近年来学生……"

（2）选择"布局"→"分栏"→"更多分栏"，弹出"分栏"对话框。

（3）在弹出的"分栏"对话框中，栏数选择"2"，"间距"设置为"3 字符"，加"分隔线"，如图 4-2-13 所示。

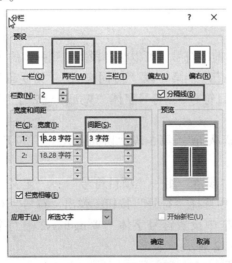

图 4-2-13　分栏设置

【任务2-7】 查找替换

使用查找替换功能将正文中所有"学院"设置为"紫色、加粗"。

操作步骤

（1）将插入点置于文档第2段开头处。

（2）选择"开始"→"替换"，打开"查找和替换"对话框。

（3）在"查找和替换"对话框的"替换"选项卡中单击"更多"按钮，如图4-2-14所示。

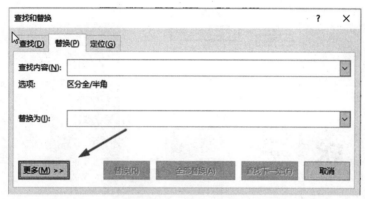

图4-2-14 打开"查找和替换"对话框

（4）在"替换"选项卡中，查找内容文本框中输入"学院"，替换内容中输入"学院"，搜索选择"向下"。

（5）选择"格式"下拉列表的"字体"选项，打开"替换字体"对话框。

（6）在"替换字体"对话框中，字形选择"加粗"，字体颜色选择"紫色"，单击"确定"按钮返回"查找和替换"对话框，如图4-2-15所示。

（7）在"替换"选项卡中，单击"全部替换"按钮，对正文中"学院"的格式进行替换。在弹出的对话框中选择"否"，不替换标题中的"学院"，如图4-2-16所示。

【操作技巧】

当格式设置错误时，可选择"查找和替换"选项卡的"不限定格式"清除格式。

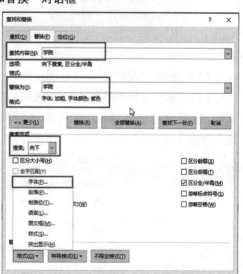

图4-2-15 设置"查找和替换"

【任务2-8】 添加背景与页面边框

设置文档背景的填充效果为"雨后初晴"。文档的页面边框设置为"文档两边加三实线、蓝色、0.5磅边框，无上

图4-2-16 应用"查找和替换"

下边框"。

操作步骤

（1）选择"设计"→"页面颜色"→"填充效果"，打开"填充效果"对话框。

（2）在"填充效果"对话框的"渐变"选项卡中设置颜色为"预设""雨后初晴"，设置背景的填充效果，如图4-2-17所示。

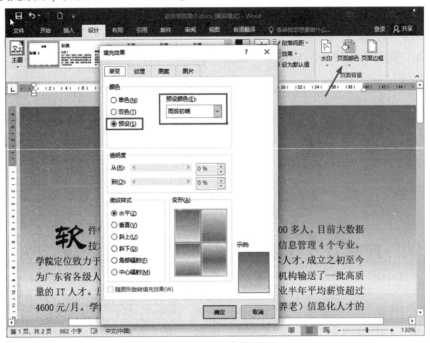

图4-2-17　背景设置

（3）选择"设计"→"页面边框"，打开"边框和底纹"对话框。

（4）在"边框和底纹"对话框的"页面边框"选项卡中，设置边框的类型为"自定义"、样式为"三实线"、颜色为"蓝色"，宽度为"0.5磅"。然后单击对话框右边"预览"的左右边框，如图4-2-18所示。

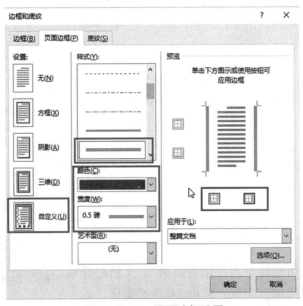

图4-2-18　页面边框设置

【任务2-9】 添加页眉页脚

设置页眉为"软件学院",页脚为"第 X 页 共 Y 页",居中对齐。

操作步骤

(1) 选择"插入"→"页眉"→"编辑页眉"。

(2) 在页眉处输入内容"软件学院",如图 4-2-19 所示。

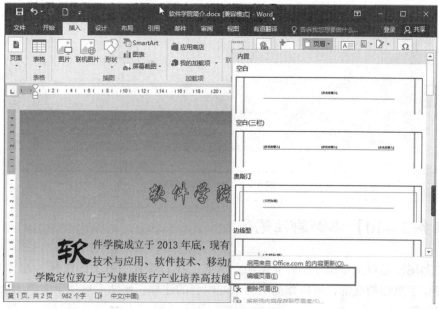

图 4-2-19 添加"页眉"

(3) 选择"插入"→"页脚"→"编辑页脚",进行页脚编辑。

(4) 选择"设计"→"页码"→"当前位置"→"X/Y 加粗显示的数字",插入页脚,如图 4-2-20 所示。

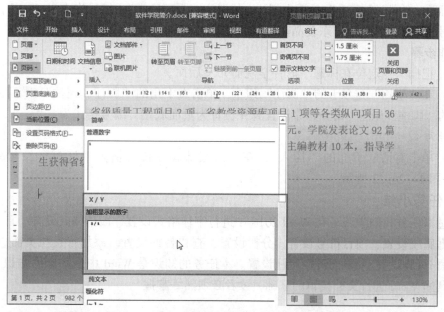

图 4-2-20 添加"页脚"

(5) 删除"1/2"中间的"/",输入文字"第页 共页"。
(6) 把插入点定位在页脚处,选择"开始"→"段落"组→"居中",把页脚的段落设置为居中对齐,如图4-2-21所示。

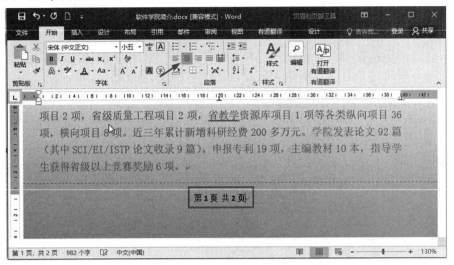

图4-2-21 编辑页脚

【任务2-10】 添加脚注尾注

脚注和尾注是对文章添加的补充说明。例如,我们看到的古文的注释,论文的引用等,脚注一般位于页面的底部,可以作为文档某处内容的注释;尾注一般位于文档的末尾,列出引文的出处等。

脚注和尾注由两个关联的部分组成,包括注释引用标记和其对应的注释文本,注释引用标记可以是数字或字符,Word提供了插入脚注和尾注的功能,并且会自动为脚注和尾注添加编号。

在标题"软件学院简介"后插入脚注,位置为"页面底端",编号格式为"a, b, c, …,"起始编号为a,内容为"广东食品药品职业学院"。

操作步骤
(1) 把插入点定位在标题"软件学院简介"后面。
(2) 在"引用"选项卡的"脚注"组中,单击右下角的"脚注和尾注"对话框启动器,在弹出的"脚注和尾注"对话框中设置脚注位置为页面底端,编号格式为:"a, b, c, …,"起始编号为a。
(3) 单击对话框下面的"插入",在页面底部脚注位置输入"广东食品药品职业学院",如图4-2-22所示。

▶**任务小结**
通过本任务我们学习了在Word 2016中进行字体格式设置、段落格式设置、首字下沉设置、边框底纹设置、项目符号设置、分栏设置、查找替换设置、添加背景与页面边框设置、添加页眉/页脚设置、添加脚注/尾注设置。本任务的知识是Word中最基础的知识,学好本任务是利用Word进行文档编辑的基础,读者必须熟练掌握。

模块4　Word 2016 文字处理

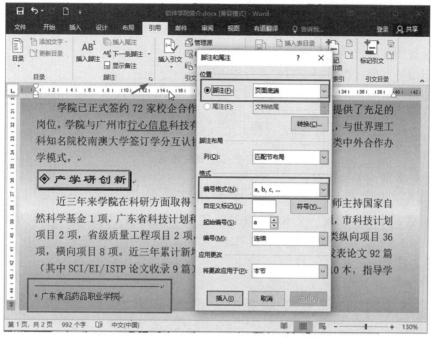

图4-2-22　插入脚注

任务3　招生宣传单设计

▶任务介绍

软件学院需要制作一个招生宣传单，要既美观又让人印象深刻，效果如图4-3-1所示。

图4-3-1　招生宣传单

— 105 —

▶**任务分析**

完成本任务,我们首先应该要有一个大概的构思,对宣传单进行简单的布局设计,然后根据构思准备图片素材、文字素材等,最后对文档进行页面设置,插入艺术字、文本框、图片、自选图形等对象,再对每个对象进行排版。

本任务路线如图4-3-2所示。

图4-3-2 任务路线

完成本任务的相关知识点:
(1)插入艺术字、形状、文本框、图片等对象的方法;
(2)设置艺术字、形状、文本框、图片等各种对象格式的方法;
(3)Word文档版面的设计与规划技巧。

▶**任务实现**

【任务3-1】设置宣传单页面大小及背景

新建一个名称为"招生宣传单"的Word文档,该文档的纸张大小设置为A3纸,纸张方向为"横向",页面背景填充效果为"雨后初晴",底纹样式为"水平"。

操作步骤

(1)新建一个Word文档,命名为"招生宣传单",选择"布局"→"纸张大小"→"A3"(29.7厘米×42厘米),设置纸张的大小。

(2)选择"布局"→"纸张方向"→"横向",设置纸张的方向,如图4-3-3所示。

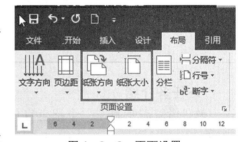

(3)选择"设计"→"页面颜色"→"填充效果",打开"填充效果"对话框。

图4-3-3 页面设置

(4)填充效果设置为"雨后初晴",底纹样式为"水平",如图4-3-4所示。

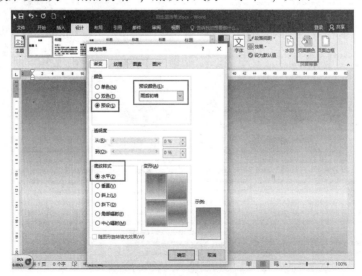

图4-3-4 设置填充效果

【任务3-2】 插入艺术字

插入艺术字，样式为"填充—黑色，文本1，阴影"（第1行第1列），内容为"软件学院"，字体为"华文行楷"，字号为"62"，主题颜色为"白色，背景1"文字效果设置为"棱台—柔圆"，并将艺术字拖到左上角，如图4-3-5效果图中的位置。

操作步骤

（1）选择"插入"→"艺术字"→"填充—黑色、文本1、阴影"（第1行第1列），这时，文档中出现文字为"请在此放置您的文字"的艺术字。

（2）在"请在此放置您的文字"中输入文本"软件学院"，并在"开始"选项卡中设置字体为"华文行楷"，字号为"62"，主题颜色为"白色、背景1"，如图4-3-5所示。

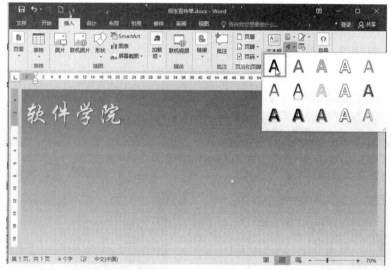

图4-3-5 插入艺术字

（3）选择"格式"→"艺术字样式"组→"文本效果"→"棱台"→"柔圆"，设置艺术字棱台效果。

（4）将艺术字拖到图4-3-5效果图中的左上角位置，如图4-3-6所示。

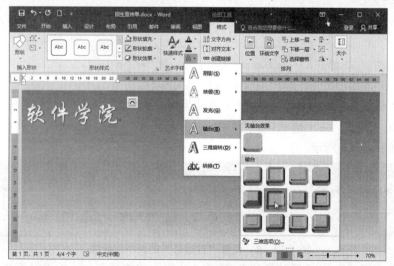

图4-3-6 设置艺术字

【任务 3-3】 插入自选图形

插入 1 个"五边形"自选图形，2 个"燕尾形"，3 个图形高度都为"1.6 厘米"，宽度都为"14.5 厘米"。

3 个自选图形格式设置为"无轮廓填充"，形状格式为"渐变填充"，预设渐变为"中等渐变—个性色 1"，方向为"线性向左"。

3 个自选图形垂直位置位于"页面下侧 16.5 厘米处"，对齐方式为"对齐页面横向分布"。

在自选图形上分别添加文字"软件技术（健康信息系统开发方向）""移动应用开发（医疗移动终端）""卫生信息管理（医院信息系统运维方向）"，设置字体为"黑体、小二、加粗、白色"，段落格式为"左对齐"。

操作步骤

1. 插入"五边形"并设置颜色

（1）选择"插入"→"形状"→"箭头总汇"→"五边形"，这时光标呈现十字状，在页面中按住鼠标左键不放拖动绘制出一个五边形，如图 4-3-7 所示。

图 4-3-7 插入五边形

（2）在"格式"→"大小"组中设置高度为"1.6 厘米"，宽度为"14.5 厘米"。

（3）选择"格式"→"形状样式"组→"形状轮廓"→"无轮廓"，将自选图形的轮廓去掉，如图 4-3-8 所示。

图 4-3-8 设置"五边形"的大小与轮廓

（4）选择"格式"→"形状样式"组→"设置形状格式"，打开"设置形状格式"对话框。

（5）在"设置形状格式"对话框中，选择"填充"→"渐变填充"，"预设渐变"为"中等渐变—个性色1"，"类型"为"线性"，如图4-3-9所示。

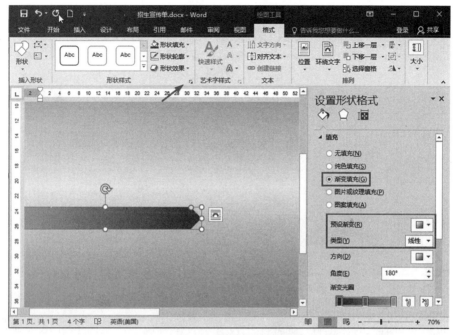

图4-3-9　五边形格式设置轮廓

2. 复制自选图像并设置格式

（1）按住"Ctrl"键，拖动"五边形"（或者右击"五边形"选择"复制"，再右击选择"粘贴"），复制两个"五边形"自选图形。

（2）按住"Ctrl"键不放，同时选择刚才复制的两个"五边形"，在"格式"选项卡的"插入形状"组中，选择"编辑形状"→"更改形状"→"燕尾形"，将复制的两个"五边形"改为"燕尾形"，如图4-3-10所示。

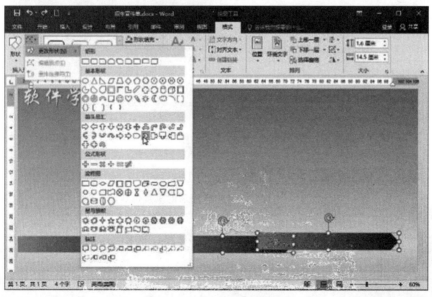

图4-3-10　复制更改图形

（3）按住"Ctrl"键不放，同时选择 3 个自选图形，在"格式"选项卡的"排列"组中的"对齐"下拉菜单中选择"对齐页面""横向分布"，设置 3 个自选图形的水平对齐方式，如图 4 - 3 - 11 所示。

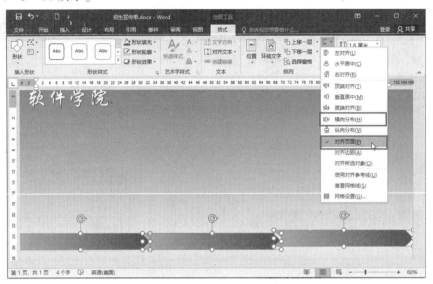

图 4 - 3 - 11　设置自选图形对齐方式

（4）选择"格式"→"排列"组→"位置"→"其他布局选项"，弹出"布局"对话框，在"布局"对话框的"位置"选项卡中设置垂直位置位于"页面下侧 16.5 厘米"处，如图 4 - 3 - 12 所示。

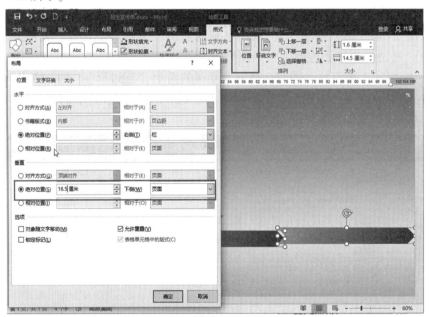

图 4 - 3 - 12　设置自选图形的垂直位置

（5）分别右击 3 个自选图形，在弹出的快捷菜单中选择"添加文字"命令，分别录入"软件技术（健康信息系统开发方向）""移动应用开发（医疗移动终端）""卫生信息管理（医院信息系统运维方向）"。

（6）按住"Shift"键的同时选择 3 个自选图形，设置字体为"黑体、小二、加粗、白色"，段落格式为"左对齐"，如图 4 - 3 - 13 所示。

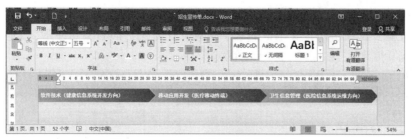

图 4-3-13 在自选图形中添加文本

【任务3-4】设置文本框

在文档页面的(0,0)厘米处绘制一个文本框,该文本框填充颜色为"白色,透明度为50%",无轮廓,大小为"高11.6厘米、宽21厘米"。

将第一个文本框复制3个,3个文本框的大小为"高11.3厘米、宽13.6厘米",3个文本框的垂直位置为"页面下侧18.2厘米",对齐方式为"对齐页面横向分布"。

将第一个文本框内部上边距设置为"3.3厘米",并插入"2017年软件学院招生宣传.txt"文本,并设置字体格式为"宋体、四号",段落格式为"首行缩进2字符、25磅固定值行距",艺术字样式为"渐变填充—橙色,强调文字颜色6、内部阴影"(第4行第2列)。

操作步骤

1. 插入第一个文本框

(1) 选择"插入"→"文本框"→"绘制文本框",这时光标呈现十字状,在文档中绘制出一个文本框。

(2) 选择文本框,选择"格式"→"形状轮廓"→"无轮廓",设置文本框无轮廓。

(3) 选择文本框,选择"格式"→"形状样式"组→"设置形状格式";打开"设置形状格式"对话框。

(4) 在"设置形状格式"对话框的"填充"选项卡中,设置填充为"白色、背景1,透明度为50%"。

(5) 在"格式"选项卡的"大小"组中,设置高度为"11.6厘米",宽度为"21厘米",如图4-3-14所示。

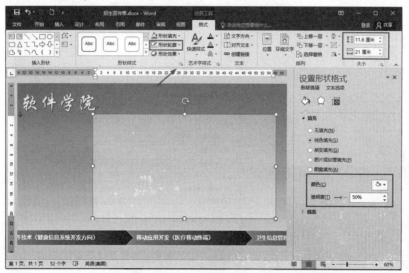

图 4-3-14 文本框格式设置

(6) 选择"格式"→"位置"→"其他布局选项",弹出"布局"对话框,在"布局"对话框的"位置"选项卡中,文本框的水平绝对位置为"页面右侧 0 厘米",垂直绝对位置为"页面下侧 0 厘米",如图 4-3-15 所示。

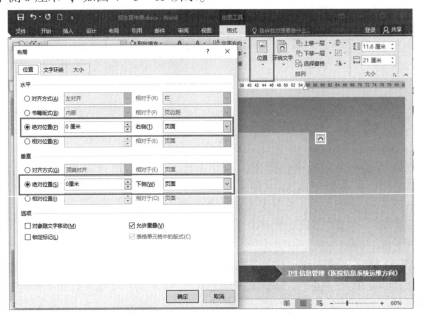

图 4-3-15 文本框位置设置

(7) 选择"格式"→"下移一层"→"置于底层",将文本框置于底层。

2. 复制并设置文本框

(1) 按住"Ctrl"键拖动复制该文本框。

(2) 设置文本框的大小为高 11.3 厘米,宽 13.6 厘米。

(3) 选择"格式"→"位置"→"其他布局选项",在"布局"对话框的"位置"选项卡中设置文本框的垂直绝对位置为"页面下侧 18.2 厘米",如图 4-3-16 所示。

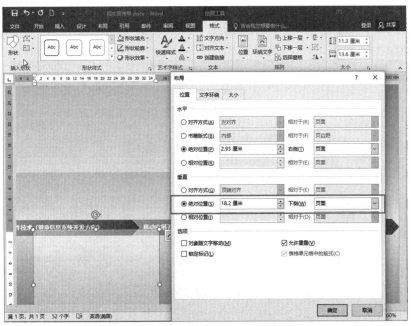

图 4-3-16 设置复制的文本框位置、大小

(4) 选中底下刚复制的文本框,按住鼠标左键不放同时按住"Shift + Ctrl"组合键向右拖动平行复制出两个新的文本框。

(5) 按住"Shift"键的同时选择下方 3 个文本框,在"格式"选项卡的"排列"组中的"对齐"下拉菜单中选择"对齐页面、横向分布",如图 4-3-17 所示。

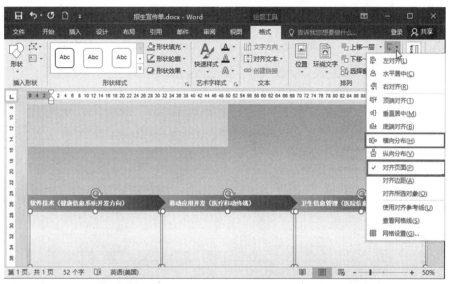

图 4-3-17 设置文本框的对齐方式

3. 向文本框插入文本

(1) 选择第一个文本框,选择"格式"→"形状样式"组→"设置形状样式",打开"设置形状格式"对话框,在"布局属性"选项卡中,设置文本框内部上边距为"3.3 厘米",如图 4-3-18 所示。

图 4-3-18 设置文本框内部边框

(2) 把插入点定位在第一个文本框,选择"插入"→"文本"组→"对象"→"文件中的文字",打开"插入文件"对话框。

(3) 在"插入文件"对话框中,找到"任务三"素材位置,并选择右下角的"所有文件"。

(4) 选择"软件学院招生宣传.txt",单击"插入"按钮,将文本插入到文本框中,如图4-3-19所示。

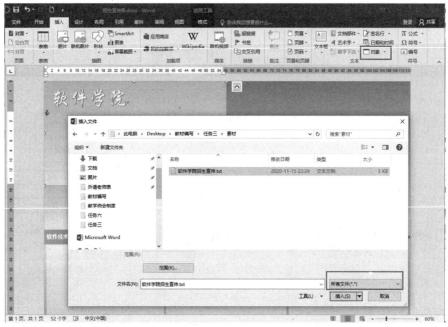

图4-3-19 插入文本

(5) 选择第一个文本框,设置字体格式为"宋体、四号",段落格式为"首行缩进2字符、行距为固定值25磅"。

(6) 选择第一个文本框,选择"格式"→"快速样式"→"其他"→"填充—金色、着色4、软棱台(第1行第5列)"。

(7) 在"格式"选项卡的"艺术字样式"组中,设置文本填充为"标准色—蓝色",如图4-3-20所示。

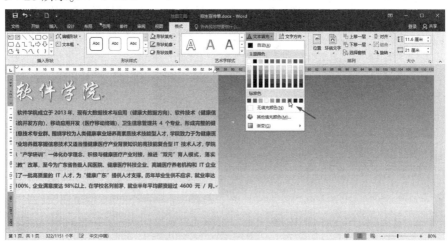

图4-3-20 设置文字艺术字样式

4. 上方文本框与下方文本框创建链接

(1) 单击选择上方文本框。

(2) 选择"格式"→"文本"组→"创建链接",这时光标呈水壶状。

(3) 单击下方第一个文本框,这时下方第一个文本框出现上方文本框隐藏的文本。

(4) 依照以上的方法，将下方第一个文本框与下方第二个文本框创建链接，下方第二个文本框与下方第三个文本框创建链接，如图4-3-21所示。

图4-3-21 文本框创建链连接

【任务3-5】插入图片

插入"软件1"图片，设置文字环绕方式为"四周型环绕"，裁剪成"圆角矩形、柔性边缘14磅"；缩放59%，并拖至页面右上角，如图4-3-1所示位置。

分别插入"软件2""软件3""软件4""软件5""软件6"图片，环绕方式为"浮于文字上方"，图片裁剪成椭圆形，边框为"4磅白色实线"，大小为"高度6厘米、宽度6厘米"；将图片放置文档中间，如图4-3-1所示，并调整各个图片的层次。

操作步骤

1. 插入"软件1"图片

（1）选择"插入"→"图片"，弹出"插入图片"对话框。

（2）在"插入图片"对话框中，找到"任务三"素材中的"软件1"图片，单击"插入"按钮，将图片插入到文档中。

（3）选中图片，选择"格式"→"环绕文字"→"四周型"，设置图片的环绕方式为"四周型环绕"。

（4）选择"格式"→"大小"组→"高级设置—大小"，打开"布局"对话框。

（5）在"布局"对话框的"大小"选项卡中，缩放高度和宽度设置为59%，并将图片拉动至右上角，如图4-3-22所示。

（6）选择"格式"→"图片样式"→"映像右透视"，设置图片样式。

（7）选择"格式"→"图片效果"→"三维旋转"→"左向对比透视"，设置图片的三维效果，如图4-3-23所示。

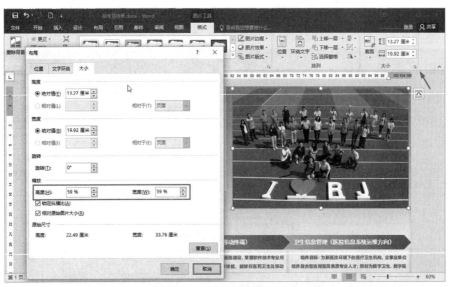

图 4-3-22 "软件 1"图片大小设置

图 4-3-23 "软件 1"图片三维效果

2. 插入"软件 2""软件 3""软件 4""软件 5""软件 6"图片

(1) 选择"插入"→"图片",插入"软件 2"图片。

(2) 选择"格式"→"环绕文字"→"浮于文字上方"设置图片的环绕方式为"浮于文字上方"。

(3) 选择"格式"→"裁剪"→"裁剪为形状"→"椭圆",将图片设置为椭圆形。

(4) 选择"格式"→"图片边框",颜色选择"白色",粗细为"4 磅"。

(5) 选择"格式"→"大小"组→"高级设置—大小",打开"布局"对话框。

(6) 在"布局"对话框的"大小"选项卡中取消"锁定横向比"。

(7) 设置图片高度为"6 厘米",宽度为"6 厘米";如图 4-3-24 所示。

模块 4　Word 2016 文字处理

图 4 - 3 - 24　"软件 2"图片格式设置

（8）选择"格式"→"下移一层"→"衬于文字下方"，将图片置于文字下方。

（9）按住"Ctrl + Shift"组合键拉动"软件 2"图片，平行复制 3 张"软件 2"图片。

（10）选择复制的图片，选择"格式"→"更改图片"，将图片更改为"软件 3""软件 4""软件 5"，设置图片高度为"6 厘米"，宽度为"6 厘米"，并调整图片的位置与层次，如图 4 - 3 - 25 所示。

图 4 - 3 - 25　调整图片位置和层次

▶任务小结

通过本任务我们学习了在 Word 2016 中插入艺术字、自选图形、文本框、图片并对其进行设置。通过本次任务的学习，读者可以学习使用 Word 进行图文混排。在实际工作中，无论是制作宣传海报、企业杂志、宣传单、菜单,还是编写论文、产品说明书、公司简介等几乎都用到 Word 的图文混排知识来加强文档的表现力和条理性。

任务4　制作报价单

▶**任务介绍**

本任务是为客户制作一份报价单,通过报价单向客户提供产品的数量、价格、金额、技术参数等信息,使用户对产品的报价有一定的了解,效果如图 4 - 4 - 1 所示。

XX 公司报价单

一、产品、价格、交货期

产品名称	型号及规格	数量	单价(元)	金额(元)	备注
产品1	A	100	850	85000	
产品2	B	80	586	46880	
产品3	C	50	454	22700	
产品4	D	46	578	26588	
合计		276		181168	
合计大写金额				报价有效期:10天	

二、技术条件

项目＼型号及价格			

三、服务要求

一、
二、
三、

四、通讯联络

需方联系人:　　　　　　　　供方联系人:

需方联系电话:　　　　　　　供方联系电话:

需方地址:　　　　　　　　　供方地址:

需方邮编:　　　　　　　　　供方邮编:

图 4 - 4 - 1　任务效果图

▶任务分析

完成本任务,需要对公司的产品及客户的需求有一定的了解,在这份报价单中,多以表格的形式出现,有利于展示数据,进行数据统计。

制作表格的基本思路是:首先利用 Word 的自动插入表格制作一个标准的表格,再根据需要增加、删除行或列、合并或拆分单元格甚至拆分表格,以确定表格的基本结构,输入表格中的内容,然后才考虑设置表格的属性,包括行高和列宽,表格中的文字格式、单元格对齐方式、边框和底纹等。

本任务路线如图 4-4-2 所示。

图 4-4-2 任务路线图

完成本任务的相关知识点:

(1) 创建表格;
(2) 表格属性设置;
(3) 表格计算;
(4) 表格与文本的相互转换。

▶任务实现

【任务 4-1】 建立表格

创建一个名称为"报价单"的 Word 文档,在文档中插入一个 10 行 6 列的表格。

操作步骤

(1) 创建一个名称为"报价单"的 Word 文档。
(2) 选择"插入"→"表格"→"插入表格",打开"插入表格"对话框。
(3) 在"插入表格"对话框中设置列数为 6,行数为 10,单击"确定"按钮,即可插入一个 10 行 6 列的表格,如图 4-4-3 所示。

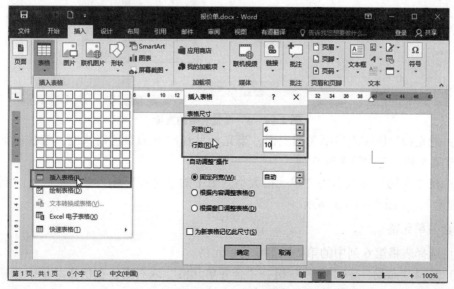

图 4-4-3 插入表格

【任务 4-2】 设置表格格式

设置表格第 1、2、6 列的宽度为 3 厘米,第 3~5 列的宽度为 2 厘米,表格的行高为 1 厘米。

在表格中合并相应的单元格,并设置表格第 8 行、第 10 行的单元格大小为"分布列"。

在表格最后一行下面插入 3 行。

在表格上方插入一个段落,并将表格拆分成 4 个表格。

操作步骤

1. 设置表格的大小

(1) 把光标移至表格第 1 列的上方,当光标呈现向下的黑色箭头时,单击选中第 1 列,连续拖动选择前两列,再按住"Ctrl 键"不放,将光标移至第 6 列的上方,单击选中第 6 列,这样就可以同时选中第 1、2、6 列。

(2) 选择"布局"→"单元格大小"组→"表格属性",打开"表格属性"对话框。

(3) 在"表格属性"对话框中,选择"列"选项卡,设置列宽为指定宽度 3 厘米,如图 4-4-4 所示。

图 4-4-4 设置表格的宽度

(4) 把光标定位在表格第 3 列上面,当光标呈现向下的黑色箭头时,按住鼠标左键不放拖动至第 5 列,选中第 3 到 5 列。

(5) 在"布局"选项卡的"单元格大小"组中的"宽度"输入"2 厘米","高度"输入"1 厘米",如图 4-4-5 所示。

2. 合并单元格

(1) 选择表格第 6 列中的第 2 到第 6 行单元格。

(2) 选择"布局"→"合并"组→"合并单元格"或右击,在快捷菜单中选择"合并单元格"命令,将选中的单元格合并。

模块4　Word 2016 文字处理

(3) 按照相同的方法合并相关单元格，如图4-4-6所示。

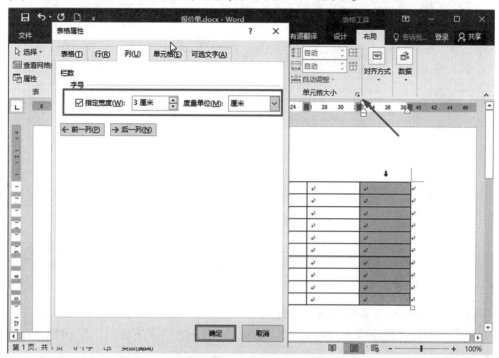

图4-4-5　设置表格的高度

图4-4-6　合并单元格

(4) 选择表格第8行，在"布局"选项卡的"单元格大小"组中，单击"分布列"，使该行的单元格宽度相同。

(5) 选择表格第10行，在"布局"选项卡的"单元格大小"组中，单击"分布列"，如图4-4-7所示。

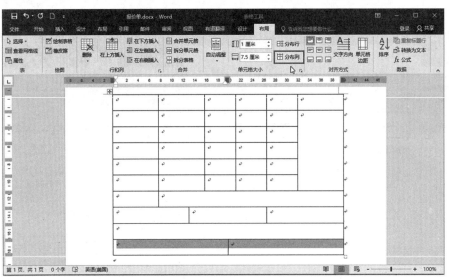

图 4-4-7 分布列

3. 插入行

(1) 把插入点定位在表格的最后一行。

(2) 在"布局"选项卡的"行和列"组中,单击3次"在下方插入"按钮,在表格后面插入3行。

(3) 按照同样的方法在第8行下面插入4行,如图4-4-8所示。

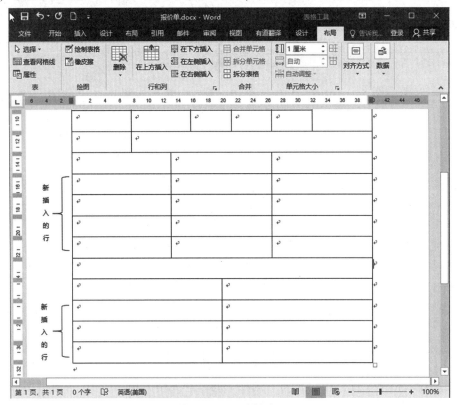

图 4-4-8 插入行

4. 拆分表格

（1）把插入点定位在表格第 1 行的第 1 个单元格，按"Enter"键，在表格的前面插入一个段落。

（2）分别把插入点定位在表格第 8、13、14 行。

（3）选择"布局"→"合并"组→"拆分表格"，将表格拆分为 4 个表格，如图 4-4-9 所示。

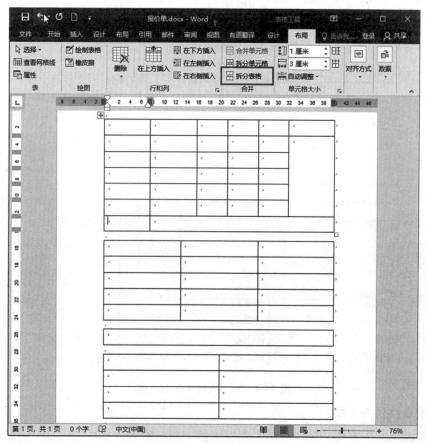

图 4-4-9 拆分表格

【任务 4-3】设置表格内容格式

按照图 4-4-10 所示向表格输入内容，标题"XX 公司报价单"的格式设置为"黑体、二号、蓝色、居中对齐、段后 1 行"。

除标题外文本所有内容设置为"宋体、小四、蓝色"。

第 1、2 个表格的表头、第 4 个表格的所用内容以及文本"一、产品、价格、交货期""二、技术条件""三、服务要求""四、通讯联络"均设置为"加粗"。

设置 4 个表格内容的对齐方式，第 1 个表格为"水平居中、垂直居中"。

第 1 个表格的最后一个单元格设置为"水平向右、垂直居中"。

第 2 和第 4 个表格为"水平向左、垂直居中"。

操作步骤

1. 向表格输入内容并设置格式

向表格录入图 4－4－10 所示内容，并设置格式，如图 4－4－10 所示。

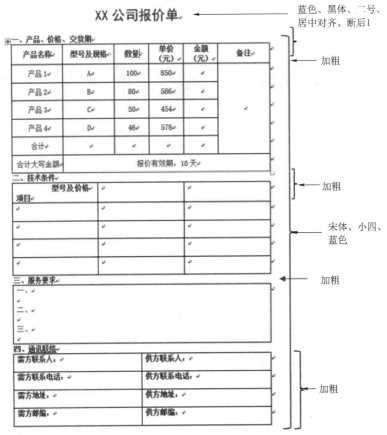

图 4－4－10　表格内容与格式

2. 设置表格对齐方式

（1）选择第 1 个表格，在"布局"选项卡的"对齐方式"组中，单击"水平居中"或右击，在快捷菜单中选择"单元格对齐方式"→"水平居中"；把光标定位在第 1 个表格的最后一个单元格中；在"布局"选项卡的"对齐方式"组中，单击"中部右对齐"或右击，在快捷菜单中选择"单元格对齐方式"→"中部右对齐"。

（2）选择第 2 个表格，在"布局"选项卡的"对齐方式"组中，单击"中部两端对齐"按钮。

（3）选择第 4 个表格，在"布局"选项卡的"对齐方式"组中，单击"中部两端对齐"按钮，如图 4－4－11 所示。

图 4－4－11　设置对齐方式

【任务 4-4】 设计表格外观

第 1 个表格套用"网格表 6 彩色—着色 1"样式。

第 2 个表格加 1.5 磅蓝色外边框，0.5 磅蓝色内边框，表头（表格第 1 行称之为表头）底纹颜色为"蓝色、个性色 1、淡色 80%"；

第 3 个表格加 1 磅蓝色边框。

第 1 个表格第 6 行的第 2 个、第 4 个单元格及第 2 个表格第 1 个单元格插入斜下框线。

操作步骤

1. 表格套用格式

（1）选择第 1 个表格。

（2）在"设计"选项卡的"表格样式"组中，单击选择"网格表 6 彩色—着色 1"样式，套用表格的样式，如图 4-4-12 所示。

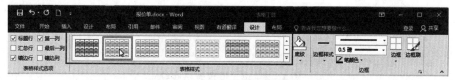

图 4-4-12　表格套用样式

2. 设置表格的边框底纹

（1）选择第 2 个表格，选择"设计"→"边框"组→"边框和底纹"，打开"边框和底纹"对话框。

在"边框和底纹"对话框的"边框"选项卡中，"设置"选择"自定义"，"样式"选择"直线"，"颜色"选择"蓝色"，"宽度"选择"1.5 磅"。

在预览的图示中，单击绘制外边框，我们可以看到预览的表格外边框变为"1.5 磅、蓝色"。

"边框"选项卡中，"宽度"选择"0.5 磅"。

在预览的图示中，单击绘制内边框，我们可以看到预览的表格内边框变为"0.5 磅、蓝色"。如图 4-4-13 所示。

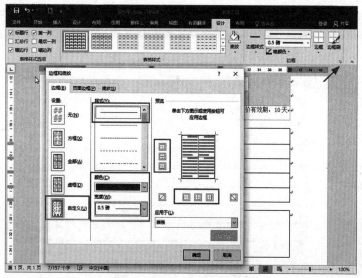

图 4-4-13　设置表格边框

（6）选中第2个表格的第1行，选择"设计"→"底纹"→"蓝色、个性色1、淡色80%"，如图4-4-14所示。

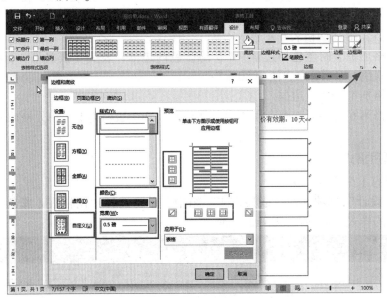

图4-4-14　设置表格底纹

（7）选择第3个表格，选择"表格工具"→"设计"→"边框"组→"边框和底纹"对话框驱动器，打开"边框和底纹"对话框。

（8）在"边框和底纹"对话框的"边框"选项卡中，"设置"选择"全部"，"样式"选择"直线"，"颜色"选择"蓝色"，"宽度"选择"1磅"，单击"确定"按钮，设置第3个表格的格式。

3. 插入斜下框线

（1）将光标放在第1个表格第6行的第2个单元格处。

（2）选择"表格工具"→"设计"→"边框"→"斜下框线"，插入斜下框线。

（3）用同样的方法分别在第1个表格第6行的第4个单元格及第2个表格第1个单元格中插入斜下框线，如图4-4-15所示。

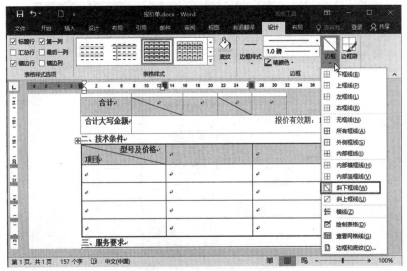

图4-4-15　插入斜下框线

【任务4-5】 表格计算

用公式计算：金额＝单价＊数量，在"合计"行分别计算数量和金额之和。

操作步骤

（1）把插入点定位在第1个表格的第2行第5个单元格中。

（2）选择"布局"→"公式"，打开"公式"对话框。

（3）在"公式"对话框的"公式"中输入"＝C2＊D2"或"＝PRODUCT（LEFT）"或"＝PRODUCT（C2：D2）"，计算金额，函数PRODUCT在对话框中的"粘贴函数"中找到。

（4）用同样的方法计算产品2、产品3、产品4的金额，使用公式"＝PRODUCT（LEFT）"计算。

（5）数量合计使用公式"＝SUM（ABOVE）"或"＝SUM（C2：C5）"进行求和计算。

（6）金额合计使用公式"＝SUM（ABOVE）"或"＝SUM（E2：E5）"进行求和计算，如图4-4-16所示。

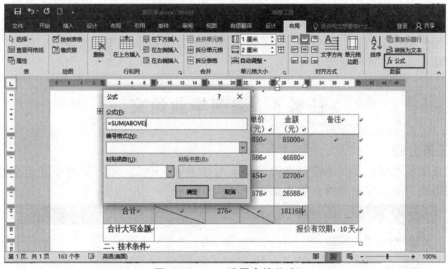

图4-4-16　设置表格公式

【知识点】 表格计算

Word 2016可以对表格中的数字进行运算。

（1）常见的函数有以下6种。

SUM（ ）：求和。

AVERAGE（ ）：求平均。

COUNT（ ）：计数。

MAX（ ）：求最大值。

MIN（ ）：求最小值。

PRODUCT（ ）：求乘积。

（2）常见的函数参数有以下3种。

ABOVE：上面所有数字单元格。

LEFT：对左边所有数字单元格。

RIGHT：右边所有数字单元格。

【任务4-6】表格转换为文本

将第4个表格的内容转换为文本，并设置转换文本的段落格式为段前10磅。

操作步骤

(1) 选择第4个表格。

(2) 选择"布局"→"转换为文本"，打开"表格转换成文本"对话框。

(3) 在"表格转换成文本"对话框中单击"确定"按钮，将表格转换成文本，并将文本的段落格式设置为段前10磅，如图4-4-17所示。

图4-4-17 表格转换为文本

▶任务小结

通过完成报价单的制作任务，读者能够掌握 Word 表格的建立、表格格式设置、函数公式的使用、文本与表格的相互转换等操作方法。在实际工作中，经常利用 Word 表格制作个人简历、报价单、申请表、审批表、工资单、报表等。熟练掌握与运用表格工具，对其他课程的学习和今后工作非常重要。

任务5　编制毕业论文

▶任务介绍

小张今年就要毕业了，他按照老师的要求写好了毕业论文，现在要对毕业论文进行编辑排版，使格式符合学校的要求，效果如图4-5-1所示。

图4-5-1 毕业论文

▶**任务介绍**

本任务要求我们熟悉长文档的排版与设置,主要内容有页面设置、标题样式设置、编号格式设置、文档目录设置、页眉/页脚设置等。

本任务路线如图 4-5-2 所示。

图 4-5-2 任务路线

完成本任务的相关知识点:
(1) 页面设置;
(2) 样式的新建、设置、应用和修改;
(3) 编号、大纲、插入目录;
(4) 页眉/页脚的设置方法。

▶**任务实现**

【任务 5-1】 页面设置

设置"学生毕业论文"文档的纸张大小为 A4;版式为"奇偶页不同"。
操作步骤
(1) 在"布局"选项卡的"页面设置"中,选择"页面设置",打开"页面设置"对话框。
(2) 在"纸张"选项卡中,设置纸张大小为"A4"。
(3) 在"版式"选项卡中,勾选"页眉和页脚"选项中的"奇偶页不同"(因为论文要求奇数页和偶数页的页眉和页脚不同),如图 4-5-3 所示。

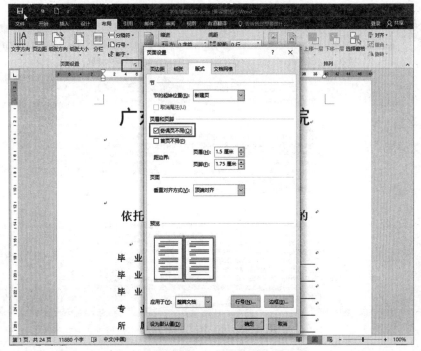

图 4-5-3 页面设置

【任务 5-2】 应用、修改和添加样式

样式是应用于文档中的文本、表格和列表的一套格式特征，它是指一组已经命名的字符和段落格式，规定了文档中标题、题注以及正文等各个文本元素的格式。用户可以将一种样式应用于某个段落，或者段落中选定的字符上。通过调整样式，可调整文档内所有套用此样式的文字格式。如果用样式定义文档中的各级标题，如标题 1、标题 2、标题 3……，还可以智能化地制作出文档的标题目录。

将文中所有红色字体应用"标题1"样式，所有蓝色字体应用"标题2"样式，所有绿色字体应用"标题3"样式。

将"标题1"样式修改为"黑体、三号、单倍行距、段前0磅、段后0磅、居中对齐"。

将"标题2"样式修改为"黑体、小三、单倍行距、段前0磅、段后0磅"。

将"标题3"样式修改为"黑体、四号、单倍行距、段前0磅、段后0磅"。

新建"论文正文"样式，样式基准为"正文"，字体格式为"宋体、小四"，段落格式为"首行缩进2字符"，并将该样式应用于文档的正文文字中（不包括表格和图片下面的说明文字）。

操作步骤

1. 应用样式

（1）把光标定位在文中的红色字体。

（2）选择"开始"→"选择"→"选择格式相似的文本"，选中所有红色字体内容；

（3）选择"开始"→"样式"→"标题1"，将红色字体应用"标题1"样式。

（4）使用同样的方法将所有蓝色字体应用"标题2"样式，所有绿色字体应用"标题3"样式，如图 4-5-4 所示。

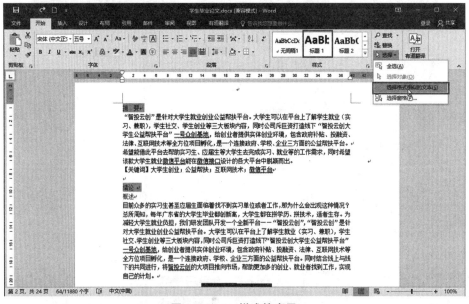

图 4-5-4 样式的应用

2. 修改样式

（1）在"开始"选项卡的"样式"组中，选择"样式"，打开"样式"对话框。

（2）单击"样式"对话框中"标题1"下拉列表中的"修改"，弹出"修改样式"对话框；在"修改样式"中设置字体为"黑体、三号"，段落为"单倍行距、段前0磅、段后0磅、居中对齐"，如图4-5-5所示。

（3）使用同样的方法将"标题2"样式修改为"黑体、小三、单倍行距、段前0磅、段后0磅"；"标题3"样式修改为"黑体、四号、单倍行距、段前0磅、段后0磅"。

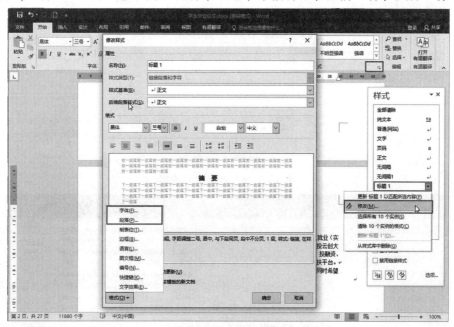

图4-5-5　修改样式

3. 新建样式

（1）把光标定位在文中"摘要"下方"'智投云创'是针……"的正文中。

（2）在"开始"选项卡的"样式"组中，选择"样式"，打开"样式"对话框。

（3）在"样式"对话框中，单击"新建样式"按钮，打开"根据格式设置创建新样式"对话框。

（4）在"根据格式设置创建新样式"对话框中设置属性：名称"论文正文"，样式基准"正文"。字体格式为"宋体、小四"。

（5）在"根据格式设置创建新样式"中的"格式"下拉列表中选择"段落"选项，打开"段落"对话框，如图4-5-6所示。

（6）在"段落"对话框中设置段落格式为"首行缩进2字符"。

（7）单击"确定"按钮之后会发现"样式"对话框中出现了"论文正文"的样式，该样式的格式也已经应用在光标所在的段落中。

（8）将光标置于正文段落中（如在刚才段落的下一段"希望能借此平台去帮助实……"），选择"开始"→"选择"→"选择格式相似的文本"，选中所有正文字体内容。

（9）选择"开始"→"样式"→"论文正文"，正文应用"论文正文"样式，如图4-5-7所示。

计算机应用基础任务驱动教程——Windows 10 + Office 2016

图 4-5-6 新建样式设置

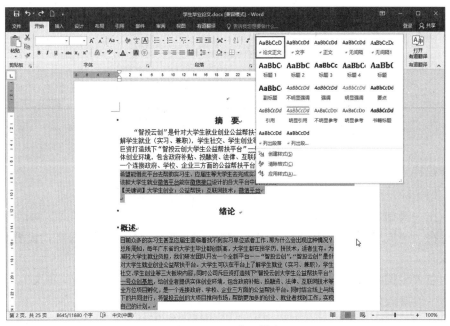

图 4-5-7 应用样式

【操作技巧】

清除文本中的样式或格式，只需要选中该文本内容，单击"开始"选项卡"字体"组中的"清除格式"按钮即可。

【任务 5-3】 添加多级编号

给三级标题添加编号，格式如下。

一级编号样式为"第一章，第二章，第三章……"，编号链接到"标题1"，文本缩进位置为"0",对齐位置为"0"。

二级编号样式为"1.1,1.2,1.3……",编号链接到"标题2",文本缩进位置为"0",对齐位置为"0"。

三级编号样式为"1.1.1,1.1.2,1.1.3……",编号链接到"标题3",文本缩进位置为"0",对齐位置为"0"。

分别删除"摘要"前面的编号"第一章""结论"前面的编号"第八章""参考文献"前面的编号"第九章"和"致谢"前面的编号"第十章"。

操作步骤

1. 添加多级编号

(1)选择"开始"→"段落"→"多级列表"→"定义新的多级列表",打开"定义新多级列表"对话框。

(2)在"定义新多级列表"对话框中单击"更多"按钮,打开更多设置。

(3)"单击要修改的级别"中选择"1",对一级标题进行设置。

(4)在"将级别链接到样式"中选择"标题1","文本缩进位置"输入"0","对齐位置"输入"0"。

(5)在"此级别的编号样式"中选择"一,二,三(简)……",在"输入编号的格式"文本框的"一"前面输入"第","一"后面输入章,完成一级标题设置,如图4-5-8所示。

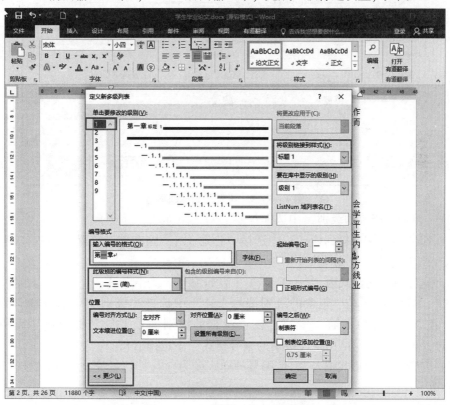

图4-5-8 设置一级标题编号

(6)"单击要修改的级别"中选择"2",对二级标题进行设置。

(7)"将级别链接到样式"中选择"标题2","文本缩进位置"输入"0","对齐位置"输入"0"。

(8)将"输入编号的格式"内容删除,在"包含的级别编号来自"中选择"级别1",

在"输入编号的格式"中,在"一"的后面输入".",在"此级别的编号样式"中选择"1,2,3……",这时编号的样式为"一.1"。

(9)勾选"正规形式编号",使编号的样式变为"1.1",完成二级编号设置,如图4-5-9所示。

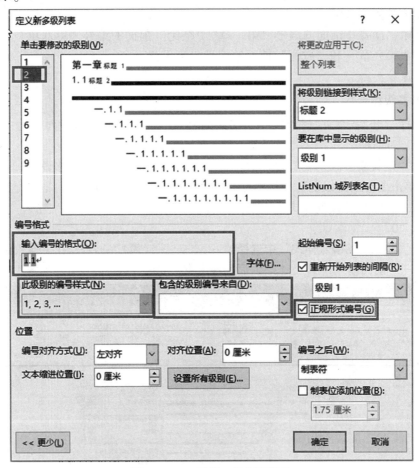

图4-5-9 设置二级标题编号

(10)"单击要修改的级别"中选择"3",对三级标题进行设置。

(11)在"将级别链接到样式"中选择"标题3","文本缩进位置"输入"0","对齐位置"输入"0"。

(12)这时编号的样式为"一.1.1"。(假如编号样式不是"一.1.1",则将"输入编号的格式"内容删除,在"包含的级别编号来自"中选择"级别1",在"输入编号的格式"中,在"一"的后面输入".";在"包含的级别编号来自"中选择"级别2",在"一.1"的后面输入".";在"此级别的编号样式"中选择"1,2,3……")

(13)勾选"正规形式编号",使编号的样式变为"1.1.1",完成三级编号设置,如图4-5-10所示。

2. 删除编号

(1)分别删除标题"摘要""结论""参考文献""致谢"前面的一级编号,如图4-5-11所示。

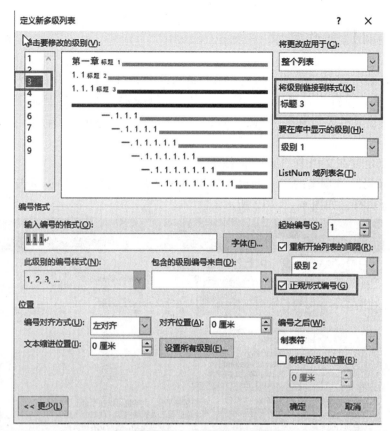

图4-5-10 设置三级标题编号

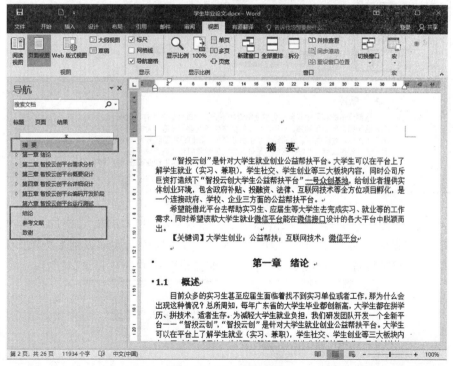

图4-5-11 删除编号

【任务 5-4】 制作目录

在文档中"第一章 绪论"前一段的空白行插入两个"分页符",并在新添加的空白页中输入"目录",格式设置为"黑体、三号、居中、大纲级别1级",在目录下面的段落为文档添加目录,目录显示级别为3,设置"标题1""标题2""标题3"样式,其余设置默认。

操作步骤

(1) 插入点定位在文档中"第一章 绪论"前面的空白段落。

(2) 在"布局"选项卡的"页面设置"组中的分隔符下拉菜单中,单击"分页符"两次,插入两个分页符,如图4-5-12所示。

图 4-5-12 插入分页符

(3) 将插入点定位在空白页的段落标记前,输入"目录"字样,如图4-5-13所示,按"Enter"键,设置"目录"的格式为"黑体、三号、居中、大纲级别1级"(大纲级别在"段落"对话框中设置),设置后即可在"导航窗格"中看到"目录"字样。

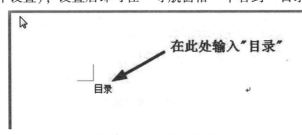

图 4-5-13 输入目录

(4) 把光标定位在"目录"下面的段落标记前面。

(5) 选择"引用"→"目录"→"自定义目录",打开"目录"对话框。

(6) 在"目录"对话框中单击"选项"按钮,打开"目录选项"对话框。

(7) 在"目录选项"对话框中,设置有效样式"标题1""标题2""标题3"的目录级别,分别为"1""2""3",其他样式的目录级别均删除,单击"确定"按钮,完成目录设置,如图4-5-14所示。

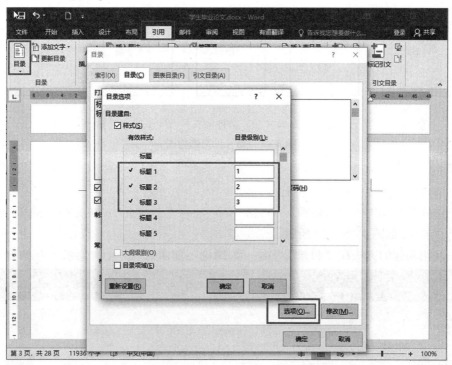

图4-5-14 插入目录

【任务5-5】添加页眉页脚

论文需要双面打印,在"摘要""目录""第一章 绪论"前面插入一个"奇数页"的分节符。

封面没有页眉页脚。

文章"摘要"部分的页眉内容为"摘要",居中对齐,加双实线下边框,无页脚。

文章"目录"部分的奇数页页眉为"目录",偶数页页眉为"广东食品药品职业学院",居中对齐,页脚为"Ⅰ、Ⅱ、Ⅲ、……"居中对齐。

从"第一章 绪论"开始正文部分的奇数页眉为"依托智投云创构建大学生创业平台的分析与实现",偶数页页眉为"广东食品药品职业学院",居中对齐,页脚为"1、2、3、……"居中对齐。

操作步骤

如果要满足以上要求,必须使用分节符,在同一个文档中,分节符的作用是让文档被结构性地分隔,可以使分节符前后页面使用不同的排版。例如,分节符可以分隔文档中的各章节,让每一章节的页码编号都可以从1开始;分节符前后可以设置不同的纸张方向,甚至可以创建不同的页眉或页脚。

本任务中要求"封面""摘要""目录""正文"的页眉页脚不同,所以需要插入分节符;又因为论文需要双面打印,"封面""摘要""目录""正文"都是从奇数页开始,所以插入的均是奇数页分节符,如图4－5－15所示。

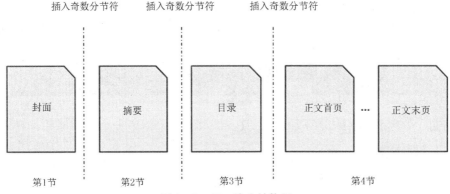

图4－5－15　论文结构图

1. 插入"节"

(1) 插入点定位在"摘要"前面。

(2) 选择"布局"→"分隔符"→"分节符"→"奇数页",在文档"摘要"的前面插入一个"节",如图4－5－16所示。

(3) 使用同样的方法在"目录""第一章 绪论"前面插入一个"奇数页"的分节符。

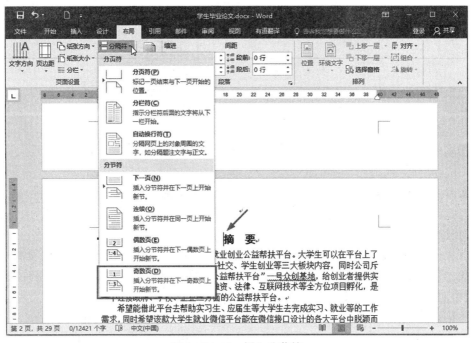

图4－5－16　插入分节符

2. 插入页眉/页脚

(1) 将插入点置于"摘要"所在的页面中,选择"插入"→"页眉"→"编辑页眉",打开页眉编辑,这时我们在页眉/页脚可以看到不同页面所在不同的节,如图4－5－17所示。

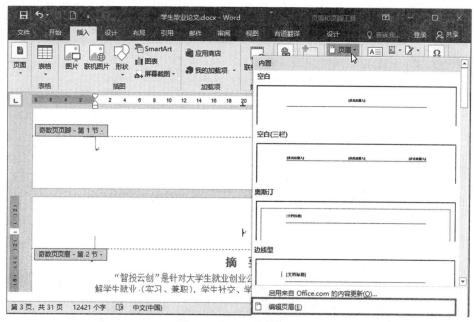

图 4-5-17 编辑页眉

(2) 在"设计"选项卡的"导航"组中单击取消"链接到前一条页眉",使封面的页眉与摘要的页眉不再相同,如图 4-5-18 所示。

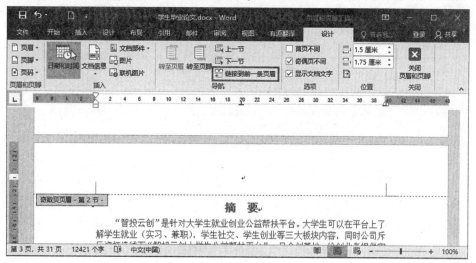

图 4-5-18 取消不同节的页眉链接

(3) 在"摘要"页眉输入"摘要"。这时我们可以看到,因为取消"链接到前一条页眉",封面上面是没有页眉的,而因为下面的正文没有取消,所以正文的页眉也是显示摘要。

(4) 选择"摘要"页眉,选择"开始"→"段落"组→"边框和底纹"下拉菜单→"边框和底纹",在弹出的"边框和底纹"对话框中,设置双实线下边框,如图 4-5-19 所示。

(5) 把插入点定位在目录的奇数页页眉,在导航组中单击取消"链接到前一条页眉",输入"目录",如图 4-5-20 所示。

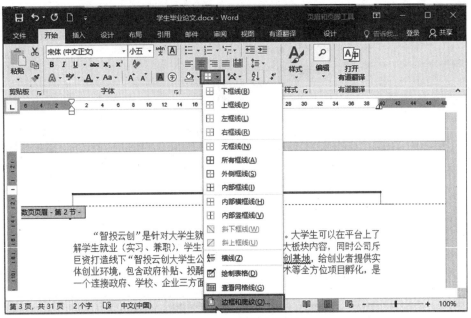

图 4-5-19 设置摘要页眉

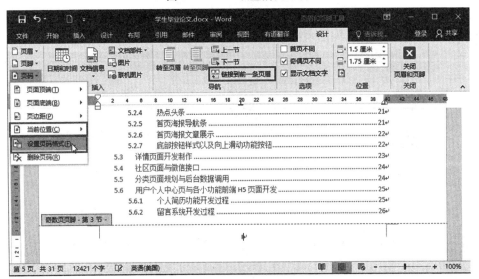

图 4-5-20 设置目录的奇数页页眉

（6）把插入点定位在目录的偶数页页眉，在导航组中单击取消"链接到前一条页眉"，使摘要的页眉与目录的不同。

（7）在页眉输入"广东食品药品职业学院"。

（8）选择"广东食品药品职业学院"页眉，选择"开始"→"段落"组→"边框和底纹"下拉菜单→"边框和底纹"，在弹出的"边框和底纹"对话框中，设置双实线下边框，如图 4-5-21 所示。

（9）把插入点定位在目录的奇数页页脚，在导航组中单击取消"链接到前一条页眉"，使目录的页脚与摘要不同。

（10）选择"设计"→"页码"→"设置页码格式"，在弹出的"页码格式"对话框中设置"编号格式"为"Ⅰ、Ⅱ、Ⅲ、……"。

(11) 选择"设计"→"页码"→"当前位置"→"普通数字",插入样式为"普通数字"的页码。

(12) 把页脚的格式设置为"居中",如图 4-5-22 所示。

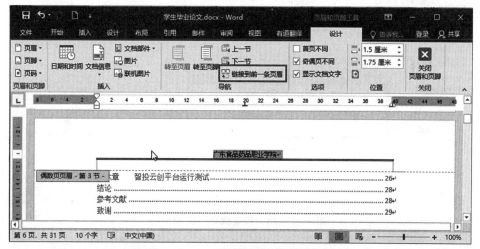

图 4-5-21 设置目录的偶数页页眉

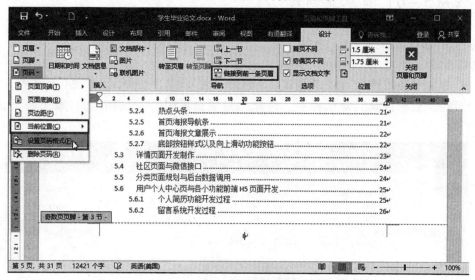

图 4-5-22 设置奇数页目录页脚

(13) 把插入点定位在目录的偶数页页脚,在导航组中单击取消"链接到前一条页眉",使摘要的页脚与目录的不同。

(14) 选择"设计"→"页眉和页脚"→"页码"→"当前位置"→"普通数字",插入样式为"普通数字"的页码。

(15) 把页脚的格式设置为"居中",如图 4-5-23 所示。

(16) 用同样的方法设置正文的奇数页页眉为"依托智投云创构建大学生创业平台的分析与实现",偶数页页眉为"广东食品药品职业学院",居中对齐;页脚为"1、2、3……",居中对齐。

(17) 设置完成后,单击"关闭页眉和页脚"按钮。

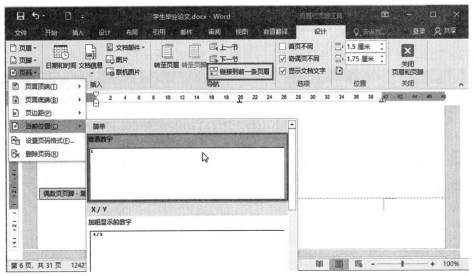

图 4-5-23 设置偶数页目录页脚

【任务 5-6】目录更新

对目录页码进行更新。

操作步骤

(1) 右击"目录菜单",在快捷菜单中选择"更新域",如图 4-5-24 所示。

(2) 在"更新目录"对话框中,选择"只更新页码",可以看到目录更新了正确的页码。

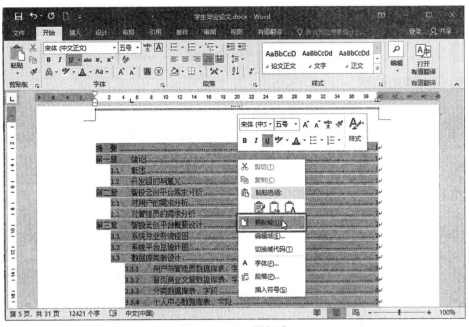

图 4-5-24 更新域

双面打印结果如图 4-5-25 所示。

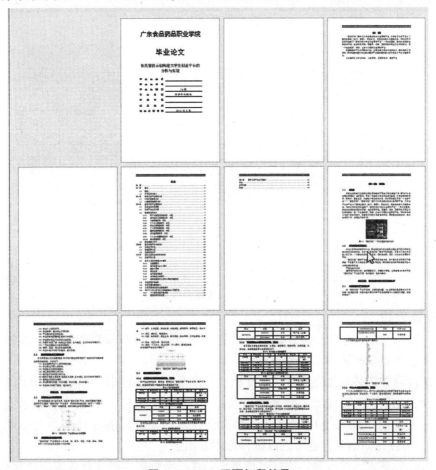

图 4-5-25　双面打印结果

▶任务小结

通过本任务我们学习了在 Word 2016 中应用、修改、添加样式的设置，添加多级编号的设置，制作目录的设置，添加比较复杂的页眉页脚的设置。通过本任务的学习，读者应该掌握长文档排版的步骤及方法。在实际工作中，投标书、招标书、论文、书本、使用说明书等都涉及长文档排版。本任务是本模块的难点、重点，熟练掌握本任务知识对今后的学习工作很重要。

任务 6　制作工资条

▶任务介绍

华明公司要发工资时，财务部门先制作好工资表，然后给每个员工发一个工资的收支情况的小纸条，每个工资条上需要有标题字段，利用邮件合并可以实现。效果如图 4-6-1 所示。

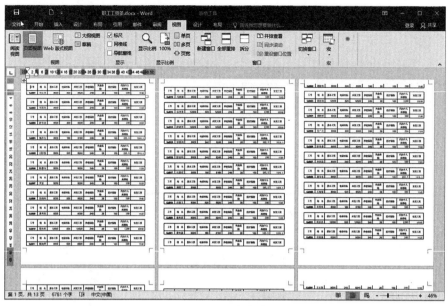

图4-6-1 工资条效果图

▶任务分析

"邮件合并"功能适用于批量数据的排版,例如批量打印信封和信件、请柬、工资条、学生成绩单、各类获奖证书、准考证等。

使用邮件合并,必须要先准备两个文档,分别是用 Word 制作的包含共有内容的主文档和一个包括变化信息的数据源。数据源可以是一个 Excel 表格、Word 文档或者是 Access 文档,然后在主文档中插入变化的信息,称为合并域,合成后的文件用户可以将其保存为 Word 文档,可以打印出来,也可以以邮件形式发出去。

邮件合并的基本操作步骤:选择邮件类型→选择数据源→插入合并域→合并文档。

在本任务中,我们要利用邮件合并功能,完成工资条的制作。

本任务路线如图4-6-2所示。

图4-6-2 任务路线

完成本任务的相关知识点:
(1)邮件合并的基本功能。
(2)邮件合并的类型。
(3)插入合并域。
(4)完成合并。

▶任务实现

【任务6-1】复制工资条表格

新建一个名称为"工资条"的 Word 文档,该文档页边距为"左1厘米,右1厘米"。

将项目素材"工资表.xlsx"文档的"公司工资表"表中 A1:J2 区域复制到"工资条"文档中,并删除复制表格第2行的文本内容。

操作步骤

1. 新建"工资条"文档

(1) 新建一个空白文档命名为"工资条",并设置该文档左、右页边距为"1厘米"。

2. 复制"工资条"

(1) 打开素材"工资表.xlsx"文档,在"公司工资表"选择 A1 单元格,并按住鼠标不动拖动到 J2 单元格,选中 A1:J2 区域单元格。

(2) 在"开始"选项卡的"剪切板"组中选择"复制",复制 A1:J2 区域内容。

(3) 在新建的"工资条"Word 文档中依次选择"开始"→"剪切板"→"粘贴",将内容粘贴到"工资条"Word 文档中。

(4) 选择表格第 2 行,按下"Delete"键,删除表格第 2 行内容,如图 4-6-3 所示。

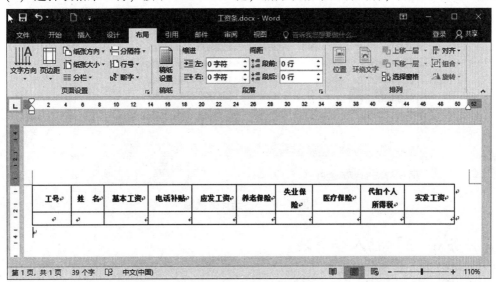

图 4-6-3 复制工资条

【任务 6-2】选择数据源

设置邮件合并的类型为"目录",数据源为"工资表.xlsx"中的"公司工资表"。

操作步骤

(1) 关闭"工资表.xlsx",在"工资条"Word 文档中,依次选择"邮件"→"开始邮件合并"→"目录",设置邮件合并的类型为"目录"。

注:类型设置为目录是为了一页可以显示多条"工资条",不设置一个页面显示一个"工资条"。

(2) 依次选择"邮件"→"选择收件人"→"使用现有列表",打开"选取数据源"对话框。

(3) 在"选取数据源"对话框中,找到数据源,即"工资表.xlsx"文档,如图 4-6-4 所示。

(4) 在"选取数据源"对话框中,双击"工资表.xlsx",弹出"选择表格"对话框,在"选择表格"对话框中双击"公司工资表"表,将其作为数据源,如图 4-6-5 所示。

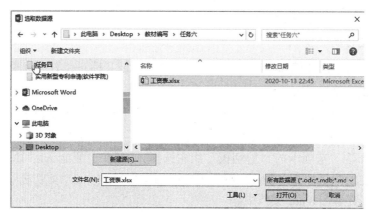

图 4-6-4 打开"工资表"数据源

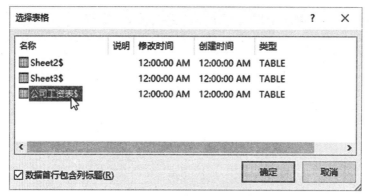

图 4-6-5 选择数据源

【任务6-3】插入合并域

在表格第 2 行的单元格中插入相应的"合并域"。

（1）把光标定位在表格第 2 行第 1 列的单元格即工号下方单元格。

（2）依次选择"邮件"→"编写和插入域"→"插入合并域"→"工号"，插入"工号"域。

（3）按照上一步分别插入各个字段域，如图 4-6-6 所示。我们可以使用"预览结果""下一记录"查看每个工资条。

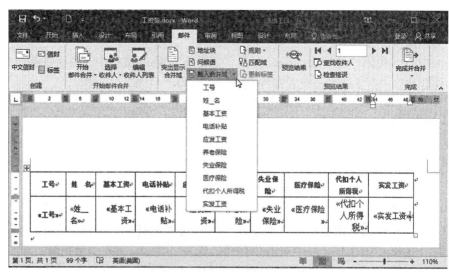

图 2-2-3 文件夹的子菜单

【任务6-4】 合并到新文档

将邮件合并到新文档。

操作步骤

（1）在表格下面的段落插入一个新的段落，避免合并后表格连接在一起。

（2）依次选择"邮件"→"完成并合并"→"编辑单个文档"，打开"合并到新文档"对话框。

（3）在"合并到新文档"对话框中选择"全部"，单击"确定"按钮，完成合并，如图4-6-7所示。

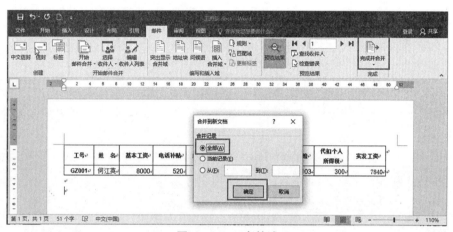

图4-6-7 合并域

（4）将生成的文档命名为"职工工资条"，并保存在文件夹中，如图4-6-8所示。

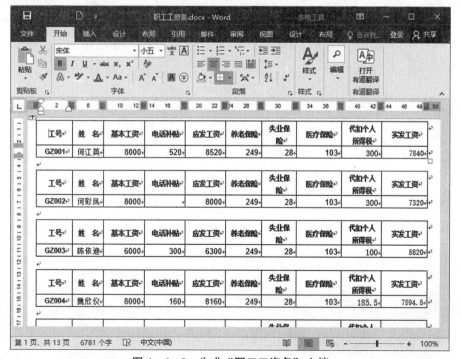

图4-6-8 生成"职工工资条"文档

▶**任务小结**

通过本任务我们学习了如何在 Word 2016 中使用邮件合并功能，学习了从选择邮件类型、选择数据源、插入合并域到完成合并的操作过程。使用邮件合并功能，让批量制作信封、工资条、准考证等工作变得简单而高效。

模块 5
电子表格处理软件 Excel 2016

本模块知识目标
- 了解电子表格处理软件 Excel 2016 的基本功能、窗口界面、创建、打开、退出、保存
- 掌握工作簿、工作表及单元格的基本概念；掌握工作表的创建、数据输入、编辑、格式设置方法
- 掌握 Excel 2016 的基本操作技巧
- 掌握公式与函数的使用方法及单元格的引用方法
- 掌握图表的建立、编辑及格式化方法。
- 熟练掌握数据排序、数据筛选、分类汇总、数据透视及合并运算等数据管理操作
- 了解 Excel 页面

本模块技能目标
- 能够在 Excel 2016 工作界面中快速找到相应功能按钮
- 能够熟练使用 Excel 2016 创建工作表、并对工作表进行编辑排版
- 能够熟练使用 Excel 2016 绘制统计图表、编辑图表、并进行数据统计分析

Excel 2016 是 Microsoft Office 2016 办公套装软件中的核心工具之一，是一款功能强大的电子表格处理软件，专门用于对数据进行统计分析和计算，可解决一些复杂的数学问题，同时能以图表的形式直观地展示数据，广泛应用于财务、统计、经济分析领域。本模块主要包括创建及编辑工作表、统计和分析工作表、制作图表、管理与分析数据等内容。

任务 1　认识 Excel

▶**任务介绍**

小赵初次接触 Excel 2016，需先熟悉操作界面、掌握新建与保存工作簿、编辑工作表等基本操作。

▶**任务分析**

为了顺利完成本任务，需要了解 Excel 2016 的工作界面，了解基本概念，对 Excel 有整体的认识。

本任务路线如图 5-1-1 所示。

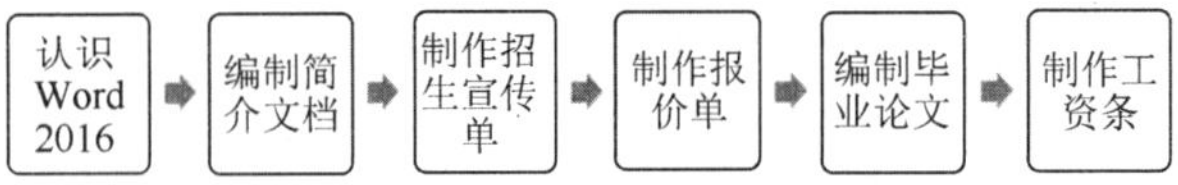

认识 Word 2016 → 编制简介文档 → 制作招生宣传单 → 制作报价单 → 编制毕业论文 → 制作工资条

图 5-1-1　任务路线

完成本任务的相关知识点：
(1) Excel 2016 工作界面。
(2) 新建与保存工作簿。
(3) 工作簿、工作表及单元格、单元格区域。

▶任务实现

【任务 1-1】 熟悉 Excel 界面

Excel 2016 操作界面，如图 5-1-2 所示。可以看出，Excel 的界面与 Word 有类似之处，也有标题栏、功能区、状态栏等，下面主要介绍与 Word 不同的操作界面。

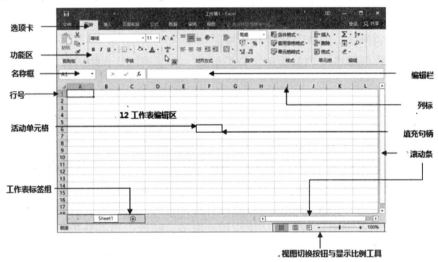

图 5-1-2　Excel 2016 操作界面

(1) 标题栏。Excel 2016 标题栏的结构与 Word 2016 基本相同，各部分从左到右分别是快速访问工具栏、文档名称、功能区显示选项、"最小化"按钮，"最大化/向下还原"按钮以及"关闭"按钮，各部分功能基本跟 Word 2016 一致。

(2) 功能区。功能区的结构跟 Word 2016 基本相同，这里不再说明。

(3) 名称框。名称框在工资表编辑区的左上角，用于显示当前活动单元格或单元格区域的名称，还可用于定位单元格或单元格区域。单元格的名称由列标和行号组成，当我们将光标放在单元格上时，名称框就会显示该单元格的名称，也可以在名称框中输入某个单元格的名称定位到某个单元格。

(4) 行号。行号在编辑区的左侧，由阿拉伯数字表示，有效范围为 1～1048576，可用"Ctrl + ↓"查看编辑区的最后一行。

(5) 列标。列标由英文字母表示，有效范围为 A～XFD，共计 16384 列，可用"Ctrl + →"查看编辑区的最后一列。

(6) 编辑栏。编辑栏用于输入或显示各种数据，如公式、文字或数字等。例如，在编辑栏左侧单击"插入函数"按钮 ƒx 将打开"插入函数"对话框；双击单元格，会出现"输入"✓按钮和"取消"✗按钮，用于输入或取消在编辑区中输入的数据。

（7）活动单元格。单元格是编辑区存储数据最小的单位，可以在其中输入数据或公式等，而被选中的单元格的周围会出现黑色的加粗的框，即为活动单元格。

（8）填充句柄。填充句柄是 Excel 中提供的快速填充单元格工具。在选定的单元格右下角，会看到黑色的方形点，当光标移动到该方形点上面时，会变成一个细黑十字形，按住拖拽即可完成对单元格的数据、格式、公式的填充。

（9）滚动条。当工作界面不能完全显示时，调节水平或垂直滚动条，可查看或操作整个工作界面。

（10）工作表标签组。工作表标签组包括 3 个部分，工作表标签滚动按钮组、工作表标签和"插入工作表"按钮，工作表标签上有每个工作表的名称，单击标签，可以在不同工作表间进行切换。

（11）视图切换按钮与显示比例工具。视图切换按钮与显示比例工具用于切换不同视图，Excel 2016 主要有普通视图、页面布局视图、分页预览 3 种常用视图方式。与 Word 2016 一样，拖动滑块或单击比例值均可设置显示比例。

（12）工作表编辑区。工作表编辑区用于放置表格内容。

【知识点】Excel 相关概念

（1）工作簿与工作表。工作簿是指 Excel 中用来保存并处理数据的文件，其扩展名为".xlsx"，默认名称为"工作簿X"（X 是 1、2……n）。与 Excel 2010 不同的是，Excel 2016 一个工作簿中默认只有一张工作表"Sheet1"。工作簿是 Excel 2016 使用的文件架构，我们可将其想象成一个文件夹，其中可有多张表格，这些表格即为 Excel 2016 的工作表。

（2）单元格。工作表内的方格称为"单元格"，是 Excel 2016 的基本存储单位。我们所输入的数据资料就存储在单元格中。单元格的名称是列标和行号的组合。例如，某个单元格位于第 C 列第 5 行，其名称就是 C5。

（3）单元格区域。由若干个相近的单元格组成的一个集合，单元格区域的命名通常由该区域左上角和右下角的单元格名称来决定，其中连续的单元格区域用冒号连接，不连续的单元格区域用逗号分隔，如"B2:E6""C3，D4:G9"。

【任务1-2】新建工作簿

创建工作簿大致有两种方式：新建空白工作簿或根据模板创建工作簿。
操作步骤

1. 新建空白工作簿

启动 Excel 2016，选择"文件"→"新建"→"空白工作簿"命令，双击空白的工作簿即可完成，如图 5-1-3 所示。

2. 根据模板新建工作簿

Excel 2016 可搜索联机模板新建工作簿，选择"文件"→"新建"，在搜索栏输入相应的模板类型，如"业务"，双击相应的业务模板即可新建空白工作簿，如图 5-1-4 所示。

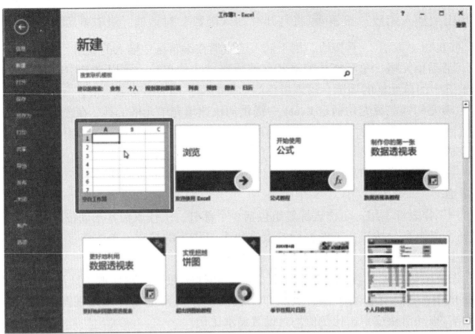

图 5-1-3 新建空白的工作簿

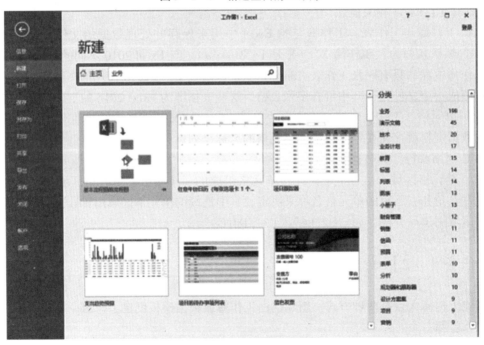

图 5-1-4 根据模板新建工作簿

【任务 1-3】 保存工作簿

一个 Excel 2016 文档称为一个工作簿文件,保存的文件扩展名为".xlsx"。

操作步骤

保存 Excel 工作簿与保存 Word 文档的方法基本相似,有以下 3 种保存方式:

方法 1:选择"文件"→"另存为"→双击需要保存的位置,如图 5-1-5 所示。在弹出的"另存为"对话框中,选择文件的保存路径、文件类型及文件名后,单击"保存"按钮,如图 5 – 1 – 6 所示。

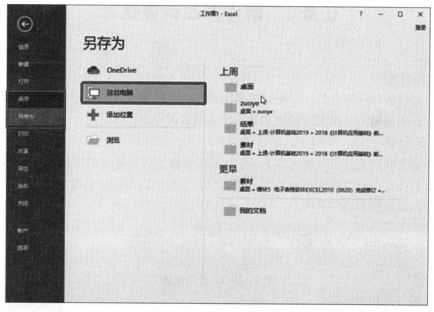

图 5 – 1 – 5　保存工作簿

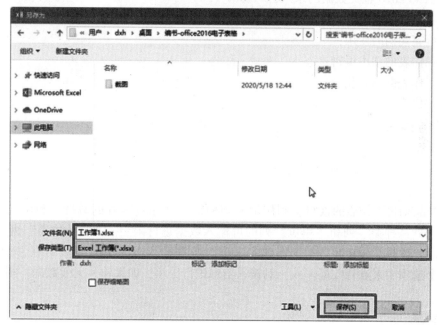

图 5 – 1 – 6　"另存为"对话框

方法 2:按"Ctrl + S"快捷键,快速保存文档。

如果需要更改工作簿的保存位置、名字或保存类型,单击"另存为"命令,打开"另存为"对话框进行修改即可。

▶任务小结

通过本任务的学习,我们首先掌握了工作簿、工作表、单元格等相关概念,其次熟悉了 Excel 2016 的操作界面,最后学习了工作簿的建立与保存的基本方法。

任务2　制作产品销售报表

▶任务介绍

小张是某商店的营销人员,需要完成年度产品销售情况报表,工作内容主要包括数据的录入、工作表的编辑、对报表进行美化及工作表的页面设置。

▶任务分析

在任务中,我们首先需要学习在 Excel 中不同类型的数据输入的方法,其次需要学习工作表的编辑与美化,让工作表更加美观,最后学习工作表打印的页面设置。

本任务路线如图 5-2-1 所示。

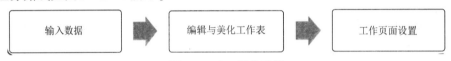

图 5-2-1　任务路线

完成本任务的相关知识点:

(1) Excel 2016 各类数据的录入;

(2) 单元格基本操作;

(3) 填充句柄的使用;

(4) 工作表的基本编辑;

(5) 工作表的格式化;

(6) 工作表的页面设置。

▶任务实现

【任务2-1】输入数据

根据产品销售工作表的素材,利用填充句柄输入"序号"列的数据,利用数据有效性的方法将"商品种类"列和"单位"列的可输入数据进行限定。"商品种类"列可在"水果、日用品、饮料、调味品"4个选项中来进行数据输入,"单位"列可在"公斤、支、瓶"等3个选项中来进行数据输入,对输入信息进行提示,如果输入无效数据,则给出警告信息。

操作步骤

(1) 打开素材"模块5任务2.xlsx"。

(2) 使用填充句柄输入数据:在 A2 单元格输入数字"1",选中 A2 单元格,将光标移动到该单元格的右下角的填充句柄,按住"Ctrl"键的同时按住鼠标左键向下拖动到 A21 单元格或直接下拖到 A21,然后单击自动填充选项,选择填充序列,如图 5-2-2 所示。

(3) 数据验证设置。

数据验证是对单元格或单元格区域输入的数据从内容到数量上的限制。对于符合条件的数据,允许输入;对于不符合条件的数据,则禁止输入。这样就可以依靠系统检查数据的正确有效性,避免错误的数据录入。

①选择 B2：B21 单元格区域，选择功能区的"数据"→"数据工具"→"数据验证"命令，打开"数据验证"对话框。

②在"设置"选项卡，"验证条件—允许"的下拉框中选择"序列"，在"验证条件—来源"的输入框中输入"水果，日用品，饮料，调味品"（注：其中的逗号为西文标点，输入内容不包括双引号），单击"确定"按钮，如图 5-2-3 所示，效果如图 5-2-4 所示。

图 5-2-2 填充句柄

图 5-2-3 图数据验证

计算机应用基础任务驱动教程——Windows 10 + Office 2016

	A	B	C	D	E	F	G
1	序号	商品种类	产品名称	单价（元）	单位	数量	销售金额
2	1		苹果	19.9		89	
3	1	水果	香蕉	13.8		452	
4	1	日用品	荔枝	15		59	
5	1	饮料	桃	86.2		555	
6	1	调味品	草莓	35.6		727	
7	1		洗发水	59.9		820	
8	1		沐浴露	38.8		861	
9	1		牙膏	18.9		130	
10	1		消毒液	35.5		943	
11	1		洗衣液	29.9		513	
12	1		酸奶	6		473	
13	1		啤酒	4		778	
14	1		橙汁	3		316	
15	1		可乐	3		981	
16	1		雪碧	3		519	
17	1		酱油	12.8		456	
18	1		醋	7.5		748	
19	1		番茄酱	11.9		912	
20	1		料酒	6.5		566	
21	1		沙茶酱	8.9		650	
22							

图 5-2-4　数据验证效果图

③在"输入信息"选项卡，标题输入框中输入"'商品种类'"，在输入信息框中输入"在本列中选择正确的商品种类"，如图 5-2-5 所示，在单元格中就会出现如图 5-2-6 所示提示信息。

④"出错警告"设置，错误信息输入框中输入"输入错误，请重新输入"，如图 5-2-7 所示。如果输入无效数据，就会出现错误警告，如图 5-2-8 所示。

图 5-2-5　输入信息提示设置

模块5　电子表格处理软件 Excel 2016

图 5-2-6　提示信息

图 5-2-7　出错警告设置

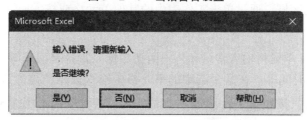

图 5-2-8　出错警告反馈

⑤利用相同的方法在"单位"列输入数据验证，验证选项为"公斤，支，瓶"。

⑥根据需要配合填充句柄输入数据，在 B2:B6 输入"水果"在 B7:B11 输入"日用品"，在 B12:B16 输入"饮料"，B17:B21 输入"调味品"，同样在 E2:E21 输入相应的单位，如图 5-2-9 所示。

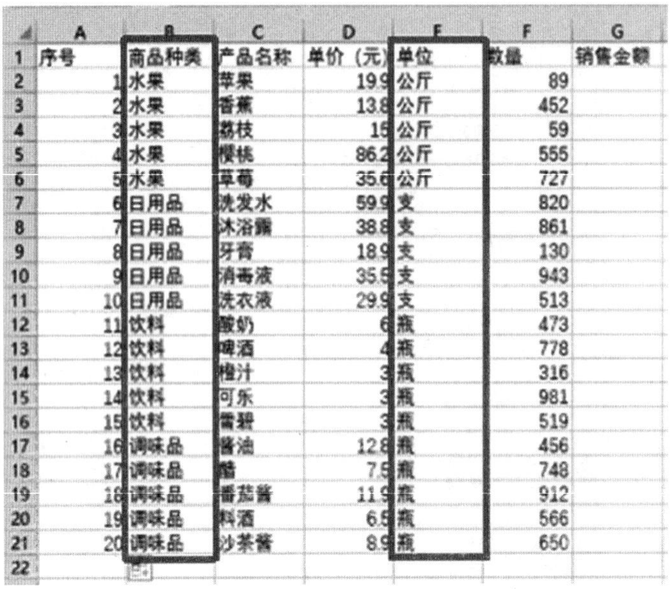

	A	B	C	D	E	F	G
1	序号	商品种类	产品名称	单价（元）	单位	数量	销售金额
2	1	水果	苹果	19.9	公斤	89	
3	2	水果	香蕉	13.8	公斤	452	
4	3	水果	荔枝	15	公斤	59	
5	4	水果	樱桃	86.2	公斤	555	
6	5	水果	草莓	35.6	公斤	727	
7	6	日用品	洗发水	59.9	支	820	
8	7	日用品	沐浴露	38.8	支	861	
9	8	日用品	牙膏	18.9	支	130	
10	9	日用品	消毒液	35.5	支	943	
11	10	日用品	洗衣液	29.9	支	513	
12	11	饮料	酸奶	6	瓶	473	
13	12	饮料	啤酒	4	瓶	778	
14	13	饮料	橙汁	3	瓶	316	
15	14	饮料	可乐	3	瓶	981	
16	15	饮料	雪碧	3	瓶	519	
17	16	调味品	酱油	12.8	瓶	456	
18	17	调味品	醋	7.5	瓶	748	
19	18	调味品	番茄酱	11.9	瓶	912	
20	19	调味品	料酒	6.5	瓶	566	
21	20	调味品	沙茶酱	8.9	瓶	650	
22							

图 5－2－9　输入数据

【操作技巧】

1. 选定单元格或单元格区域

（1）选定单个单元格：在工作表中单击某个单元格即可选定该单元格。

（2）选定连续单元格区域：单击选定单元格区域的第 1 个单元格，然后按住鼠标左键不放拖动至选定范围的最后一个单元格；或者单击选定单元格区域的第 1 个单元格，再按住“Shift”键单击选定区域中的最后一个单元格。

（3）选定不连续的单元格或单元格区域：选定第 1 个单元格或单元格区域，然后再按住“Ctrl”键选定其他单元格或单元格区域。

（4）选定单行或单列：可通过直接单击行号或列标来选定。

（5）选定相邻的行或列：沿行号或列标拖动鼠标，或者先选定第 1 列或第 1 行，再按住“Shift”键选定其他行或列。

（6）选定不相邻的行或列：先选定第 1 行或第 1 列，再按住“Ctrl”键选定其他行或列。

（7）选定整个工作表：单击“列标 A”和“行号 1”交叉处的全部选定按钮，或者单击任意单元格，按“Ctrl + A”快捷键。

（8）取消选定的区域：通过单击工作表中的其他单元格或按方向键来完成。

2. 输入数据

用户可以向 Excel 单元格输入常量和公式两类数据。常量是指非等号开头的数据，包括数值、文本、日期、时间等。在某个选定的单元格中输入数据，再通过按“Enter”键或单击编辑栏中的“输入”按钮 ✔ 确认完成数据的输入；若要取消本次输入的数据，按“Esc”键或单击编辑栏中的“取消”按钮 ✖ 来完成。在输入数据时，所使用的标点符号均为半角英文符号。

（1）输入数值型数据：直接输入，数值型数据默认为右对齐。输入数值型数据时，除了 0 ~ 9，正负号和小数点外，还可以使用如下符号。

①“E”和“e”用于指数的输入，如 4E－5 表示如 4E－5 表示 $4\times10^{-5}=0.00005$。

②圆括号：表示输入的为负数，如（127）表示 –127。
③逗号：表示千位分隔符，如 12，345，678。
④以%结尾的数值：表示输入的是百分数，如 80% 表示 0.8。
⑤以"￥"或"$"开始的数据，表示货币格式。
⑥当输入数值长度超过单元格的宽度时，将会自动转换成科学计数法，输入"12345678900000"，自动会转换为 1.23457E+13。
⑦输入分数时，为了避免与日期的输入方式混淆，需在分数前加 0 和空格，如"0 1/4""0 2/5"，如图 5-2-10 所示；如输入带分数，可在整数和分数间加空格，如"3 4/5""5 6/7"，如图 5-2-11 所示。

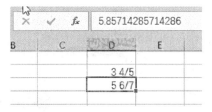

图 5-2-10　输入分数 1　　　　　图 5-2-11　输入分数 2

（2）输入文本型数据。文本即字符串，通常由数字、字母、汉字、标点符号、符号、空格组成。文本型数据默认为左对齐。若该文本型数据由一串纯数字组成，需在输入数据的前面加上一个英文的单引号，然后再输入这一串数字。

（3）输入日期和时间。可使用斜杠"/"或连字符"-"对输入的年、月、日进行间隔，如输入"2021/6/11""2021-6-11"均表示 2021 年 6 月 11 日。输入当天日期可使用快捷键"Ctrl+;"。输入时间时，时、分、秒之间用冒号":"隔开，在后面加上"AM"或"PM"表示上午、下午。输入当前的时间可使用"Ctrl+Shift+;"组合键。

（4）自定义输入。Excel 2016 允许用户自定义格式输入数据，如需输入性别"男""女"可定义用 1 表示"男"，2 表示"女"。输入方法：选择需输入性别的所有单元格，打开"设置单元格格式"，选择"数字"→"分类"→"自定义"，在右侧的类型中输入"［=1］男'；［=2］女'"，单击"确定"按钮后即可在所选的单元格中用 1 或 2 输入性别，若输入其他数字，则显示错误，如图 5-2-12 所示。

（5）在同一单元格中输入多行数据。为了更清楚地显示某一些内容，需要在同一个单元格内输入多行数据，可用"Alt+Enter"组合键来实现。如要在 C3 单元格输入 3 行数据，分别为"学校""二级学院""专业"，可先输入"学校二级学院专业"，将光标放在"学校"后按"Alt+Enter"组合键，再将光标放在"学院"后按"Alt+Enter"组合键，如图 5-2-13 所示。

（6）同时对多个单元格输入相同的数据：先选定单元格区域，然后直接输入内容，输入内容会默认为区域的第一个单元格，按"Ctrl+Enter"组合键，则该区域所有单元格中就输入了相同的内容。

3. 输入序列内容

1）输入序号序列。

（1）如果序号是数字，使用填充句柄进行填充，会填充相同的数字。

（2）如果序号是文本，例如 A1，A001 等，会进行递增填充。

（3）按"Ctrl"键的同时拖动填充句柄进行数据填充时，如果序号是文本，会填充相同的数据，如果序号是数字，则会递增填充。

图 5-2-12 自定义格式输入

图 5-2-13 输入多行数据

2）填充等差序列。

（1）使用鼠标填充：在需要填充的单元格区域的第 1 个单元格中，输入起始值，在其正下方的第 2 个单元格输入第 2 个值，如输入"1"和"4"，同时选中这两个单元格，拖动填充句柄可以得到一列单元格均相差为 3 的等差数字序列。

（2）使用对话框填充：在需要填充的单元格区域的第 1 个单元格中，输入初始值，选择需要填充的单元格区域，选择"开始"→"编辑"组→"填充"，在下拉菜单中选择"序列"命令，在弹出的"序列"对话框中，如图 5-2-14 所示，选择类型为"等差序列"，输入步长值，即可得到一组等差序列。

3）填充等比序列。

在需要填充的单元格区域的第 1 个单元格中，输入初始值，选择需要填充的单元格区域,选择"开始"→"编辑"组→"填充",在下拉菜单中选择"序列"命令,在弹出的"序列"对话框中,选择类型为"等比序列",输入步长值,即可得到一组等比序列,如图5-2-15所示。

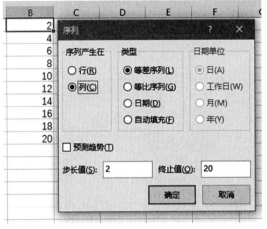

图 5-2-14 输入等差序列

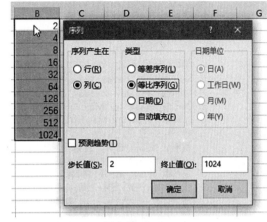

图 5-2-15 输入等差序列

4) 输入自定义序列。

在 Excel 2016 中,系统预设了一些常用的序列,如星期、月份、季度、天干、地支等,如果需要输入固定的序列,可使用自定义序列,方法如下。

(1) 选择"文件"→"选项",打开"Excel 选项"对话框,切换至"高级"选项卡,在右侧向下拖动垂直滚动条,单击其中的"编辑自定义列表"按钮,如图 5-2-16 所示,打开"自定义序列"对话框。

图 5-2-16 "Excel 选项"对话框

（2）在"输入序列"文本框中输入自定义的序列项，每项输入完成后按"Enter"键进行分隔，如图 5-2-17 所示，然后单击"添加"按钮，新定义的序列就会出现在"自定义序列"列表框中。

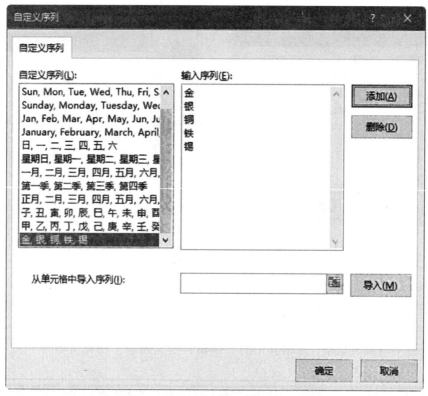

图 5-2-17 "自定义序列"对话框

（3）单击"确定"按钮，返回"Excel 选项"对话框，然后单击"确定"按钮，回到工作窗口。在单元格中输入自定义序列的第 1 个数据，通过拖动填充句柄的方式即可完成自定义序列的填充。

【任务 2-2】编辑与美化工作表

完善表中数据并设置单元格的格式，对工作表进行美化，包括添加标题、添加日期、字体格式的设置、行高与列宽的设置、背景的设置、表格格式套用等。

操作步骤

（1）重命名工作表。

（2）计算销售金额。在工作表的 G2 单元格中输入"= D2 * F2"，按"Excel"键，如图 5-2-18 所示。

（3）设置单元格格式。右击工作表的 G2 单元格，在快捷菜单中，选择"设置单元格格式"，在弹出的对话框中的分类项选择"货币"，小数位数为"2"，货币符号为""，单击"确定"按钮，利用填充句柄填充到 G21 单元格，如图 5-2-19 所示。

（4）同理设置 D2。D21 的数字分类为"货币"。

（5）效果如图 5-2-20 所示。

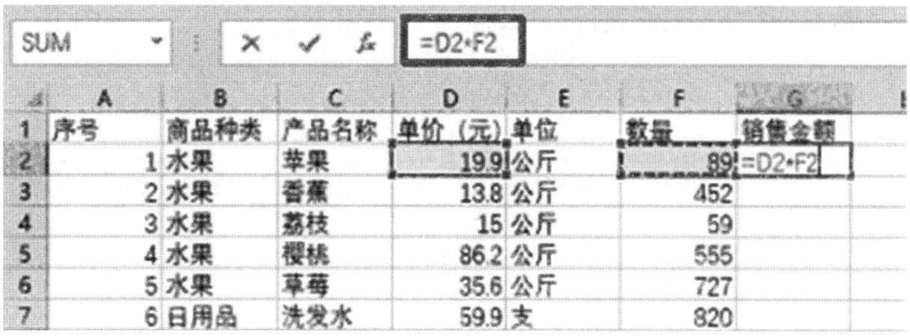

模块 5　电子表格处理软件 Excel 2016

图 5-2-18　输入公式

图 5-2-19　设置单元格格式

图 5-2-20　效果图

(6) 增加行。单击行号 1，选择第 1 行右击，在快捷菜单中选择"插入"或选择"开始"→

"单元格"组→"插入""插入工作表行",共插入 2 行空白行,如图 5 - 2 - 21 所示。

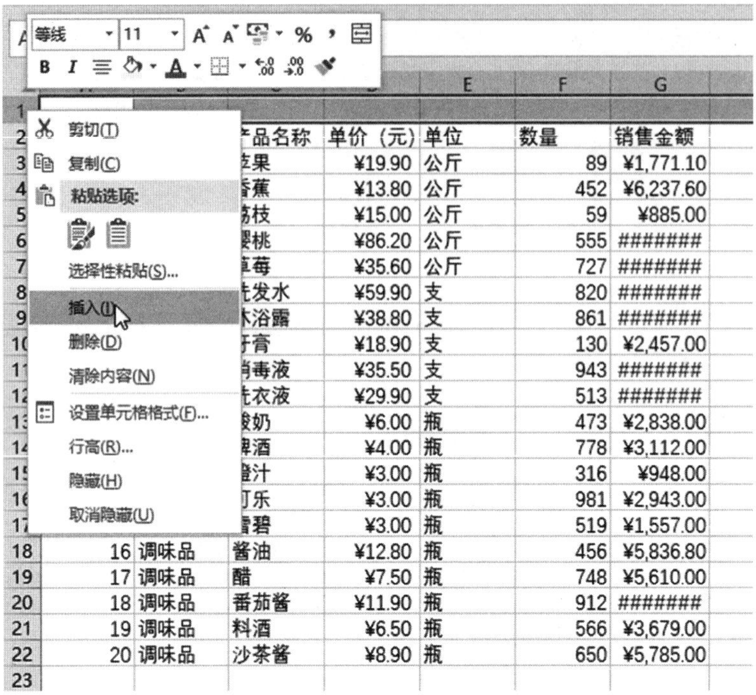

图 5 - 2 - 21 插入 2 行空白行

(7) 输入标题和日期。在 A1 单元格中输入"某商店销售报表",在 A2 单元格中输入日期"2020/5/1"。

(8) 设置单元格数字格式。右击 A2 单元格选择"设置单元格格式",弹出"设置单元格格式"对话框,如图 5 - 2 - 22 所示。或单击"开始"选项卡,在"数字"组的"数字格式"下拉列表中选择"其他数字格式",如图 5 - 2 - 23 所示。在对话框中选择"日期"→"2012 年 3 月 14 日"的日期格式示例。

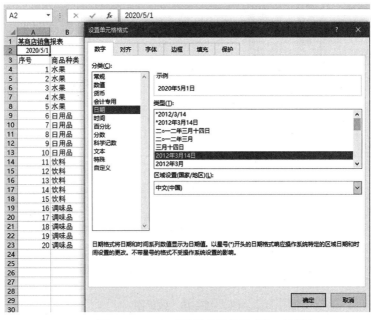

图 5 - 2 - 22 "设置单元格格式"对话框

【操作技巧】

（1）Excel 2016 一般默认数字右对齐，字符左对齐。若单元格中的文本内容较多且其右侧单元格为空时，该单元格中的内容会完整显示并占据其右侧单元格的空间；若其右侧的单元格有内容，则该单元格的部分内容会被隐藏。

（2）利用 Excel 2016 提供的多种数字格式，可更改数字的格式。数字格式不会影响用于执行计算的实际单元格的值，其实际值会显示在编辑栏中。

（3）"数字"选项组提供了多个快速设置数字格式的控件，其中包括"数据格式"下拉列表、"会计数字格式"、"百分比样式"、"千位分隔样式"、"增加小数位数"和"减少小数位数"按钮。

（4）数字设置好格式后，如果数据过长，单元格会显示"########"符号，此时只需调整该单元格的列宽，使其列宽比数据的宽度稍大，数据即可正常显示。

（5）合并居中和跨列居中。

①选择 A1:G1 区域，单击"开始"→"对齐方式"→"合并后居中"，如图 5-2-24 所示。

②选择 A2:G2 区域，右击，在快捷菜单中选择"设置单元格格式"，在弹出的对话框中选择"对齐"→"水平对齐"→"跨列居中"，如图 5-2-25 所示。

图 5-2-23 "数字格式"下拉列表框

（6）调整列宽。

①选择 A 列，右击，在快捷菜单中，选择"列宽"，在弹出的对话框中，设置列宽为 5，如图 5-2-26 所示。

②选择 B 至 G 列区域，单击"开始"→"单元格"组→"格式"→"自动调整列宽"，如图 5-2-27 所示。

图 5-2-24 合并后居中

图 5-2-25 跨列居中

图 5-2-26 设置"列宽"

图 5-2-27 自动调整列宽

【操作技巧】

调整列宽除了可使用对话框进行精确调整外,还可以通过鼠标拖动列标,待宽度适合再松开鼠标,双击两列之间的边线可将该边线前的一列调整为最适合的列宽。行高的设置方法与列宽类似。

(1) 设置文字效果与背景填充。

①在"开始"→"字体"组中设置 A1 单元格文字效果为"黑体、加粗、字号 18、深蓝",填充颜色为"橙色、个性色 2、淡色 80%"。

②在"开始"→"字体"组中设置 A2:G2 区域文字效果为"楷体、倾斜、字号 14,绿色",填充颜色为"黄色"。

(2) 求销售金额与数量的总和。

①在 A24 单元格中输入"合计",选择 A24:E24 区域,合并后居中,字体加粗,红色,填充颜色 RGB(141,180,226);

②分别在 F24、G24 单元格中,单击"开始"→"编辑"组→"自动求和"按钮,或插入求和函数:"=SUM(F4:F23)""=SUM(G4:G23)",对数量和销售金额进行求和。有关公式与函数部分的详细说明,请参看任务 3。

③设置 G24 单元格格式为"货币"。

(3) 套用表格格式。选择 A3:G23 区域,单击"开始"→"样式"→"套用表格格式",选择"中等深浅—表样式中等深浅 2",如图 5-2-28 所示;在弹出的对话框中勾选"表包含标题"复选框,单击"确定"按钮,如图 5-2-29 所示。

(4) 设置边框和底纹。

①选择 A1:G24 区域,右键单击,在快捷菜单中选择"设置单元格格式",在弹出的对话框中选择"边框"选项卡,设置线条为双实线,红色,单击"外边框",如图 5-2-30 所示。

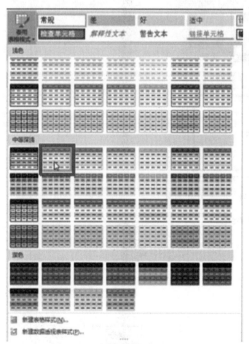

图 5-2-28 套用表格格式

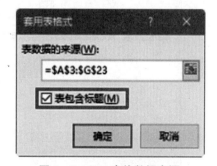

图 5-2-29 表格数据来源

②选择 A1 单元格,设置单元格下框线为"点划线,红色",如图 5-2-31 所示。

③设置 A1 单元格填充图案为"6.25% 的灰色、红色",如图 5-2-32 所示

效果如图 5-2-33 所示。

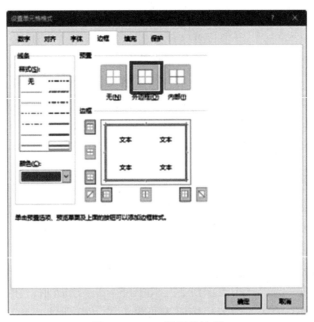

图 5-2-30 设置外边框

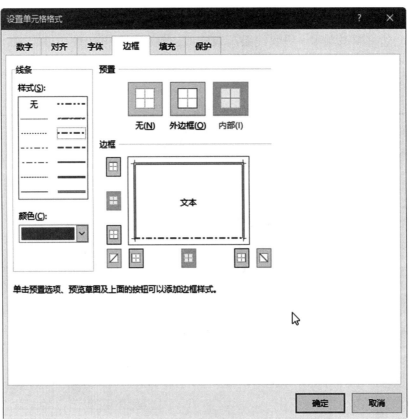

图 5-2-31 设置下框线

图 5 – 2 – 32　设置填充底纹

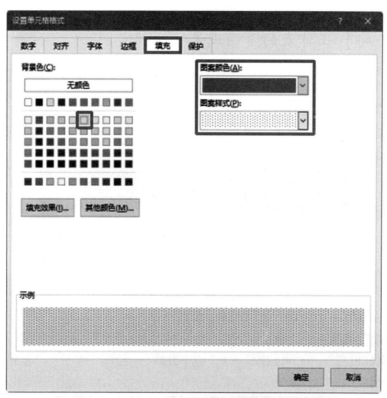

图 5 – 2 – 33　效果图

【任务2-3】 工作表的页面设置

操作步骤

1. 页面设置

单击"页面布局"→"页面设置"→"对话框启动器",打开"页面设置"对话框,如图5-2-34所示。

图5-2-34 对话框启动器

在"页面设置"→"页面"选项卡中,设置纸张方向为"纵向",纸张大小为"A4"。

在"页边距"选项卡中,设置上下左右边距均为"2厘米",页眉页/脚位置均为"1厘米"。选择"页面设置"→"页边距"→"居中方式",勾选"水平""垂直"复选框,如图5-2-35所示。

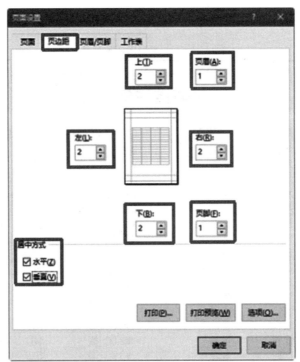

图5-2-35 页边距设置

2. 页眉页脚

单击"页面设置"→"页眉/页脚"→"自定义页眉",如图5-2-36所示。打开"页眉"对话框,在左侧输入"广东食品药品职业学院",如图5-2-37所示;同理打开自定义页脚,在右侧添加日期,如图5-2-38所示。

图 5-2-36 页眉/页脚

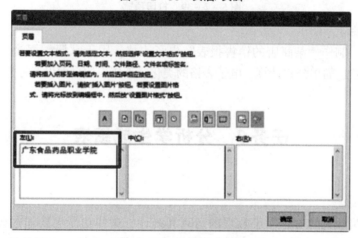

图 5-2-37 自定义页眉

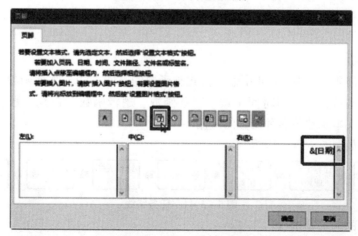

图 5-2-38 自定义页脚

3. 打印预览

单击"文件"→"打印",可在屏幕上显示打印预览状态。单击右下角"显示边距"按钮,会出现边距线,通过鼠标拖动,可以调整页面的边距,如图 5-2-39 所示。

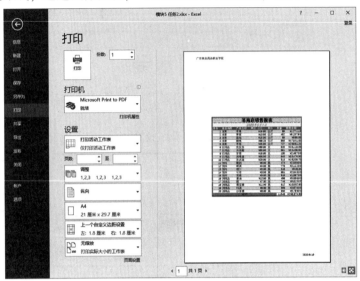

图 5-2-39 打印预览

▶**任务小结**

在本任务中,制作"某商店的销售报表"电子表格,用于掌握数据输入、数据有效性、单元格格式的设置、简单公式计算、电子表格的美化、工作表的页面设置等操作及基本技能。

任务3 分析学生成绩表

▶**任务介绍**

Excel 2016 最强大的功能在于数据的运算和统计,这些功能主要通过公式和函数来实现。因此,熟练掌握 Excel 的数值计算方法是非常重要的。本任务主要是分析某班"计算机应用基础"课程期末成绩表,计算总评成绩,并对不及格的成绩突出显示,统计与分析学生成绩表的信息等。

▶**任务分析**

完成本任务需要学习在 Excel 中输入公式与函数的基本方法,掌握函数的基本形式和参数,掌握数据库函数、日期与时间函数、财务函数、逻辑函数、查找函数、数学和三角函数、统计函数、文本函数等多种函数的应用。

本任务路线如图 5-3-1 所示。

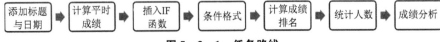

图 5-3-1 任务路线

完成本任务的相关知识点:

(1) 日期函数;

(2) IF 函数；
(3) 条件格式；
(4) 统计类函数。

▶任务实现

【任务 3–1】 添加标题与日期

添加学生成绩表的标题和通过日期函数来设置当前日期，并设置格式。
操作步骤
1) 打开素材 "模块 5 任务 3.xlsx"
2) 添加标题
(1) 根据前面学习的内容，在第 1 行的前面插入空白行，在 A1 单元格中输入 "学生成绩统计表"。
(2) 设置 A1:M1 单元格区域合并居中，字体为 "黑体、加粗、蓝色、字号 12"。
3) 添加日期
(1) 选择 "公式" → "函数库" 组 → "日期和时间" → "TODAY"，在弹出的对话框中，单击 "确定" 按钮或在 J3 单元格中输入 "=TODAY( )"，并按 "Enter" 键，如图 5–3–2 所示。
(2) 设置 J3 单元格格式为 "日期"，类型为 "2012 年 3 月 14 日"。

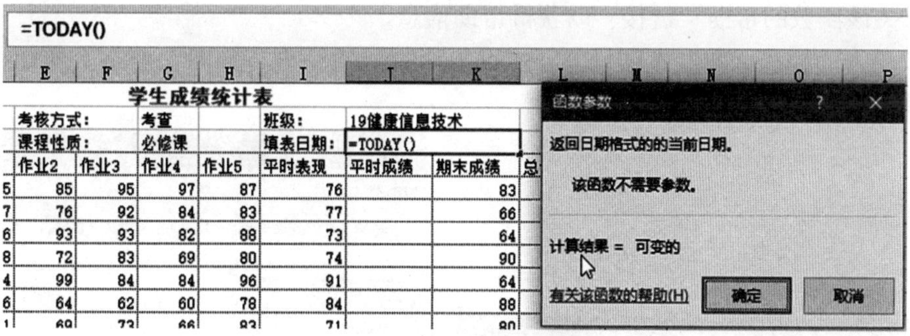

图 5–3–2 插入日期

【知识点】插入函数

1. Excel 2016 函数分类

Excel 2016 函数是按照特定语法进行计算的一种表达式。Excel 2016 提供了 12 类函数，分别是财务函数、逻辑函数、文本函数、日期和时间函数、查找与引用函数、数学和三角函数、统计函数、工程函数、多维数据集函数、信息函数、兼容性函数以及 Web 函数。

2. 函数的格式

函数的一般形式为 "函数名（[参数1]，[参数2]，[参数3] ……）"，函数名用以描述函数的功能，参数可以是数字、文本、逻辑值、数组、单元格引用、公式或其他函数。参数与参数之间用逗号隔开，即使无参数，圆括号也不能省略，如 SUM（F4:F23）中有一个参数，表示计算单元格区域 F4:F23 中的数据之和；TODAY（ ）函数没有参数，表示系统当前日期。

3. 输入函数的方法

1) 手动输入函数

输入时需先输入等号"=",然后才输入函数名的第1个字母或多个字母,Excel会自动列出以所输入字母开头函数的函数名,如图5-3-3所示,单击需要的函数,函数名的右侧自动输入一个"(",此时Excel会出现一个带有语法和参数的工作提示,选定要引用的单元格或单元格区域,输入右括号,按"Enter"键,函数所在单元格中显示出函数的结果。这种方法适用于对函数非常熟悉的用户。

2)使用函数向导输入函数

这种方法适用于不记得函数名称或参数的用户。

(1)选择"公式"选项卡,在"函数库"组中单击某个函数分类,在下拉菜单中,单击选择所需要的函数,如图5-3-4所示。

图5-3-3 手动输入函数

图5-3-4 函数库

(2)例如,选择了SUM函数,打开"函数参数"对话框,如图5-3-5所示,根据参数框中的提示,输入数值、单元格或单元格区域,单击"确定"按钮即可。在对话框的下半部分,说明了函数的主要功能、参数说明及计算结果,若用户不知参数该如何输入,还可单击"有关该函数的帮助"链接,以获得帮助信息。

(3)单击"插入函数"按钮,打开"插入函数"对话框,如图5-3-6所示,也可搜索或选择需要的函数。

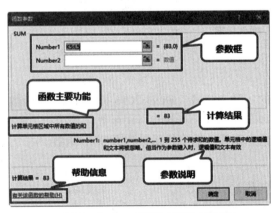

图5-3-5 "函数参数"对话框

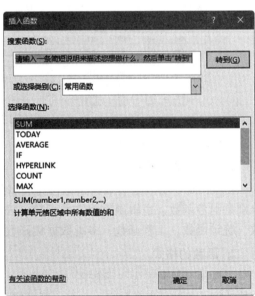

图5-3-6 "插入函数"对话框

【任务 3-2】 计算平时成绩

利用公式计算平时成绩；平时成绩 = 5 次作业平均成绩 * 60% + 平时表现 * 40%。
操作步骤
1. 输入公式

在 J5 单元格中输入"=（D5 + E5 + F5 + G5 + H5）/5 * 60% + I5 * 40%"（注：输入公式或函数时，输入内容不包括双引号，下同），如图 5 - 3 - 7 所示［也可以输入"= SUM（D5：H5）/5 * 60% + I5 * 40%"］，并按"Enter"键。

2. 设置单元格格式

根据前面介绍的方法，设置 J5 单元格保留小数位数为"0"，并使用句柄填充至 J36 单元格。

注意：公式及函数内所有符号均为英文半角符号。

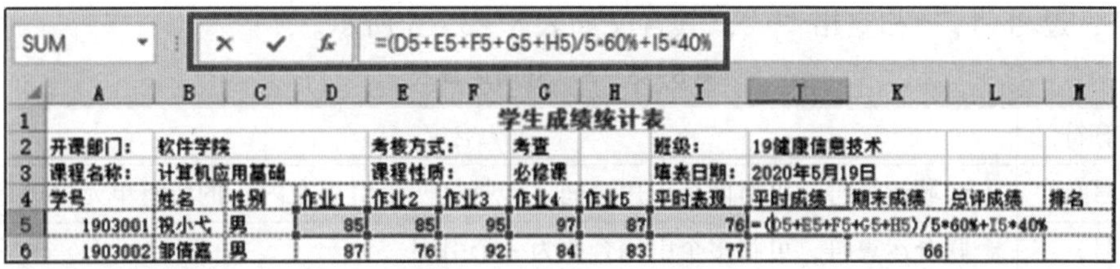

图 5 - 3 - 7　插入公式

【知识点】输入公式

1. 公式

Excel 公式是 Excel 工作表中进行数值计算的等式。公式输入以"="开始，后面会添加运算数和运算符，每个运算数可以是数值、单元格区域的引用、标志、名称或函数。简单的公式运算有加、减、乘、除等。

2. 运算符

在输入公式与函数时，会用到运算符，Excel 中运算符有算术运算符、比较运算符、文本运算符以及引用运算符。

（1）算术运算符。算术运算符是最常用的运算符，它可用于基本的数学运算，其含义如表 5 - 3 - 1 所示。

表 5 - 3 - 1　算术运算符

算数运算符	含义
+	加
-	减
*	乘
/	除
%	百分比
^	乘方

（2）比较运算符。比较运算符可以比较两个数值之间的逻辑关系，其结果为逻辑值 TRUE 或 FALSE，其含义如表 5-3-2 所示。

表 5-3-2 比较运算符

比较运算符	含义
=	相等
<	小于
>	大于
>=	大于等于
<>	不相等
<=	小于等于

（3）文本运算符。文本运算符只有一个"&"，其作用是将多个文本连接为一个文本。

（4）引用运算符。引用运算符可将单元格区域合并计算。引用运算符有 3 个，分别是冒号":"，逗号","和空格" "，其含义如表 5-3-3 所示。

表 5-3-3 引用运算符

引用运算符	含义
:（冒号）	区域运算符，可对两个引用之间（包括这两个引用在内）的所有单元格进行运算
,（逗号）	联合运算符，可将多个引用合并为一个引用
(空格)	交叉运算符，将同时属于两个引用的单元格区域进行引用，即两个单元格引用相重叠的区域

（5）运算符的优先级。如果公式中同时使用了多个运算符，则计算时会按运算符优先级的顺序依次进行运算，运算符的优先级如表 5-3-4 所示。

表 5-3-4 运算符优先级别

优先级	运算符	说明
由高到低	区域（冒号）	引用运算符
	联合（逗号）	引用运算符
	交叉（空格）	引用运算符
	-	负号
	%	百分号
	^	乘方
	* 和 /	乘和除
	+ 和 -	加和减
	&	文本连接符
	=, <, >, <>, >=, <=	逻辑运算符

3. 单元格的引用

单元格的引用指在公式或函数中引用单元格的地址，其目的在于指明所使用数据的存放位置。单元格的引用分为相对引用、绝对引用和混合引用。

（1）相对引用。相对引用指在复制公式或函数时，单元格地址相对于目标单元格在不断地发生变化，这种类型的地址由列标和行号表示。

（2）绝对引用。绝对引用指在复制公式或函数时，单元格地址不随目标单元格的变化而变化，绝对引用地址是在列标和行号前分别加上一个"$"符号，如"$A$4""$C$8"。这里的"$"符号就像是一把锁，锁定了引用地址。

（3）混合引用。混合引用是指在引用单元格地址时，一部分为相对引用，另一部分为绝对引用，如"$B5""B$5"。"$"符号放在列标前，如"$B5"，表示列的位置是绝对不变的，行的位置可随目标单元格的变化而变化。如果"$"符号放在行号前，如"B$5"，表示行的位置是绝对不变的，而列的位置可随目标单元格的变化而变化。

4. 公式中的错误信息

在 Excel 2016 中输入或编辑公式时，一旦因各种原因不能正确计算出结果，系统就会提示出错误信息，常用的错误信息如表 5-3-5 所示。

表 5-3-5　常见错误信息

错误信息	原因
#DIV/0!	输入公式中包含除数 0 或除数为空的单元格，或包含有 0 值的单元格的引用
#VALUE!	使用不正确的参数或运算符，或在执行自动更新公式功能时不能更正公式
#NAME?	在公式中使用了 Excel 不能识别的文本
#NUM!	公式或函数中使用了不正确的数字
#N/A	公式或函数中没有可用数值
#REF!	单元格引用了无效的结果
#NULL!	指定了两个并不相交的区域的交点

【任务 3-3】 插入 IF 函数

总评成绩=平时成绩*50%+期末成绩*50%。根据规定，若期末成绩不及格，在计算总评时，期末成绩按零分计，因此需加入逻辑函数 IF 进行区分。

操作步骤

1）插入 IF 函数

选择 L5 单元格，选择"公式"→"函数库"组→"逻辑"→"IF"。

（1）在 Logical_test 参数框中输入"K5<60"。

（2）在 Value_if_true 参数框中输入"J5/2"。

（3）在 Value_if_false 参数框中输入"（J5+K5）/2"，单击"确定"按钮，如图 5-3-8 所示。

2）设置单元格格式

设置 L5 单元格格式，小数位数为 0，并使用填充句柄将函数填充至 L36。

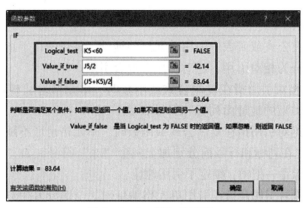

图 5-3-8 插入 IF 语句

【知识点】常用函数

常用函数如表 5-3-6 所示。

表 5-3-6 常用函数

分类	函数名称	说明
数学函数	RAND	功能：产生一个 0 到 1 之间的随机数。如果需要生成 A 与 B 之间的随机数字（A≤随机数＜B），则需输入公式＝"RAND（）*（B-A）+A" 语法：RAND（） 参数：无参数
	SUM	功能：计算单元格区域内数值的和 语法：SUM（number1，number2…） 参数：其中 number1，number2…是函数的参数，参数之间用","分开。如果要求若干相邻单元格内的数值之和时，参数之间用":"分开
	SUMIF	功能：根据指定条件对计算区域内的数值求和 语法：SUMIF（Range, Criteria, Sum_range） 参数： Range 是要计算值的一个或多个单元格区域，其中包括数字或包含数字的名称、数组或引用 　Criteria 是数字、表达式、单元格引用或文本形式的条件 　Sum_range 是要求和的实际单元格区域
	INT	功能：将数字向下舍入最接近的整数 语法：INT（number） 参数：number 必需。需要进行向下舍入取整的数字
	ROUND	功能：可将某个数字四舍五入为指定的位数 语法：ROUND（number, num_digits） 参数： ①number 必需，要四舍五入的数字 ②num_digits 必需，位数，按此位数对 number 参数进行四舍五入

续表

分类	函数名称	说明
逻辑函数	IF	功能：根据指定的条件来判断其"真"（TRUE）、"假"（FALSE），从而返回相应的内容 语法：IF（logical_ test, value_ if_ true, value_ if_ false） 参数： ①logical_ test 表示计算结果为 TRUE 或 FALSE 的任意值或表达式 ②value_ if_ true 是 logical_ test 为 TRUE 时返回的值 ③value_ if_ false 是 logical_ test 为 FALSE 时返回的值
统计函数	COUNT	功能：计算参数列表中的数字项的个数 语法：COUNT（value1，value2…） 参数：其中 value1，value2…是包含或引用各种类型数据的参数，但只有数字类型的数据才被计数
	COUNTIF	功能：对指定区域中符合指定条件的单元格进行计数 语法：COUNTIF（range，criteria） 参数： ①range 是要计算其中非空单元格数目的区域 ②criteria 指以数字、表达式或文本形式定义的条件
	MAX	功能：返回一组数值中的最大值 语法：MAX（number1，number2…） 参数：与 SUM 函数相同
	MIN	功能：返回一组数值中的最小值 语法：MIN（number1，number2…） 参数：与 SUM 函数相同
	AVERAGE	功能：计算各参数的算术平均值 语法：AVERAGE（number1，number2…） 参数：与 SUM 函数相同
	AVERAGEIF	功能：返回某个区域内满足给定条件的所有单元格的平均值 语法：AVERAGEIF（Range, Criteria, Average_ range） 参数：与 SUMIF 函数类似，其中 Average _ range 是要计算平均值的实际单元格集
	RANK	功能：求某一个数值在某一区域内的排名 语法：rank（Number, Ref, Order） 参数： ①Number 是要查找排名的数字 ②Ref 是一组数或对一组数的引用 ③Order 是表示升序或降序，0 或省略表示降序，非 0 则表示升序
	FREQUENCY	功能：频率分布统计函数，计算一组数（data_ array）分布在指定各区间（由 bins_ array 来确定）的个数 语法：FREQUENCY（data_ array, bins_ array） 参数： ①data_ array 为要统计的数据（数组） ②bins_ array 为统计的间距数据（数组） ③设 bins_ array 指定的参数为 $A_1, A_2, A_3, \cdots, A_n$，则其统计的区间为 $X \leq A_1, A_1 < X \leq A_1, A_1 < X \leq A_1, \cdots, A_{n-1} < X \leq A_n, X > A_n$，共 $n+1$ 个区间

【任务 3-4】 条件格式

在 Excel 中，通过对满足某些条件的数据设置特定的格式（如字体格式的突出显示、数据条、色阶、图标等），可以帮助我们快速获取和分辨信息。

本任务中将期末成绩不及格者与总评成绩不及格者分别用不同的条件格式进行显示，以便查看。

操作步骤

1）调整格式

选择单元格区域 A2:M41，设置格式为"：宋体、字号 10、垂直居中"。

2）设置期末成绩不及格条件格式

选择单元格区域 K5:K36，选择"开始"→"样式"组→"条件格式"在下拉列表中选择"突出显示单元格规则→"小于……"，如图 5-3-9 所示，在对话框中输入"60"，格式设置为"绿色填充深绿色文本"，单击"确定"按钮。

3）设置总评成绩不及格条件格式

选择单元格区域 L5:L36，选择选择"开始"→"样式"组→"条件格式"在下拉列表中选择"突出显示单元格规则→"小于……"，在对话框中输入"60"；格式设置为"自定义格式"，在弹出的对话框中设置字体为"红色"，填充颜色为"黄色"，单击"确定"按钮，如图 5-3-10 所示。

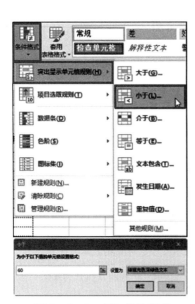

图 5-3-9 插入条件格式

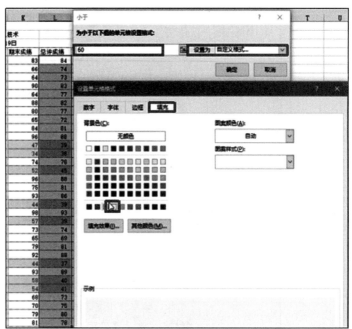

图 5-3-10 条件格式

【任务 3-5】 计算成绩排名

利用 RANK 函数计算总评成绩排名。

操作步骤：

1）查找 RANK 函数

选中 M5 单元格,单击→"公式"→"函数库"组→"插入函数",在弹出的"插入函数"对话框中的搜索函数项输入"rank",选择类别为"全部",单击"转到"按钮,找到 RANK 函数,单击"确定"按钮,如图 5-3-11 所示。

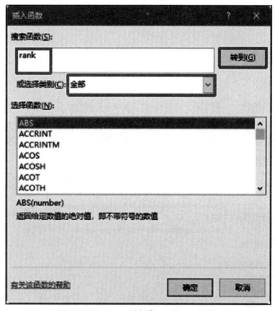

图 5-3-11 搜索 RANK 函数

2)输入 RANK 函数参数

(1) Number 参数框:输入"L5"。

(2) Ref 参数框:输入"$L$5:$L$36"。如图 5-3-12 所示,并利用句柄填充至 M36。

(3) Order 参数框:输入"0"或不输入。

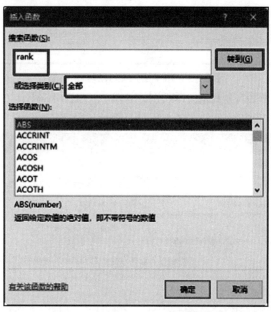

图 5-3-12 RANK 函数参数

【操作技巧】

按"F4"键,可以转换公式中单元格地址引用方式。

【任务 3-6】 统计人数

利用统计函数分别计算成绩优秀的人数、不及格人数、及格的人数。
操作步骤
1. COUNTIF 函数统计 85 分以上人数

(1) 选择 C39 单元格,选择"公式"→"插入函数",在弹出的对话框中选择统计函数"COUNTIF",单击"确定"按钮,如图 5-3-13 所示。

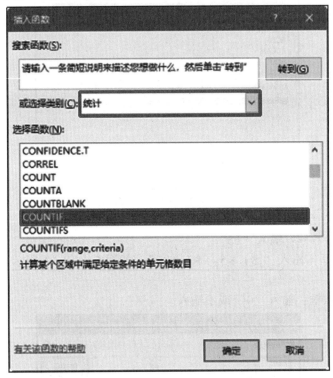

图 5-3-13 插入 COUNTIF 函数

(2) 在弹出的对话框中的 Range 参数框中输入"L5:L36",在 Criteria 参数框中输入">=85",单击"确定"按钮,如图 5-3-14 所示。

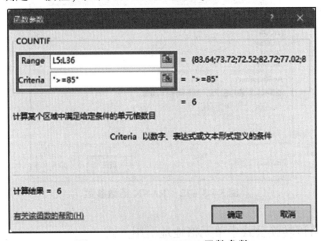

图 5-3-14 COUNTIF 函数参数

2. COUNTIF 函数统计 60 分以下人数

选择 C41 单元格,输入" = COUNTIF（L5:L36," <60"）",按"Enter"键确定。

3. 计算 60~85 分之间人数

所求人数即为总人数减去优秀人数减去不及格人数,选择 C40 单元格,输入" = COUNT（M5:M36） - C39 - C41",按"Enter"键确定。

4. 计算各分数段人数百分比

当前单元格人数除以总人数,选择 B39 单元格,输入" = C39/SUM（＄C＄39:＄C＄41）",按"Enter"键确定,利用句柄填充至 B41,设置 B39:B41 单元格格式为百分比,小数位数为 0。

【任务 3-7】 成绩分析

对成绩进行分析,求出最高分、最低分和平均分,并根据人数统计出及格率和优秀率。

操作步骤

1) 求及格率

选择 D39 单元格,输入" = 1 - C41/SUM（C39:C41）",并"Enter"键,设置单元格格式为百分比,小数位数为 0。

2) 求优秀率

选择 E39 单元格,输入" = C39/SUM（C39:C41）",并"Enter"键,设置单元格格式为百分比,小数位数为 0。

3) 求最高分

选择 F39 单元格,选择"公式"→"函数库"组→"自动求和"下拉菜单→"最大值",选择单元格区域 L5:L36,并按"Enter"键确定(或直接输入" = MAX（L5:L36）")。

4) 求最低分

选择 G39 单元格,选择"公式"→"函数库"组→"自动求和"下拉菜单→"最小值",选择单元格区域 L5:L36,并按"Enter"键确定(或直接输入" = MIN（L5:L36）")。

5) 求平均分

分别求出平均分、男生平均分、女生平均分。

(1) 单击 H39 单元格,选择"公式"→"函数库"组→"自动求和"下拉菜单→"平均值",选择区域"L5:L36",并按"Enter"键确定(或直接输入" = AVERAGE（L5:L36）")。

(2) 单击 I39 单元格,选择"公式"→"函数库"→"其他函数"→"统计"→"AVERAGEIF",在弹出的对话框中输入以下参数。

①Range 参数框:输入"C5:C36"。

②Criteria 参数框:输入"男"。

③Average_ range 参数框:输入"L5:L36",如图 5-3-15 所示,单击"确定"按钮。

(3) 单击 J39 单元格,以相同的方法插入函数 AVERAGEIF,在弹出的窗口输入以下参数。

①Range 参数框:输入"C5:C36"。

②Criteria 参数框:输入"女"。

③Average_ range 参数框:输入"L5:L36",单击"确定"按钮。

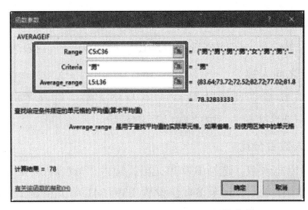

图 5-3-15 AVERAGEIF 函数参数

6）求成绩排名前十名总分

单击 K39 单元格，选择"公式"→"函数库"组→"数学和三角函数"→"SUMIF"，在弹出的对话框中输入以下参数。

①Range 参数框：输入"M5：M36"。

②Criteria 参数框：输入"<=10"。

③Sum_range 参数框：输入"L5：L36"，单击"确定"按钮。

7）保存文件

最终效果如图 5-3-16 所示。

	A	B	C	D	E	F	G	H	I	J	K	L	M
1	学生成绩统计表												
2	开课部门：	软件学院			考核方式：		考查		班级：	19健康信息技术			
3	课程名称：	计算机应用基础			课程性质：		必修课		填表日期：	2020年5月19日			
4	学号	姓名	性别	作业1	作业2	作业3	作业4	作业5	平时表现	平时成绩	期末成绩	总评成绩	排名
5	1903001	祝小弋	男	85	85	95	97	87	76	84	83	84	7
6	1903002	邹倩嘉	男	87	76	92	84	83	77	81	66	74	20
7	1903003	朱子旭	男	76	93	93	82	88	73	81	64	73	22
8	1903004	周庆怡	男	78	72	83	69	80	74	75	90	83	8
9	1903005	周菁聪	女	84	99	84	84	96	91	90	64	77	16
10	1903006	郑玉环	男	86	64	62	60	78	84	76	88	82	9
11	1903007	郑燕霞	男	81	69	73	66	83	71	73	80	77	17
12	1903008	赵键燕	女	81	66	90	93	89	72	79	65	72	23
13	1903009	赵迪萍	男	82	67	65	95	72	82	79	84	81	10
14	1903010	尹晓晴	女	75	79	77	73	73	87	80	96	88	5
15	1903011	叶漫燕	女	79	66	81	94	75	76	78	47	39	30
16	1903012	谢子廷	女	70	77	75	77	76	75	75	34	38	31
17	1903013	肖照豪	女	80	96	88	74	81	81	83	74	78	14
18	1903014	吴玉丽	女	89	99	85	98	80	90	90	52	45	25
19	1903015	王松涛	男	77	64	97	77	73	85	81	96	88	4
20	1903016	苏勃嫿	女	80	96	84	69	78	95	87	75	81	12
21	1903017	宋兆怡	女	88	95	72	82	65	77	79	93	86	6
22	1903018	彭芝佩	女	75	63	91	70	83	83	79	44	39	28
23	1903019	彭昱森	男	89	79	90	91	93	88	88	98	93	1
24	1903020	庞桂辉	男	82	60	90	78	78	80	79	57	39	28
25	1903021	吕小扬	女	44	61	86	76	51	94	76	73	74	19
26	1903022	吕文材	女	35	62	99	82	41	85	72	65	69	24
27	1903023	吕洁雯	女	79	88	98	81	78	80	83	79	81	11
28	1903024	罗妍宝	女	75	70	73	98	72	96	85	92	88	3
29	1903025	刘烁雯	女	76	66	97	60	70	73	44	37	32	
30	1903026	林小民	男	80	75	87	61	87	95	85	93	89	2
31	1903027	李晓新	女	83	99	64	61	77	83	79	58	40	27
32	1903028	李金彬	女	85	76	89	87	79	79	82	54	41	26
33	1903029	胡蕊燕	女	81	69	81	84	72	79	78	68	73	21
34	1903030	陈泳敏	女	83	86	83	75	78	79	70	75	18	
35	1903031	陈文冰	女	77	95	84	94	73	78	82	79	80	13
36	1903032	蔡晓婷	男	81	63	62	77	85	78	75	81	78	15
37	总评成绩分析												
38	百分制	百分比	人数	及格率	优秀率	最高分	最低分	平均分	平均分(男)	平均分(女)	成绩排名前十名总分		
39	85分及以上	19%	6	75%	19%	93	37	70	78	65	862		
40	60--84分	56%	18										
41	59分及以下	25%	8										

图 5-3-16 最终效果

▶任务小结

在本任务中,对"学生成绩表"进行了统计和分析,涉及条件格式的使用以及 IF 函数、COUNTIF 函数、MAX 函数、MIN 函数、AVERAGE 函数、SUM 函数、SUMIF 函数的使用方法。

任务4 Excel 常用函数拓展

▶任务介绍

Excel 2016 最强大的功能在于数据的运算和统计,这些功能主要通过公式和函数来实现。因此,熟练掌握 Excel 的数值计算方法是非常重要的。本任务主要是简单介绍几类常用的函数,如查找函数、日期与时间函数、文本函数、财务函数、逻辑函数等多种函数的应用,以及函数间的嵌套。

▶任务分析

完成本任务需要学习掌握日期与时间函数、文本函数、财务函数、逻辑函数、查找函数、数学和三角函数、统计函数等多种函数的应用,以及多种函数嵌套的应用。

本任务路线如图 5-4-1 所示。

图 5-4-1 任务路线

▶任务实现

【任务4-1】查找函数

VLOOKUP 函数是 Excel 中的一个纵向查找函数,可以用来核对数据,在多个表格之间快速导入数据等。功能是按列查找,最终返回该列所需查询序列所对应的值,与之对应的 HLOOKUP 函数是按行查找的。

表达式:VLOOKUP(lookup_ value, table_ array, col_ index_ num, range_ lookup)。

其中:lookup_ value 为要查找的值;table_ array 为要查找的区域;col_ index_ num 为返回数据在查找区域的第几列;range_ lookup 为一逻辑值,指明是精确匹配或近似匹配。

(1) 打开素材"模块 5 任务 4. xlsx",选择工作表"查找函数"。

(2) 计算总分。选中 H2 单元格,单击"公式"→"函数库"组→"自动求和",选择 D2:G2 单元格区域,按"Enter"键确定,拖动 H2 单元格的填充句柄至 H201 单元格。

(3) 插入 VLOOKUP 函数。选中 K18 单元格,单击"公式"→"函数库"组→"查找与引用"→"VLOOKUP",如图 5-4-2 所示。

①在弹出的对话框中的 Lookup_ value 参数框中输入"J18"(或

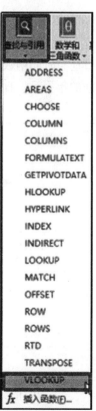

图 5-4-2 插入 VLOOKUP 函数

直接单击 J18 单元格)。

②在 Table_ array 参数框中输入"＄B＄2：＄H＄201"(或用鼠标选中工作表区域 B2：H201，并加上绝对引用)。

③在 Col_ index_ num 参数框中输入数字"7"。

④在 Range_ lookup 参数框中输入数字"0"或"false"。

单击"确定"按钮，如图 5-4-3 所示，拖动 K18 单元格的填充句柄至 K28 单元格。

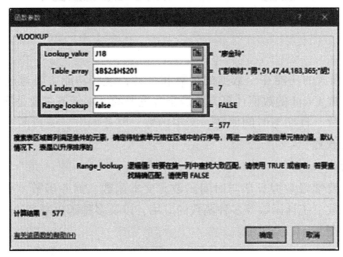

图 5-4-3　VLOOKUP 函数的参数

【任务 4-2】日期与时间函数

日期与时间函数是指在公式中用来分析和处理日期值和时间值的函数。例如，要显示当前时间的年、月、日、时、分、秒等日期和时间信息等，如表 5-4-1 所示。

表 5-4-1　日期与时间函数

分类	函数名称	说明
日期函数	DATE	功能：返回代表特定日期的序列号 语法：DATE（year, month, day） 参数：year 为 1~4 位，根据使用的日期系统解释该参数。month 代表每年中月份的数字。若所输入的月份大于 12，将从指定年份的一月份执行累加。day 代表在该月份中第几天的数字。若 day 大于该月份的最大天数时，将从指定月份的第一天执行累加。 注意：Excel 按顺序的序列号保存日期，这样就可以对其进行计算。工作簿默认使用的是 1900 日期系统，Excel 会将 1900 年 1 月 1 日保存为序列号 1。同理，会将 2018 年 4 月 1 日保存为序列号 43 191，因为该日期距离 1900 年 1 月 1 日 43 190 天
	YEAR	功能：返回某日期的年份。其结果为 1 900~9 999 的一个整数 语法：YEAR（serial_ number） 参数：Serial_ number 是一个日期值，其中包含要查找的年份。日期有多种输入方式：带引号的文本串（如 "1998/01/30"）、序列号（如 43191 表示 2018 年 4 月 1 日）

续表

分类	函数名称	说明
日期函数	MONTH	功能：返回以序列号表示的日期中的月份，它是1（一月）~12（十二月）之间的整数 语法：MONTH（serial_number） 参数：同YEAR函数
	DAY	功能：返回用序列号（整数1~31）表示的某日期的天数，用整数1~31表示 语法：DAY（serial_number） 参数：同YEAR函数
	TODAY	功能：返回系统当前日期 语法：TODAY（） 参数：无
时间函数	HOUR	功能：返回时间值的小时数。即0（12:00 A.M.）~23（11:00 P.M.）之间的一个整数。 语法：HOUR（serial_number） 参数：同YEAR函数
	MINUTE	功能：返回时间值中的分钟，即0~59之间的一个整数 语法：MINUTE（serial_number） 参数：同YEAR函数
	SECOND	功能：返回时间值的秒数（为0~59之间的一个整数） 语法：SECOND（serial_number） 参数：同YEAR函数
	NOW	功能：返回当前日期和时间所对应的序列号 语法：NOW（） 参数：无

打开素材"模块5任务4.xlsx"，选择工作表"日期与时间函数"。
①在C4单元格输入"=YEAR（B4）"。
②在D4单元格输入"=MONTH（B4）"。
③在E4单元格输入"=DAY（B4）"。
④在F4单元格输入"=HOUR（B4）"。
⑤在G4单元格输入"=MINUTE（B4）"。
⑥在H4单元格输入"=SECOND（B4）"。
日期与时间函数如图5-4-4所示。

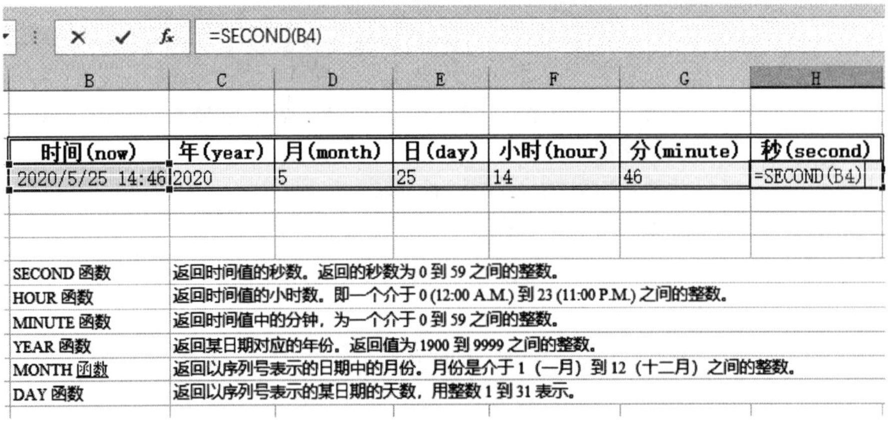

图5-4-4 日期与时间函数

【任务4-3】文本函数

Excel 的 LEFT、RIGHT、MID 函数可以帮助我们取得某个数值或者文本数据中所需要的特定值。LEFT 是从左边的第一位开始取值，RIGHT 从右边开始取值，MID 则从指定位置开始取值。文本函数如表5-4-2所示。

表5-4-2 文本函数

分类	函数名称	说明
文本函数	LEFT	功能：从一个文本字符串的第一个字符开始返回指定个数的字符 语法：LEFT（text,[num_chars]） 参数：其中 text 为取值的文本数据源，num_chars 表示从左开始提取的字符数，其中每个字符按1计数
	RIGHT	功能：从一个文本字符串的最后一个字符开始返回指定个数的字符 语法：RIGHT（text,[num_chars]） 参数：其中 text 为取值的文本数据源，num_chars 表示从右开始提取的字符数，其中每个字符按1计数
	MID	功能：从文本字符串中指定的起始位置起返回指定长度的字符 语法：MID（text,start_num,num_chars） 参数：其中 text 取值的文本数据源，start_num 表示开始提取的位数，num_chars 表示需要提取的字符数，其中每个字符按1计数

例如，在文本"广东省广州市天河区食品药品职业学院软件学院"中提取出省、市、区、学校名、学院名等信息，具体步骤如下。

打开素材"模块5任务4.xlsx"，选择工作表"文本函数"。

①在 C5 单元格输入"=LEFT（$B$5,3）"。

②在 D5 单元格输入"=MID（$B$5,4,3）"。

③在 E5 单元格输入"=MID（$B$5,7,3）"。

④在 F5 单元格输入"=MID（$B$5,10,8）"。

⑤在 G5 单元格输入"=RIGHT（＄B＄5,4）"。

提取后的结果如图 5-4-5 所示。

B	C	D	E	F	G
文本信息	省份	城市	区(县)	学校	学院
	left	mid	mid	mid	right
广东省广州市天河区食品药品职业学院软件学院	广东省	广州市	天河区	食品药品职业学院	=RIGHT(B5,4)

图 5-4-5 从单元格中提取部分文本信息

也可用文本连接符"&"将不同单元格中的文本信息连接到一个单元格中。在 B17 单元格中输入"=C17&D17&E17&F17"，即可连接相应的文本信息，其结果如图 5-4-6 所示。

地址	省份	城市	区(县)	街道
=C17&D17&E17&F17	广东省	广州市	天河区	龙洞北路321号

图 5-4-6 将离散文本信息连接完整

【任务4-4】 财务函数

财务函数可以进行一般的财务计算，如确定贷款的支付额、投资的未来值或净现值，以及债券或息票的价值。财务函数有很多，本任务仅介绍最常用的 3 个函数，分别是 FV、PV、PMT 函数。

FV 函数：可以返回基于固定利率和等额分期付款方式的某项投资的未来值。

其表达式为：FV（rate, nper, pmt, pv, type）。

其中：rate 为利率；

nper 为投资期数；

pmt 为各期支出金额；

pv 为该投资开始计算时已入账的金额；

type 只有 0 和 1 两个值，用于指定付款时间是期初还是期末，1 为期初，0 或缺省为期末。

PV 函数：可以返回投资的现值。例如，贷款的现值为所借入的本金数额。

其表达式为：PV（rate, nper, pmt, fv, type）。

其中：fv 为未来值，即在最后一期付款后获得的一次性偿还额。

PMT 函数：基于固定利率及等额分期付款方式返回贷款的每期付款额。

其表达式为：PMT（rate, nper, pv, fv, type）。

下面通过具体实例进行说明。

实例 1：某人每月月末存入 3000 元，累计存款 10 年（120 个月），存款年利率为 1.75%，计算其最终存款额。

操作步骤

（1）打开素材"模块 5 任务 4.xlsx"，选择工作表"财务函数"。

插入 FV 函数：选中 C5 单元格，单击"公式"→"函数库"组→"财务函数"→"FV"，在弹出的对话框中输入如下信息。

（2）单击 Rate 参数框，输入"C2/12"（原利率为年利率，需转换为月利率）。

①单击 Nper 参数框，输入数字"C3"（或单击 C3 单元格）。

②单击 Pmt 参数框，输入数字"C4"（或单击 C4 单元格）。

③其他项为空（可在 Pv 项输入"0"，表示已存储的金额为 0；在 Type 项输入"0"，表

示补充存款在每月月末存入),如图 5-4-7 所示,单击"确定"按钮。

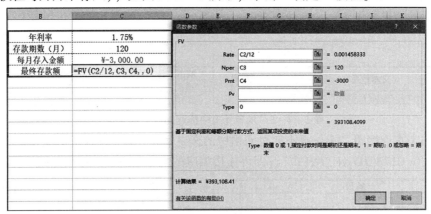

图 5-4-7　FV 函数的参数

实例 2:某人计划投资一项项目,预计在 10 年后资产数额达到 100 万元,每月月初追加投入 5000 元,年收益率为 4%,计算现在已投入的金额。

操作步骤

(1) 打开素材"模块 5 任务 4.xlsx",选择工作表"财务函数"。

(2) 插入 PV 函数:选中 C13 单元格,单击"公式"→"函数库"组→"财务函数"→"PV",在弹出的对话框中输入如下信息。

①单击 Rate 参数框,输入"C9/12"(原利率为年利率,需转换为月利率)。

②单击 Nper 参数框,输入"C10"(或单击 C10 单元格)。

③单击 Pmt 参数框,输入"C11"(或单击 C11 单元格)。

④单击 Fv 参数框,输入"C12"(或单击 C12 单元格)。

⑤单击 Pmt 参数框,输入"1"(表示每月追加投资时间是在"月初")。

如图 5-4-8 所示,单击"确定"按钮。

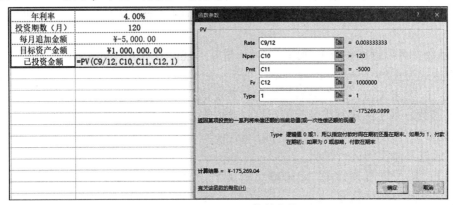

图 5-4-8　PV 函数的参数

实例 3:某人欲购房向银行商业贷款 100 万元,贷款年限为 30 年,房贷基准年利率为 4.9%,计算每月应还款数额。

操作步骤

(1) 打开素材"模块 5 任务 4.xlsx",选择工作表"财务函数"。

(2) 插入 PMT 函数:选中 C20 单元格,单击"公式"→"函数库"组→"财务函数"→"PMT",在弹出的对话框中输入如下信息。

①单击 Rate 参数框,输入"C17/12"(原利率为年利率,需转换为月利率)。

②单击 Nper 参数框,输入"C18*12"(原贷款期限单位为"年",需转换为"月")。
③单击 Pv 参数框,输入"C19"(或单击 C19 单元格)。
④其他项为空(可在 Fv 项输入"0",表示期满后最后一次追加还款金额为 0;在 Type 项输入"0",表示补充存款在每月月末存入)

PMT 函数的参数如图 5-4-9 所示,单击"确定"按钮。

图 5-4-9 PMT 函数的参数

【任务 4-5】 模拟运算

模拟运算表是一个单元格区域,它可显示一个或多个公式中替换不同值时的结果。有两种类型的模拟运算表:单变量模拟运算表和双变量模拟运算表。单变量模拟运算表中,用户可以对一个变量输入不同的值从而查看它对一个或多个公式的影响。双变量模拟运算表中,用户对两个变量输入不同值,而查看它对一个公式的影响。

实例 1(单变量模拟运算表):某人计划一项投资项目,每月月末投入 3000 元,累计 10 年(120 个月),当投资的年收益发生变化时,计算其投资结束后回报额的变化情况。

操作步骤

(1)打开素材"模块 5 任务 4.xlsx",选择工作表"模拟运算表"。

(2)插入 FV 函数。选中 C6 单元格,输入"=FV(B6/12,C4,C3)",如图 5-4-10 所示。

(3)模拟运算表。选中 B6:C10 区域,单击"数据"→"预测"组→"模拟分析"→"模拟运算表",在弹出的"模拟运算表"对话框中"输入引用列的单元格"项输入"$B$6"(或单击 B6 单元格),如图 5-4-11 所示,单击"确定"按钮。

图 5-4-10 插入 FV 函数及其参数

图 5-4-11 单变量模拟运算表的参数

实例2（双变量模拟运算表）：某人计划购房，欲贷款500万元，当贷款的利率和贷款期限均发生变化时，计算其投资结束后回报额的变化情况。

操作步骤

（1）打开素材"模块5任务4.xlsx"，选择工作表"模拟运算表"。

（2）插入PMT函数。在B17单元格中，输入"=PMT（＄B＄15/12，＄D＄15＊12，＄C＄15）"并复制到E15单元格，如图5-4-12所示。

（3）模拟运算表。选中B17:E20区域，单击"数据"→"预测"→"模拟分析"→"模拟运算表"，在弹出对话框中的"输入引用行的单元格"项输入"＄B＄15"（或单击B15单元格），在"输入引用列的单元格"项输入"＄D＄15"（或单击D15单元格），如图5-4-13所示，单击"确定"按钮。

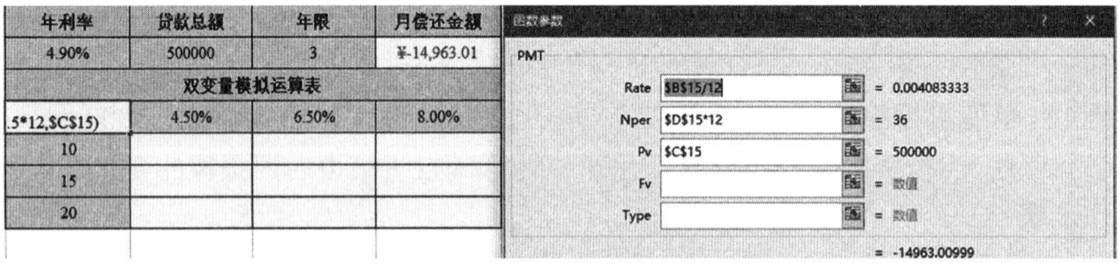

图 5-4-12 插入PMT函数及其参数

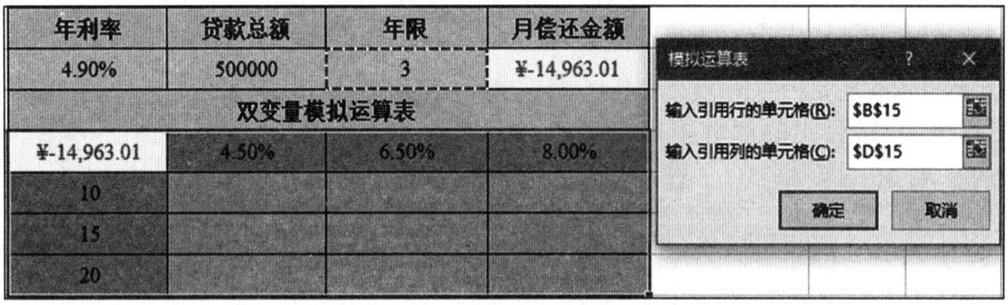

图 5-4-13 双变量模拟运算表的参数

【任务4-6】函数的嵌套

函数是预定义的公式，通过使用一些称为参数的特定数值以特定的顺序或结构执行计算。在某些情况下，我们可能需要将相应函数作为另一函数的参数使用。

函数的嵌套一般来说有两点要求：其一为有效返回值，当将嵌套函数作为参数使用时，该嵌套函数返回的值类型必须与参数使用的值类型相同;其二为嵌套级别限制,一个公式可以包含多达 7 级的嵌套函数。如果将一个函数(我们称此函数为 B)用作另一个函数(我们称此函数为 A)的参数,则函数 B 相当于第二级函数。

实例1:某公司进行产业重组,职工的工资跟职位大规模调整。工作表"调动方案"为某销售部门的人员列表。调动方案如下:

A. 工作时间为 10 年及 10 年以上的员工职位上调;

B. 销售额在 10 万元以上或职位上调的员工工资上涨;

C. 上调职位且工资上涨的员工加发额外奖励。

操作步骤

(1)打开素材"模块 5 任务 4.xlsx",选择工作表"函数的嵌套(逻辑函数)"。

(2)插入 IF 函数:选中 D2 单元格,输入"= IF(B2 > = 10,"是","否")"(或插入公式 IF,在弹出函数参数框中输入相应的参数),如图 5 – 4 – 14 所示,并利用句柄下拉到 D8。

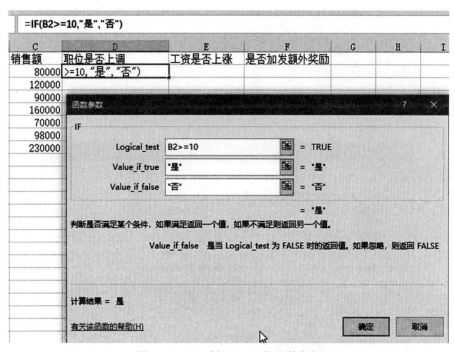

图 5 – 4 – 14 插入 IF 函数及其参数

(3)插入 IF 函数嵌套 or 函数:选中 E2 单元格,输入"= IF(or(C2 > 100000,D2 = "是"),"是","否")"(或插入公式 IF,在弹出函数参数框中输入相应的参数),如图 5 – 4 – 15 所示,单击"确定"按钮,并利用句柄下拉到 E8。

(4)插入 IF 函数嵌套 and 函数:选中 F2 单元格,输入"= IF(and(D2 = "是",E2 = "是"),"是","否")"(或插入公式 IF,在弹出函数参数框中输入相应的参数),如图 5 – 4 – 16 所示,单击"确定"按钮,并利用句柄下拉到 F8。

实例2:某校组织计算机类考试的报名,需要确定考生的年龄及所在班级的情况,可通过多种函数的嵌套来实现。具体情况如下:

A. 使用日期及文本函数计算考生年龄;

B. 利用 IF 函数和文本函数确定班级。报考号前两位是 01 的班级是中药 1 班、前两位是 02 的班级是中药 2 班、前两位是 03 的班级是中药 3 班。

图 5-4-15　IF 函数嵌套 or 函数

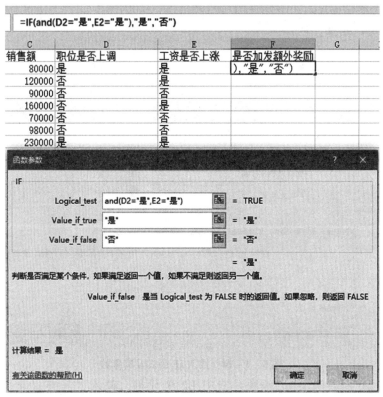

图 5-4-16　IF 函数嵌套 and 函数

操作步骤

（1）打开素材"模块 5 任务 4.xlsx"，选择工作表"函数的嵌套（文本函数）"。

（2）年龄计算。选中 G2 单元格，输入"= YEAR（TODAY（））- MID（C2，7，4）"，如图 5-4-17 所示，并利用句柄下拉到 G35。

（3）班级计算。选中 H2 单元格，输入"= IF（LEFT（A2，2）=" 01"," 中药 1 班"，IF（LEFT（A2，2）=" 02"," 中药 2 班"," 中药 3 班"））"，如图 5-4-18 所示，并利用句柄下拉到 H35。

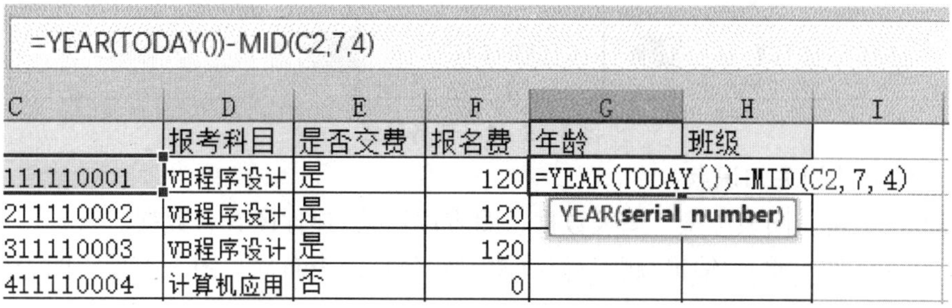

图 5-4-17 利用日期函数和文本函数计算年龄

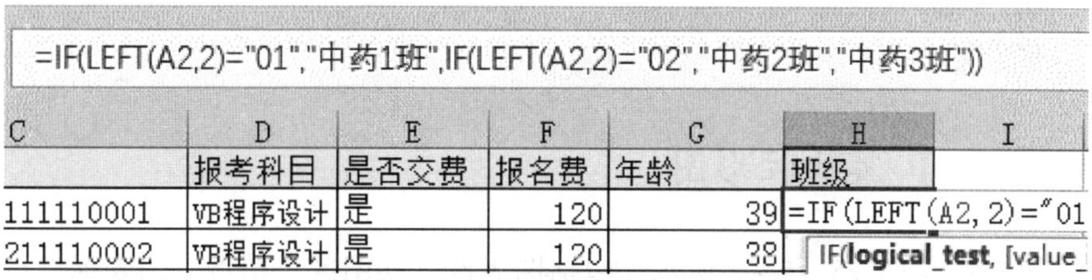

图 5-4-18 利用 IF 函数和文本函数确定班级

▶任务小结

在本任务中，学习了日期与时间函数、文本函数、财务函数、逻辑函数、查找函数、数学和三角函数、统计函数等多种函数的应用，以及多种函数嵌套的应用。

任务 5　制作广州房产分析图表

▶任务介绍

图表是将工作表中的数据形象化为点的高度、线段的长度、圆圈的面积等直观形象的方式，能更加生动地说明数据表中大量的数据内涵以及不同数据之间的对比关系，是 Excel 的一大特色功能。

Excel 2016 提供了多种多样的图表样式供使用者选择，每种图表所突出的数据信息不尽相同，所以要分析数据的特点，选择正确的图表是有效表达数据含义的一个重要条件。

老张是一个市场调查员，常常需要根据一些统计数据制作图表用于情况汇报，本次任务需要制作有关广州房地产方面的数据分析图表。

▶任务分析

在本任务中，需要使用不同的数据创建柱形图、折线图和饼图，并进行编辑和美化。

基本方法：

(1) 通过"插入"→"图表"组，选择不同的图表类型快速创建图表；

(2) 通过"选择数据源"对话框，向已经创建好的图表中添加数据或删除表中相关数据；

(3) 通过"设计"选项卡中的相关命令，可以重新选择图表的数据、更换图表布局、更改图表类型、移动图表等；

(4) 通过"布局"选项卡中的相关命令，对图表进行格式化处理。

本任务路线如图 5-5-1 所示。

图 5-5-1 任务路线

完成本任务的相关知识点：

（1）图表创建（图表类型、图表数据、图表位置），迷你图查看数据；

（2）图表修改（插入/编辑/删除/修改图表）包括图表布局、图表类型、图表标题、图表数据、图例格式等；

（3）图表格式的设置。

▶任务实现

【任务 5-1】 簇状柱形图

图表的基本元素如图 5-5-2 所示，包括图表区、绘图区、图例、图表标题、网格线、数据标签、刻度、横/纵坐标轴等。在本任务中需要制作一个簇状柱形图直观地显示 2018 年广州各区新房的均价，并设置相应元素的格式，如更改图表标题、关闭图例、添加数据标签、设置图表背景等。

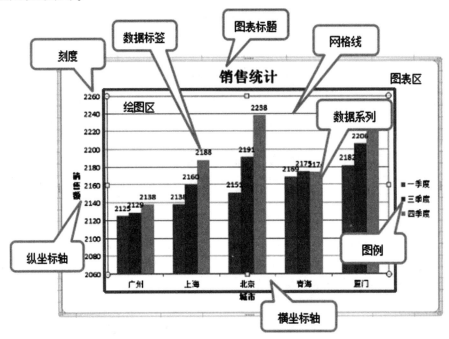

图 5-5-2 图表的基本元素

操作步骤

1) 打开素材"模块 5 任务 5. xlsx"，选择工作表"2018 年广州各区新房均价表"

2) 插入二维簇状柱形图

选择数据区域 B2：C13，依次选择"插入"→"图表"→"插入柱形图或条形图"→"二维柱形图"→"簇状柱形图"，如图 5-5-3 所示；或单击图表右下标签，查看所有图表，选择"所有图表"→"柱形图"→"簇状柱形图"，如图 5-5-4 所示。拖动图表区的右下角控制点调整图表的大小，并移动到合适的位置。

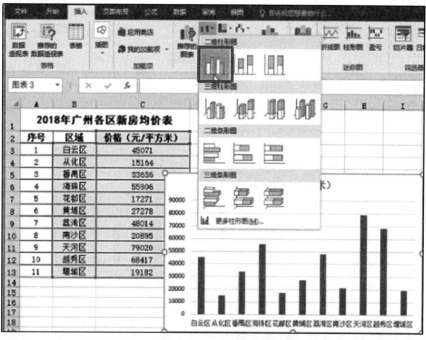

图 5-5-3　插入二维簇状柱形图 1

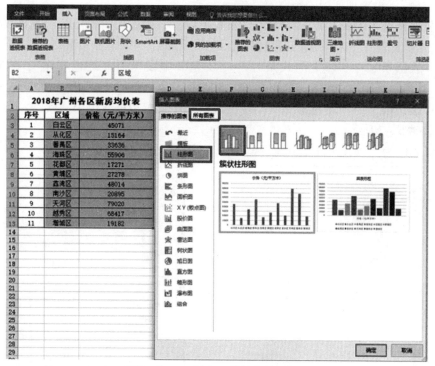

图 5-5-4　插入二维簇状柱形图 2

3）修改图表标题

选中图表，这时选项卡会出现"图表工具"的新区域；依次选择"图表工具"→"设计"→"图表布局"→"添加图表元素"→"图表标题"，"图表上方"，如图 5-5-5 所示，将标题文字修改为"2018 年广州各区新房均价表"。

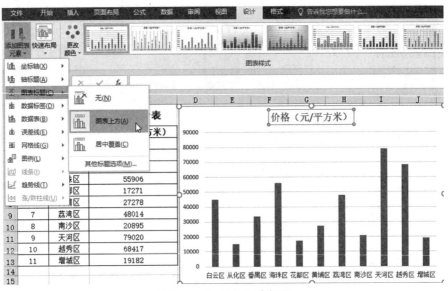

图 5-5-5　添加图表标题

4）设置图例及模拟运算表

（1）选中图表，依次选择"图表工具"→"设计"→"图表布局"→"添加图表元素"→"图例"，可添加或关闭图例。

（2）依次选择"图表工具""设计""图表布局"→"添加图表元素"→"数据表"→"其他模拟运算表选项"，在右侧的"设置模拟运算表格式"对话框中设置格式。

①在"表选项"→"填充与线条"→"填充"中设置为"纯色填充"，填充颜色为"标准色—黄色，透明度30%"，如图5-5-6所示。

②在"表选项"→"填充与线条"→"边框"中设置边框颜色为"实线，标准色—红色"，如图5-5-7所示。

③设置阴影为"预设–外部–向下偏移"，如图5-5-8所示。

图 5-5-6　设置模拟运算表格式–填充

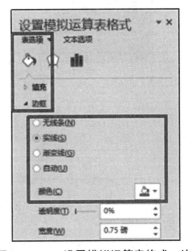

图 5-5-7　设置模拟运算表格式–边框

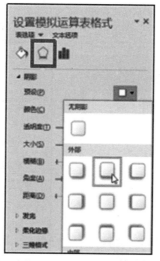

图 5-5-8 设置模拟运算表格式-阴影

5）添加数据标签

选中图表，依次选择"图表工具"→"设计"→"图表布局"→"添加图表元素"→"数据标签"→"其他数据标签选项"，在标签选项中选择"值"，标签位置为"数据标签外"，如图5-5-9所示；边框为"无线条"，如图5-5-10所示。

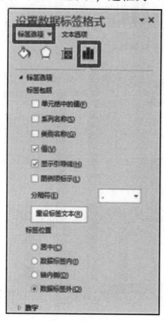

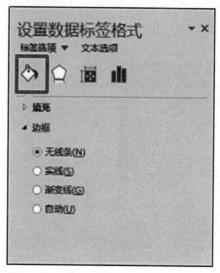

图 5-5-9　设置数据标签格式-标签选项　　图 5-5-10　设置数据标签格式-边框

6）设置坐标轴刻度

选中图表，依次选择"图表工具"→"设计"→"图表布局"→"添加图表元素"→"坐标轴"→"更多轴格式"，在右侧的"设置坐标轴格式"→"坐标轴选项"下拉菜单选择"垂直（值）轴"，如图5-5-11所示；将"坐标轴选项"边界中的最大值改为"80000.0"，主要单位改为"20000.0"，如图5-5-12所示。

7）设置背景颜色

（1）选中图表，依次选择"图表工具"→"格式"→"形状样式"→"形状填充"，选择填充颜色"蓝色、个性色1、淡色80%（或其他填充颜色：RGB，红220、绿230、蓝

242)",如图 5-5-13 所示。

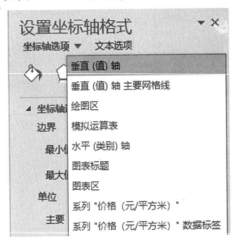

图 5-5-11 设置坐标轴格式

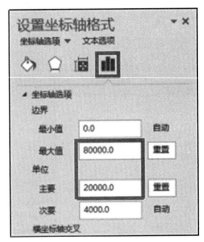

图 5-5-12 更改坐标轴数值

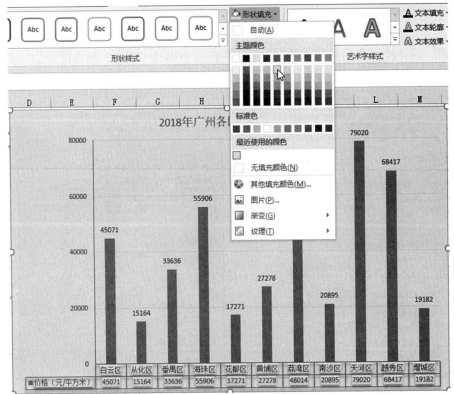

图 5-5-13 填充图表区颜色

（2）选择图表中的绘图区，根据相同的方法，设置填充颜色为"红色、个性色2、淡色 80%（或其他填充颜色：RGB，红 242 绿 220 蓝 219）"，如图 5-5-14 所示。

8）保存文件

二维簇状柱形图效果如图 5-5-15 所示。

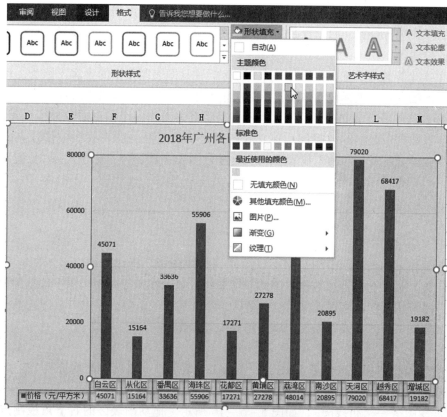

图 5-5-14　填充绘图区颜色

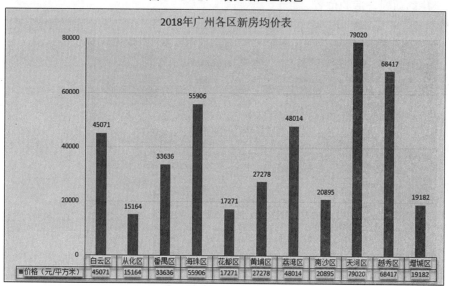

图 5-5-15　二维簇状柱形图效果

【知识点】

（1）图表类型。Excel 2016 提供了 15 种不同的图表类型。在选取类型的时候，应根据图表要表达的意思选择合适的图表类型。常用的图表类型有柱形图、饼图、折线图、条形图等。

（2）柱形图。柱形图是以宽度相等的条形高度或长度的差异来显示统计指标数值多少或大小的一种图形，用于显示同一类型数据变化及各数据之间的比较情况。

(3) 数据标签。在 Excel 图表中，数据标签用于表示数据系列的实际数值，用户可以对数据标签的样式进行设置，如设置其文字的样式、为其添加背景图案以及设置标签数据格式以及显示的位置等。

(4) 主次坐标轴。在 Excel 图表中，主次坐标轴是图表制作中的常客，因为2种数据的不同对比，无法在一个坐标轴上体现，那么次坐标轴就显得尤为重要。

(5) 嵌入式图表与独立图表。嵌入式图表是将图表看作一个图形对象插入到工作表中，可以与工作表数据一起显示或打印；独立式图表是将创建好的图表放在一张独立的工作表中，与数据分开显示在不同的工作表上。可通过"图表工具"→"设计"→"位置"→"移动图表"进行切换。

【任务5-2】折线图

排列在工作表的列或行中的数据可以绘制到折线图中。折线图可以显示随时间（根据常用比例设置）而变化的连续数据，因此非常适用于显示在相等时间间隔下数据的趋势。

本任务是利用折线图直观地显示广州各区十年间房价的走势，并进行数据选择、套用图表布局、套用图表样式、设置图例、添加趋势线等操作。

操作步骤

(1) 打开素材"模块5任务5.xlsx"，选择工作表"广州各区房产均价表"。

(2) 选择数据区域 A2:K13，依次选择"插入"→"图表"→"插入折线图或面积图"→"二维折线图"→"折线图"，如图5-5-16所示。拖动图表区的右下角控制点调整图表的大小，并移动到合适的位置。

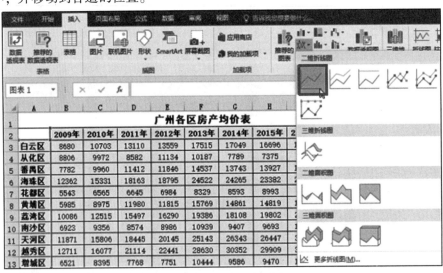

图5-5-16 插入折线图

(3) 增加删除数据。选中图表，选择"图表"→"设计"→"数据"→"选择数据"，在对话框中单击"切换行/列"，在图例项选择删除"从化区""番禺区""花都区""白云区"、"海珠区"，单击"确定"按钮，如图5-5-17所示。

(4) 套用图表布局。依次选择"图表工具"→"设计"→"快速布局"→"布局1"，如图5-5-18所示。

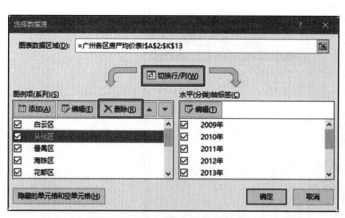

图 5-5-17 删除部分图例项

图 5-5-18 套用图表布局

（5）套用图表样式。依次选择"图表工具"→"设计"→"图表样式"，在下拉菜单中，选择"样式 8，如图 5-5-19 所示。

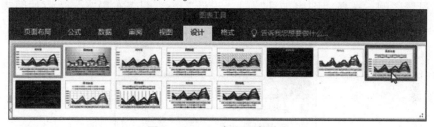

图 5-5-19 套用图表样式

（6）修改标题。将图表标题修改为"广州市主城区近十年房价走势图"；右击"坐标轴标题"选择"设置坐标轴标题格式"，如图 5-5-20 所示，在弹出的对话框中选择"对齐方式"，修改文字方向为"横排"，如图 5-5-21 所示；将坐标轴标题修改为"均价（元)"。

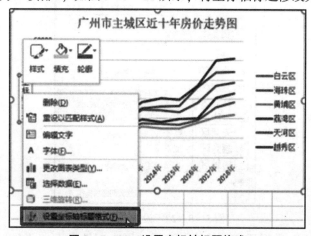

图 5-5-20 设置坐标轴标题格式

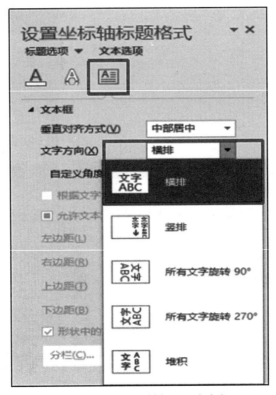

图 5-5-21 坐标轴标题文字方向

(7) 设置图例。选择"图表工具"→"设计"→"图表布局"→"添加图表元素"→"图例"→"顶部",设置图例位置,如图 5-5-22 所示。

图 5-5-22 设置图例位置

(8) 为"越秀区"数据添加趋势线。选择"图表工具"→"设计"→"图表布局"→

"添加图表元素"→"趋势线"→"指数",如图 5-5-23 所示;在弹出的菜单中选择"越秀区",单击"确定"按钮,如图 5-5-24 所示。

(9) 保存文件,三维折线图效果如图 5-5-25 所示。

图 5-5-23 添加趋势线

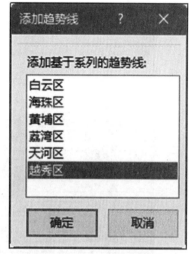
图 5-5-24 选择趋势线

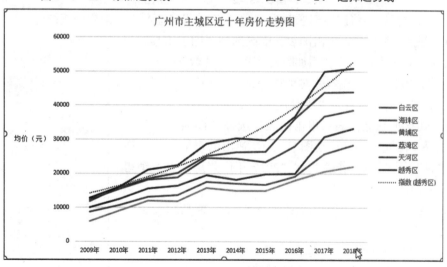
图 5-5-25 三维折线图效果

【知识点】

趋势线:绘制数据走势的线。目的是预测未来的数据变化。用户可以在条形图、柱形图、折线图、股价图等图表中为数据系列添加趋势线。

【任务 5-3】饼图

饼图适合表达各个成分在整体中所占的比例。为了便于展示,饼图包含的项目不宜太多,原则上不要超过5个扇区,如果项目太多,用户可以尝试把一些不重要的项目合成"其他",或者选择条形图代替饼图。

本任务要求制作饼图直观地显示2017年度广州各房地产企业的市场份额。

操作步骤

(1) 打开素材"模块5任务5.xlsx",选择工作表"2017广州房地产企业销售额"。

(2) 插入饼图。选择区域B2:C13,依次选择"插入"→"图表"→"插入饼图或圆环图"→"三维饼图",如图5-5-26所示,拖动图表区的右下角控制点调整图表的大小,并移动到合适的位置。

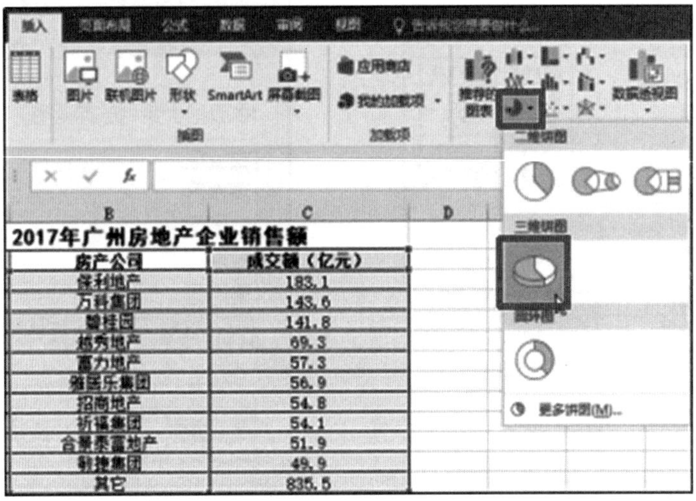

图5-5-26 插入三维饼图

(3) 修改标题。将图表标题改为"2017年广州房地产企业销售金额统计"。

(4) 添加数据标签。单击图表,依次选择"图表工具"→"设计"→"图表布局"→"添加图表元素"→"数据标签"→"其他数据标签选项",在右侧对话框中选中"值""百分比""显示引导线",标签位置为"数据标签外",如图5-5-27所示。

(5) 切换成独立图表。单击图表,选择"图表工具"→"设计"→"位置"→"移动图表",在弹出的对话框中选择"新工作表",并输入工作表名称"2017年广州房产企业销售分布图",如图5-5-28所示。

(6) 保存文件,三维饼图效果如图5-5-29所示。

【知识点】

(1) 饼图。排列在工作表的一列或一行中的数据可绘制到饼图中。饼图所显示的是一个数据系列中各项的大小与各项总和的比例。饼图中的数据点显示为整个饼图的百分比。

(2) 饼图的数据系列。在图表中绘制的相关数据点,这些数据源自数据表的行或列。图表中的每个数据系列具有唯一的颜色或图案并且在图表的图例中表示。可以在图表中绘制一个或多个数据系列,但饼图只有一个数据系列。

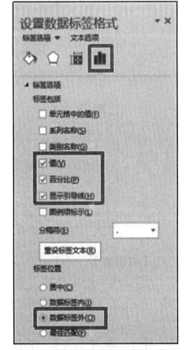

图5-5-27 设置数据标签格式

(3) 饼图的数据点。在图表中绘制的单个值,这些值由条形、柱形、折线、饼图或圆环图的扇面、圆点和其他被称为数据标记的图形表示。相同颜色的数据标记组成一个数据系列。

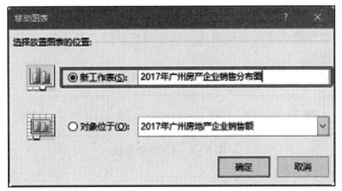

图 5-5-28　移动图表

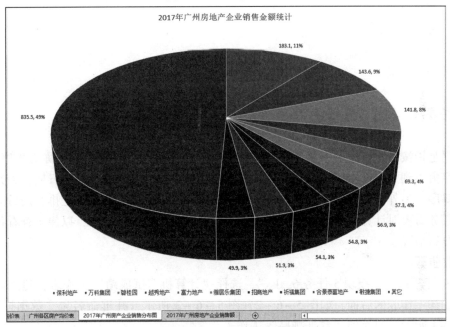

图 5-5-29　三维饼图效果

▶任务小结

在本任务中，分别针对2018年广州各区新房均价表、广州各区房产均价表和2017年广州房地产企业销售额等数据创建了簇状柱形图、折线图和三维饼图，并进行了美化。

任务6　管理与分析计算机考试数据

▶任务介绍

本学期的计算机统考成绩已经公布，作为一名任课教师，李老师会对考试成绩进行整理和分析，为教学工作提供数据支持，对此他需要借助Excel强大的数据管理功能实现目标。

Excel的数据管理主要是对数据进行排序、筛选、分类汇总和数据透视，将工作表中存放的数据进行处理和应用的过程。

▶任务分析

本任务中,首先需要学习数据的排序方法,包括关键字排序、多关键字排序和自定义排序,其次需要掌握数据筛选中的自动筛选及高级筛选功能,最后学习对数据的综合分析,包括分类汇总与数据透视。

本任务路线如图 5-6-1 所示。

图 5-6-1 任务路线

完成本任务的相关知识点:
(1) 数据排序;
(2) 数据筛选;
(3) 分类汇总;
(4) 数据透视。

▶任务实现

【任务 6-1】 数据排序

排序是指按指定字段的字段值重新调整记录的顺序,这个指定的字段称为排序关键字。通常数字由小到大、文本按照拼音字母顺序、日期从最早的日期到最晚的日期称为升序,反之称为降序。另外,如果排序的字段中含有空白单元格,则该行数据总是排在最后。

本任务需要对计算机考试成绩工作表中的各系学生成绩进行排序,以便于查看各系学生的成绩分布情况。

操作步骤

(1) 打开素材"模块 5 任务 6.xlsx",选择"计算机考试成绩"工作表,建立该工作表副本放置在工作表的后面,如图 5-6-2、图 5-6-3 所示,并重命名为"数据排序",如图 5-6-4 所示。切换到"数据排序"工作表。

(2) 对成绩从高到低排序(单关键字排序)。选中 E 列(成绩列)中的任意数据单元格,单击"数据"→"排序和筛选"组,如图 5-6-5 所示,单击"降序"按钮,则数据自动按照 E 列数据降序排列。

图 5-6-2 移动或复制工作表 1

模块5 电子表格处理软件 Excel 2016

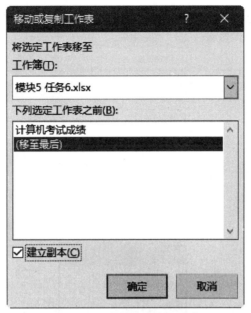

图 5-6-3 移动或复制工作表 2

图 5-6-4 重命名工作表

图 5-6-5 "排序和筛选"组

(3) 对各系学生按成绩降序排序（多关键字排序）。

排序要求：先按照系别进行排序，系别名称笔画多的排在前面，相同系别的按专业升序进行排序，专业再相同的按成绩进行排列，成绩高的排在前面。

①选中"数据排序"工作表中任意数据单元格，单击"数据"→"排序和筛选"组→"排序"，弹出"排序"对话框。

②在"排序"对话框中，"主要关键字"选择"系别"，"排序依据"选择"数值"，"次序"选择"升序"，如图 5-6-6 所示。

— 209 —

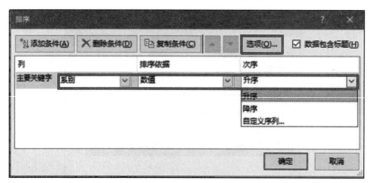

图 5-6-6 自定义排序

③单击"选项"按钮,在弹出的"排序选项"对话框中选择"笔划排序",如图 5-6-7 所示。

图 5-6-7 按笔划排序

④单击"添加条件","次要关键字"选择"专业","排序依据"选择"数值","次序"选择"降序"。

⑤再次单击"添加条件",新的"次要关键字"选择"成绩","排序依据"选择"数值","次序"选择"降序",如图 5-6-8 所示。

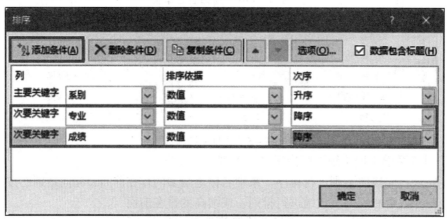

图 5-6-8 自定义排序—次要关键字

排序后的部分数据效果如图5-6-9所示。

	A	B	C	D	E	F	G	H	I
1	考试科目	学号	姓名	性别	成绩	准考证号	系列	专业	年级
2	计算机应用（2010）	117774213042	余秀莉	女	91	1257301750204	艺术学院	应用化工	2017
3	计算机应用（2010）	117774213046	黄嘉梅	男	91	1257301751909	艺术学院	应用化工	2017
4	计算机应用（2010）	117774213040	谢佩莹	女	85	1257301751126	艺术学院	应用化工	2017
5	计算机应用（2010）	117774213045	钟胜敏	男	81	1257301751814	艺术学院	应用化工	2017
6	计算机应用（2010）	117774213043	邝俊娟	女	78	1257301750864	艺术学院	应用化工	2017
7	计算机应用（2010）	117774213049	何惠妹	女	74	1257301751447	艺术学院	应用化工	2017
8	计算机应用（2010）	117774213041	欧梅瑶	女	73	1257301750892	艺术学院	应用化工	2017
9	计算机应用（2010）	117774213047	黄梓玲	女	68	1257301750637	艺术学院	应用化工	2017
10	计算机应用（2010）	117774213039	张美雪	女	68	1257301751043	艺术学院	应用化工	2017
11	计算机应用（2010）	117774213048	赵翠朗	男	68	1257301751615	艺术学院	应用化工	2017
12	计算机应用（2010）	117774213044	江苑珍	男	61	1257301751550	艺术学院	应用化工	2017
13	计算机应用（2010）	117774213010	赖婉龙	男	91	1257301750983	艺术学院	安全技术	2017
14	计算机应用（2010）	117774213005	陈柔薇	女	89	1257301751125	艺术学院	安全技术	2017
15	计算机应用（2010）	117774213011	徐俊华	男	89	1257301751417	艺术学院	安全技术	2017
16	计算机应用（2010）	117774213002	岑梦宽	男	85	1257301751643	艺术学院	安全技术	2017
17	计算机应用（2010）	117774213001	田娟浩	男	83	1257301750689	艺术学院	安全技术	2017
18	计算机应用（2010）	117774213012	谢日敏	男	82	1257301751695	艺术学院	安全技术	2017
19	计算机应用（2010）	117774213008	程旖华	女	79	1257301751311	艺术学院	安全技术	2017
20	计算机应用（2010）	117774213007	陈志丽	女	77	1257301750714	艺术学院	安全技术	2017
21	计算机应用（2010）	117774213006	梁晓华	女	74	1257301751721	艺术学院	安全技术	2017
22	计算机应用（2010）	117774213004	林燕纯	女	69	1257301751166	艺术学院	安全技术	2017
23	计算机应用（2010）	117774213009	余俊芝	女	65	1257301751290	艺术学院	安全技术	2017
24	计算机应用（2010）	117774213003	陈炜洪	男	51	1257301751355	艺术学院	安全技术	2017
25	计算机应用（2010）	117774213031	李骐珊	女	94	1257301751606	艺术学院	化妆品经营	2017
26	计算机应用（2010）	117774213029	黄怡婷	女	91	1257301750410	艺术学院	化妆品经营	2017
27	计算机应用（2010）	117774213023	温锰君	女	91	1257301751492	艺术学院	化妆品经营	2017
28	计算机应用（2010）	117774213028	黄可玫	女	84	1257301750832	艺术学院	化妆品经营	2017
29	计算机应用（2010）	117774213025	黄浩泳	女	82	1257301750135	艺术学院	化妆品经营	2017
30	计算机应用（2010）	117774213027	李君越	男	80	1257301751148	艺术学院	化妆品经营	2017

图5-6-9 排序后的部分数据效果

【任务6-2】 自动筛选

数据筛选是找出符合条件的数据记录，将不符合条件的数据隐藏。Excel提供了"自动筛选"和"高级筛选"两种方法，以满足不同数据查找的需要。

任务1：自动筛选出"软件学院成绩大于或等于80分的学生"名单，并将结果复制到A205单元格开始的区域。

任务2：在任务1的结果中自动筛选出"姓李的女生"名单，并将结果复制到A222单元格开始的区域。

操作步骤

（1）打开素材"模块5任务6.xlsx"，选择"计算机考试成绩"工作表，建立该工作表副本并重命名为"数据筛选"，放在"数据排序"工作表之后，切换到"数据筛选"工作表。

（2）自动筛选：筛选出软件学院成绩大于或等于80分的学生。

①选中工作表中任意数据单元格，单击"数据"→"排序和筛选"组→"筛选"，如图5-6-10所示，此时，各列标题字段的右侧均出现了下拉菜单。

图5-6-10 "筛选"按钮

②单击"系列"字段的下拉菜单选中"软件学院"复选框，去除其他学院的复选框，

如图 5-6-11 所示，单击"确定"按钮。

图 5-6-11 数据筛选-系别

（3）单击"成绩"字段的下拉菜单选择"数字筛选"→"大于或等于"命令，如图 5-6-12 所示。在对话框的右侧输入"80"，如图 5-6-13 所示，单击"确定"按钮，筛选后的效果如图 5-6-14 所示。

图 5-6-12 数据筛选-数字筛选

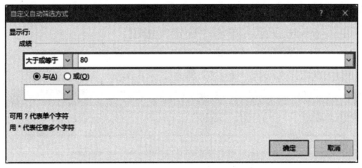

图 5-6-13　输入数字筛选条件

图 5-6-14　筛选后的效果

④选择筛选后的结果，右击，在快捷菜单中选择"复制"，再选择 A205 单元格，右击选择"粘贴"。

（3）自动筛选：继续筛选出姓"李"的女学生。

①单击"性别"字段的下拉菜单选中"女"复选框，去除"男"复选框，单击"确定"按钮，如图 5-6-15 所示。

图 5-6-15　筛选女性学生

②单击"姓名"字段的下拉菜单选择"文本筛选"→"开头是"命令,在对话框的右侧输入"李",如图5-6-16所示,单击"确定"按钮。

③选择筛选后的结果,右击,在快捷菜单中选择"复制",再选择A222单元格,右击选择"粘贴",复制后的结果如图5-6-17所示。

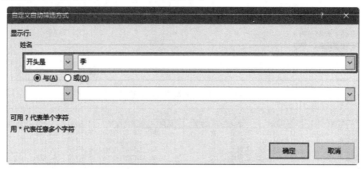

图5-6-16 文本筛选

	A	B	C	D	E	F	G	H	I
1	考试科目	学号	姓名	性别	成绩	准考证号	系别	专业	年级
25	计算机应用(2010)	117824413016	李敏凤	女	81	1257301750333	软件学院	卫生信息	2017
90	计算机应用(2010)	117824413013	李东娜	女	80	1257301750967	软件学院	卫生信息	2017
202									
203									
204									
205	计算机应用(2010)	117824413018	祝金怡	女	86	1257301750019	软件学院	卫生信息	2017
206	计算机应用(2010)	117824413016	李敏凤	女	81	1257301750333	软件学院	卫生信息	2017
207	计算机应用(2010)	117824413026	吴艳玉	女	85	1257301750412	软件学院	移动应用	2017
208	计算机应用(2010)	117824413023	区镇贞	女	86	1257301750599	软件学院	移动应用	2017
209	计算机应用(2010)	117824413020	陈淑杰	男	86	1257301750674	软件学院	移动应用	2017
210	计算机应用(2010)	117824413017	杨俊俐	男	91	1257301750954	软件学院	卫生信息	2017
211	计算机应用(2010)	117824413013	李东娜	女	80	1257301750967	软件学院	卫生信息	2017
212	计算机应用(2010)	117824413008	张佩微	男	91	1257301750994	软件学院	信息服务	2017
213	计算机应用(2010)	117824413010	韦秋漫	女	80	1257301751158	软件学院	卫生信息	2017
214	计算机应用(2010)	117824413003	区金勤	女	81	1257301751474	软件学院	信息服务	2017
215	计算机应用(2010)	117824413027	虞家柱	男	85	1257301751532	软件学院	移动应用	2017
216	计算机应用(2010)	117824413005	陈雨豪	男	96	1257301751666	软件学院	信息服务	2017
217	计算机应用(2010)	117824413021	钟佳锋	男	98	1257301751686	软件学院	移动应用	2017
218	计算机应用(2010)	117824413025	苏璇越	女	94	1257301751835	软件学院	移动应用	2017
219	计算机应用(2010)	117824413004	李慧胜	男	86	1257301751912	软件学院	信息服务	2017
220									
221									
222	计算机应用(2010)	117824413016	李敏凤	女	81	1257301750333	软件学院	卫生信息	2017
223	计算机应用(2010)	117824413013	李东娜	女	80	1257301750967	软件学院	卫生信息	2017
224									

图5-6-17 复制后的结果

【任务6-3】 高级筛选

对于更复杂的条件筛选及要求,自动筛选已经无法满足需要,因此需要高级筛选来帮助完成。高级筛选应用前必须预先建立一个条件区域,在条件区域内放置筛选条件,筛选条件必须包含需要筛选的字段名称和筛选条件。

任务1:高级筛选出食品学院成绩不及格的学生名单。

任务2:高级筛选出艺术设计专业或成绩大于等于95分的学生名单。

操作步骤

(1) 打开素材"模块5任务6.xlsx",选择"计算机考试成绩"工作表,建立该工作表副本并重命名为"高级筛选",放在"数据筛选"工作表之后,切换到"高级筛选"工作表。

(2) 高级筛选——"与"条件。

利用高级筛选选出"系别为食品学院"且"成绩不及格"的学生(注:两个条件需同时满足),并将高级筛选的条件放在 K2:L3,筛选的结果位置以 K5 开始。

①将 E1 单元格复制到 K2 单元格,将 G1 单元格复制到 L2 单元格,在 K3 单元格输入"<60"(注意"<"符号为英文格式,不输入引号),在 L3 单元格输入"食品学院"。

②单击"数据"→"排序和筛选"→"高级",列表区域选择整个数据表,条件区域选择 K2:L3 单元格区域,"复制到"选择 K5 单元格,单击"确定"按钮,如图 5-6-18 所示。高级筛选结果如图 5-3-19 所示。

图 5-6-18 高级筛选——"与"条件

K	L	M	N	O	P	Q	R	S
成绩	系别							
<60	食品学院							
考试科目	学号	姓名	性别	成绩	准考证号	系别	专业	年级
计算机应	########	胡文冰	女	15	########	食品学院	保健品开发	2017
计算机应	########	王琦娥	女	36	########	食品学院	保健品开发	2017
计算机应	########	李岸仪	女	42	########	食品学院	食品营养	2017
计算机应	########	曾静仁	女	17	########	食品学院	食品营养	2017
计算机应	########	吴承彦	女	19	########	食品学院	餐饮管理	2017
计算机应	########	赖颖玲	女	52	########	食品学院	保健品开发	2017
计算机应	########	叶紫鹏	男	43	########	食品学院	餐饮管理	2017
计算机应	########	黄秀培	男	43	########	食品学院	餐饮管理	2017

图 5-6-19 高级筛选结果(1)

(3)高级筛选——"或"条件

利用高级筛选选出"专业为艺术设计"或者"成绩>=95"的学生(注:两个条件满足一个即可),并将高级筛选的条件放在 K16:L18,筛选的结果位置以 K20 开始。

①将 E1 单元格复制到 K16 单元格,将 H1 单元格复制到 L16 单元格,在 K17 单元格输

入">=95"(注意">="符号为英文格式),在L18单元格输入"艺术设计"。

②单击"数据"→"排序和筛选"→"高级","列表区域"选择整个数据表,"条件区域"选择K16:L18单元格区域,"复制到"选择K20单元格,单击"确定"按钮,如图5-6-20所示。高级筛选结果如图5-6-21所示。

图 5-6-20　高级筛选——"或"条件

图 5-6-21　高级筛选结果

【操作技巧】

高级筛选条件区域的建立需要注意以下5点。

(1)条件区域中使用的列标题必须与数据区域中的列标题完全相同,最好采用复制的方法获取。

(2)条件区域不必包含数据区域中的所有列标题。

(3)具体条件内容及表达式放置在列标题的下方。

(4)对于多重条件,在同一行表示条件之间的逻辑"与"关系,在不同行表示逻辑"或"关系。

(5)如果需要含有相似的记录,可使用通配符"*""?"表示任何字符,"?"表示任何单个字符。

【任务6-4】 分类汇总

分类汇总是指根据指定的类别将数据以指定的方式进行统计,快速对大型表格中的数据进行分析与汇总,获得所需的统计结果。插入分类汇总前,必须先将数据区域按分类汇总字段排序,从而使相同关键字的行排列在相邻行中。

本任务要求对工作表按各专业学生的平均值进行分类汇总,用以比较各系别、各专业学生的成绩。

操作步骤

(1) 打开素材"模块5任务6.xlsx",选择"计算机考试成绩"工作表,建立该工作表副本并重命名为"分类汇总",放在"高级筛选"工作表之后,切换到"分类汇总"工作表。

(2) 按"专业"和"系别"排序:选中数据表内任意单元格,单击"数据"→"排序和筛选"组,选择"排序"按钮,在对话框中设置主要关键字为"系别",次要关键字为"专业",均设置升序排列,即可将同类记录排列在相邻行中,如图5-6-22所示。

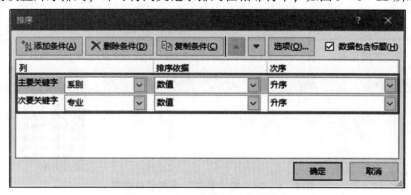

图5-6-22 分类汇总前需排序

(3) 分类汇总。

①选中数据表内任意单元格,单击"数据"→"分级显示"组→"分类汇总",打开"分类汇总"对话框。

②在对话框中,设置分类字段为"专业",汇总方式为"平均值",在选定汇总项中去除其他复选框,仅勾选"成绩",其他选项为默认值,单击"确定"按钮,如图5-6-23所示。

(4) 显示分类汇总。单击分级显示符号"2"显示分类汇总结果,单击E列,设置单元格格式为"数值,保留小数位数为1"。按"专业"分类汇总效果如图5-6-24所示。

(5) 修改分类汇总。再次单击"数据"→"分级显示"组→"分类汇总",打开"分类汇总"对话框;将分类字段修改为"系别",去除"汇总结果显示在数据下方"复选框,按"系别"分类汇总效果如图5-6-25所示。

【操作技巧】

如果想删除分类汇总,无法通过"撤销"命令来删除,必须再次打开"分类汇总"对话框,单击"全部删除"按钮返回工作表即可。

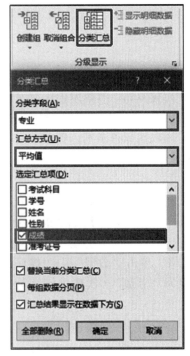

图 5-6-23 分类汇总

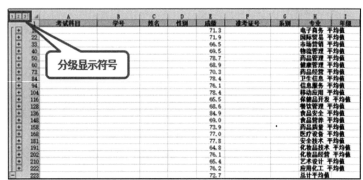

图 5-6-24 按"专业"分类汇总效果

图 5-6-25 按"系别"分类汇总效果

【任务 6-5】数据透视

数据透视能够将大量数据快速汇总并建立交互式表格，可以转换行以查看数据源的不同汇总结果，可以显示不同页面以筛选数据。

本任务需要利用数据透视表统计各系男女生的平均成绩，并用数据透视图直观地显示。

操作步骤

（1）打开素材"模块 5 任务 6.xlsx"，找到"计算机考试成绩"工作表，建立该工作表副本并重命名为"数据透视"，放置在"分类汇总"工作表之后。切换至"数据透视"工作表。

（2）建立数据透视表。要求按性别显示各系别成绩的平均分。

①选中 K1 单元格，单击"插入"→"数据透视表"，弹出"创建数据透视表"对话框。

②在"选择一个表或区域"项中设置区域为表中所有的数据（数据透视！\$A\$1:\$I\$201），如图 5-6-26 所示，单击"确定"按钮。

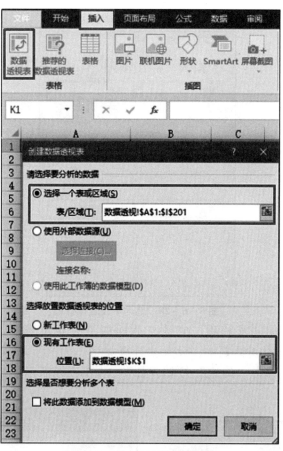

图 5-6-26 插入数据透视表

③确定数据透视表字段。在工作表的右侧出现数据透视表设计界面中的"选择要添加到报表的字段"列表框中勾选"性别""成绩""系别""专业",如图 5-6-27 所示。

图 5-6-27 选择需要添加的字段

④确定数据透视表结构。将"性别"字段拖动到"列标签"框,"系别"拖动至"报

表筛选"框,"专业"字段放在"行标签"框,如图5-6-28所示。

图5-6-28 拖动字段至设计框

⑤单击数值项中的"求和项:成绩"后面的下拉菜单选择"值字段设置",如图5-6-29所示。在弹出的对话框中,设置"计算类型"为"平均值",数字格式选择"数值、小数位数为1",单击"确定"按钮,如图5-6-30所示,数据透视图表效果如图5-6-31所示。

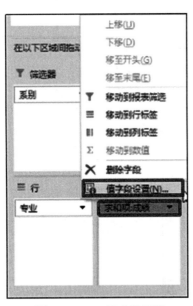

图5-6-29 值字段设置

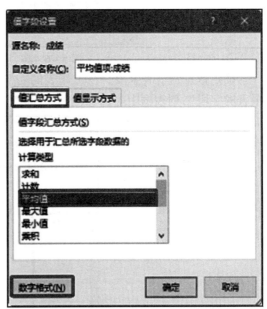

图5-6-30 "值字段设置"对话框

⑥单击数据透视表中"系列"右侧的下拉箭头,在下拉菜单中只勾选"软件学院",数据透视表就只会统计软件学院的相关数据,如图5-6-32所示。使用同样的方法可以筛选显示需要的数据。

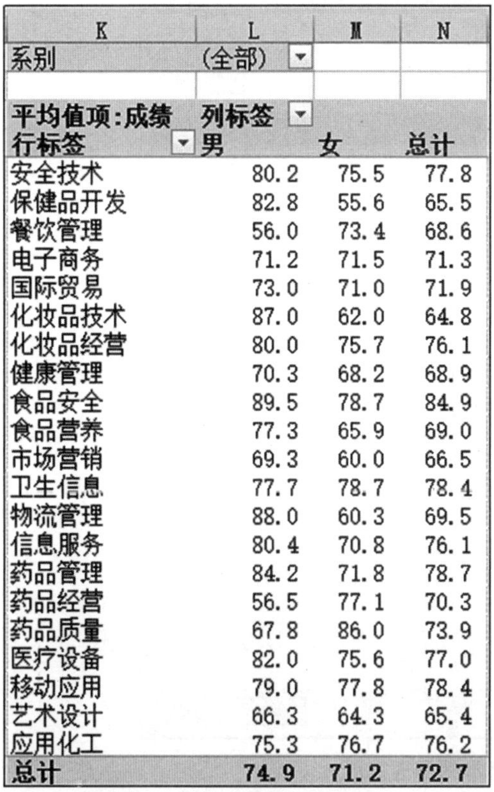

模块5 电子表格处理软件 Excel 2016

图 5-6-31 数据透视表效果

图 5-6-32 筛选显示数据内容

（3）修改数据透视表。

①使用数据透视表设计界面，更改添加到报表的字段可以更改数据透视表的内容；拖动行标签、列标签字段，甚至交互位置，可以更改数据透视表的布局。

②使用数据透视表工具中的"设计"选项卡，如图 5-6-33 所示，可以对数据透视表的布局、样式等进行修改。

③使用数据透视表工具中的"分析"选项卡，可以对数据透视表的名称、数据分组、数据源、位置等进行修改。

图 5-6-33 数据透视表"设计"选项卡

（4）创建数据透视图。

数据透视图与普通图表最大的不同在于数据透视图具有交互性功能，在数据透视图中可以筛选需要的数据进行直观查看

①单击数据透视表的任意单元格，选择"数据透视表工具"→"分析"选项卡→"工具"组→"数据透视图"，如图 5-6-34 所示。

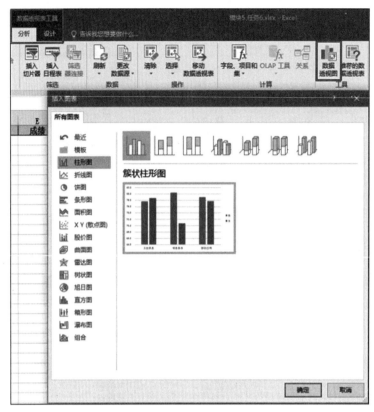

图 5-6-34 添加数据透视图

②在"插入图表"对话框中选择"簇状柱形图",会自动创建一个图表类型为簇状柱形图的数据透视图,如图 5-6-35 所示。

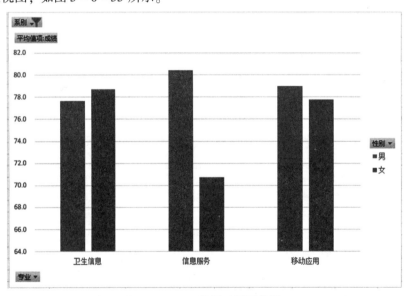

图 5-6-35 数据透视图效果

③在数据透视图上,出现"系列""专业""性别"3 个交互按钮,单击按钮,可选择需要显示的数据类别,根据选择的不同内容,图表会自动发生改变。需要说明的是,数据透视图与数据透视表是相互关联的,数据透视图发生了改变,数据透视表的内容也会发生一致性的改变。

（5）保存文件。

▶**任务小结**

本任务针对计算机考试成绩表进行了数据排序、自动筛选、高级筛选、分类汇总、数据透视等数据管理操作。掌握好相关知识和操作对解决今后工作中遇到的数据处理问题有很大的帮助。

▶**模块总结**

Excel 2016 是一款强大的表格与数据处理工具，本模块介绍了电子表格处理软件 Excel 2016，主要包括 Excel 2016 界面的介绍、Excel 2016 工作表的美化、Excel 2016 的公式与函数、Excel 2016 图表制作、Excel 2016 数据管理与分析等内容，通过本模块的学习，我们可以总结出 Excel 处理数据的一般流程，如图 5-6-36 所示。

图 5-6-36　Excel 处理数据的一般流程

模块 6
演示文稿 PowerPoint 2016

本模块知识目标
- 了解演示文稿制作软件 PowerPoint 2016 主要应用范围
- 了解 PowerPoint 2016 作品的基本结构
- 掌握演示文稿的创建、打开与保存的方法与步骤
- 熟悉演示文稿编辑及美化的基本方法与步骤
- 了解 PowerPoint 2016 中占位符、版式、主题、母版、模板等基本概念
- 了解演示文稿设置切换效果、动画效果、超链接、动作按钮、幻灯片放映的方法与步骤
- 掌握演示文稿的设置打包、打印的基本方法与步骤

本模块技能目标
- 能够在 PowerPoint 2016 工作界面中快速找到相应功能按钮
- 能够熟练使用 PowerPoint 2016 制作电子演示文稿
- 能够对制作完成的演示文稿进行美化
- 能够对 PowerPoint 演示文稿的放映进行有效控制
- 能够输出及打印演示文稿

PowerPoint 2016 是 Microsoft Office 2016 办公套装软件中的一个重要组成部分,该软件与 Word、Excel 等办公软件具有相似的操作界面,功能实用,操作简单,在个人演讲、工作汇报、会议流程、广告宣传、产品演示及教学课件等方面有着广泛的应用。由 PowerPoint 制作的演示文稿通常称为 PPT,PPT 演示文稿由多个单页即"幻灯片"组成,故 PowerPoint 演示文稿也称为"电子幻灯片",幻灯片可包含文字、图片、图表、声音、视频及其他元素等。

任务 1　认识 PowerPoint 2016

▶**任务介绍**

小张到新的工作岗位后,发现工作中需要使用演示文稿的机会很多,但自己还不太会做,因此需要尽快掌握使用 PowerPoint 2016 制作演示文稿的操作技能。

▶**任务分析**

为了顺利完成本任务,首先需要熟悉 PowerPoint 2016 的基本工作界面、掌握创建与保存演示文稿的多种方法并能很好地管理相应的幻灯片。

本任务路线如图 6-1-1 所示。

图 6-1-1　任务路线

完成本任务的相关知识点：
(1) PowerPoint 2016 工作界面；
(2) 演示文稿视图种类、幻灯片版式、幻灯片模板的概念；
(3) 创建、保存及关闭演示文稿；
(4) 幻灯片的管理，包括选择、新建、删除、移动、复制幻灯片及将幻灯片组织成节。

【任务 1-1】 了解 PowerPoint 2016 工作界面

在制作一个完整的演示文稿之前，首先需要熟悉 PowerPoint 2016 的界面。

操作步骤

PowerPoint 的界面都与典型的 Windows 程序无异，它与 Word、Excel 等办公软件具有相似的操作界面。PowerPoint 2016 窗口包含如下元素，如图 6-1-2 所示。

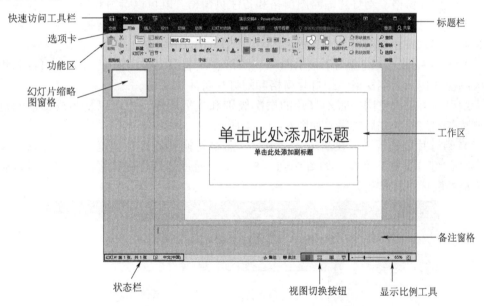

图 6-1-2　PowerPoint 2016 工作界面

(1) 标题栏。标题栏包括"最小化"按钮、"最大化/向下还原"按钮和"关闭"按钮，主要用于显示当前运行的程序（PowerPoint 2016）和活动演示文稿的文件名。还可以按住鼠标左键来拖动标题栏，移动窗口。

(2) 选项卡。PowerPoint 选项卡与 Word 界面中的选项卡类似，主要包括"文件""开始""插入""设计""切换""动画""幻灯片放映""审阅""视图"等。

(3) 快速访问工具栏。快速访问工具栏由最常用的工具按钮组成，单击相应按钮，可以快速实现其功能，如"保存""撤销"和"恢复"等按钮。单击快速访问工具栏右侧的下拉按钮，弹出"自定义快速访问工具栏"下拉菜单，在下拉菜单中，可自行添加相应的功能按钮到快速访问栏中或删除相应的功能按钮。

(4) 功能区。功能区将控件对象分为多个选项卡，然后在选项卡中将控件细化为不同的组。选项卡分为固定选项卡和隐藏式选项卡。

（5）工作区。工作区用于显示活动幻灯片，工作区的显示在不同视图中会有所不同。图 6-1-2 显示的是"普通视图"，也可以改成其他视图。

（6）幻灯片缩略图窗格。幻灯片缩略图窗格显示每个完整大小幻灯片的缩略图，方便观看任何设计更改的效果，以及编辑或者移动幻灯片。

（7）备注窗格。备注窗格备注窗格可以键入关于当前幻灯片的备注。具体应用时，可以将备注分发给观众，也可以在播放演示文稿时查看"演示者"视图中的备注。

（8）状态栏。状态栏给出演示文稿的信息，如幻灯片编号、总页数、输入法语言等，并提供切换视图和缩放比例的快捷方式。

（9）显示比例工具。拖动滑块可用于设置在编辑的文档的缩放比例。

（10）视图切换按钮。可以在"普通视图""幻灯片浏览""阅读视图""幻灯片放映"等不同的视图中预览演示文稿。

【知识点】演示文稿视图

PowerPoint 2016 中用于编辑、打印和放映演示文稿的视图包括普通视图、大纲视图、幻灯片浏览视图、备注页视图、幻灯片放映视图、阅读视图和母版视图。

（1）普通视图。普通视图是 PowerPoint 2016 的默认视图方式，也是主要的编辑视图，它集合了幻灯片窗格、幻灯片缩略图窗格和备注页窗格，既可以撰写和设计演示文稿，也可以输入备注信息。单击"普通视图"按钮⊞，或选择"视图"→"普通"命令，都可以切换到普通视图方式，如图 6-1-3 所示。

（2）大纲视图。大纲视图不显示图像、图形、图表等对象，只显示文本内容和组织结构。大纲视图包括大纲窗格、幻灯片窗格和幻灯片备注页窗格。

大纲视图可以调整同一张幻灯片的层次级别和先后顺序，也可以复制或移动幻灯片文本，调整各幻灯片的先后次序，如图 6-1-4 所示。

（3）幻灯片浏览视图。在演示文稿窗口，需要切换到幻灯片浏览视图，可以选择"视图"→"幻灯片浏览"命令，如图 6-1-5 所示。通过幻灯片浏览视图，用户可以轻松对演示文稿的顺序进行排列。

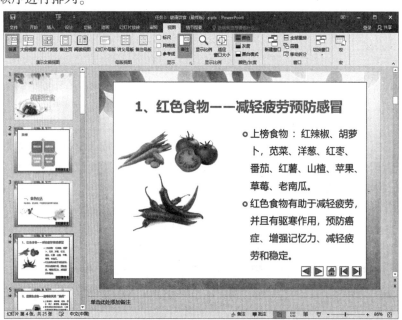

图 6-1-3　普通视图

模块6 演示文稿 PowerPoint 2016

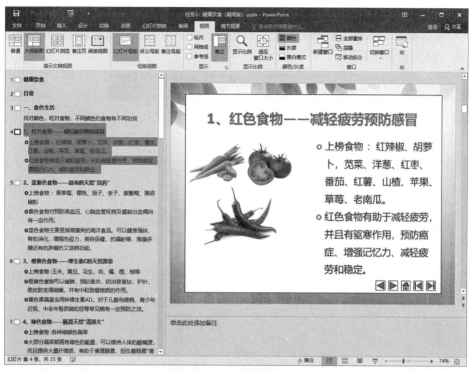

图 6-1-4 大纲视图

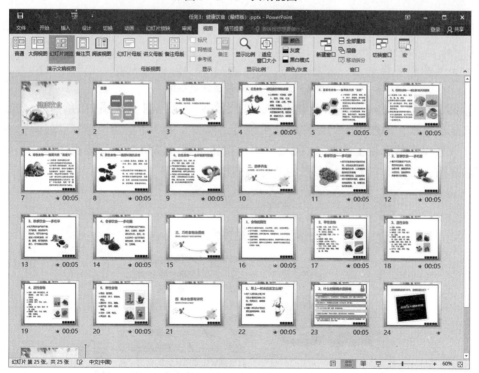

图 6-1-5 幻灯片浏览视图

(4) 备注页视图。选择"视图"→"备注页"命令可以切换到备注页视图方式,如图 6-1-6 所示。此时"幻灯片"窗格在上方显示,"备注"窗格在其下方显示。在"备注"窗格中输入文字、图片或图表等备注后,可以显示在备注页视图中,也可以打印备注页。

(5) 幻灯片放映视图。单击状态栏上"幻灯片放映"按钮 ,或选择"幻灯片放映"

选项卡,在"开始放映幻灯片"命令组内选择相应按钮,即可进入放映状态,可以全屏查看演示文稿的实际放映效果。放映完毕后,视图恢复到原来状态,如果想中途退出放映,则可按"Esc"键回到普通视图。

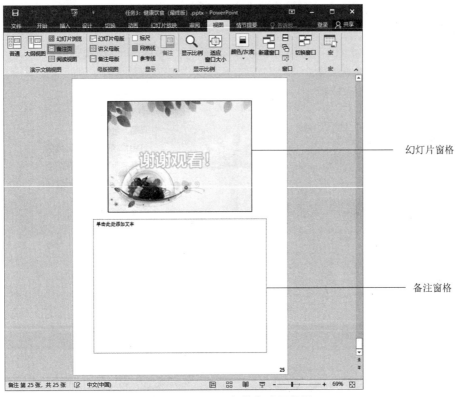

图 6-1-6 幻灯片备注页视图

(6)阅读视图。是一种特殊查看模式,在阅读视图下,演示文稿中的幻灯片内容以全屏的方式显示出来,一般用于幻灯片的简单预览,如图 6-1-7 所示。选择"视图"→"阅读视图"或者单击状态栏上的 "阅读视图"按钮,都可以切换到阅读视图模式,如果要退出阅读视图,可单击右下角状态栏的其他视图按钮。

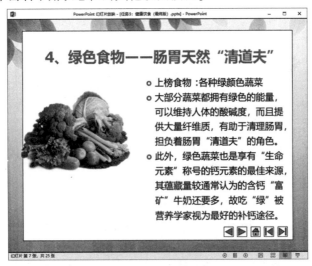

图 6-1-7 阅读视图

(7) 母版视图。母版视图包括幻灯片母版、讲义母版和备注母版视图。选择"视图"选项卡，在"母版视图"命令组中选择所需的母版视图，既可切换到相应视图模式，关于母版的使用，会在后面的章节加以介绍。

①幻灯片母版视图：用于设定标题文字、背景、属性等，可以同时更改所有相同版式幻灯片的样式。

②讲义母版视图：主要用于打印输出时定义每页有多少张幻灯片和打印版式。

③备注母版视图：用于定义备注视图的母版格式。

【任务1-2】创建演示文稿

创建演示文稿大致有两种方式：创建空白演示文稿和运用模板创建演示文稿。
操作步骤

1. 创建空白演示文稿

选择"文件"→"新建"→"空白演示文稿"命令，如图6-1-8所示，系统将新建一个名为"演示文稿1"的空白文档。

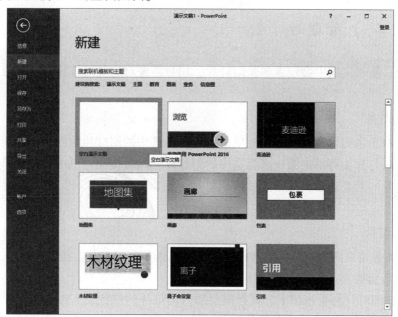

图6-1-8　新建空白演示文稿

【操作技巧】
按下"Ctrl+N"组合键可新建演示文稿。

2. 运用模板创建演示文稿

模板是指在外观或内容上已经为用户进行了一些预设的文件。这些模板文件大都是用户经常使用的类型或专业的样式。通过模板创建演示文稿时就不需要用户从头开始制作，从而节省了制作的时间，提高了工作效率。

单击"文件"→"新建"，选择所需模板和主题，如"肥皂"主题，选定该主题的变体，单击"创建"，如图6-1-9所示。

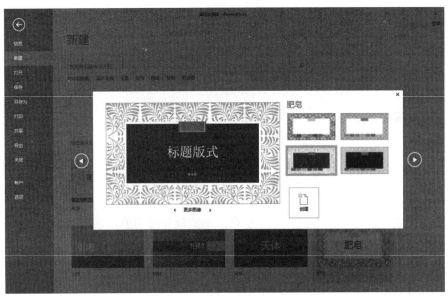

图 6-1-9 运用模板创建演示文稿

【任务 1-3】管理幻灯片

一般来说，演示文稿中会包含多张幻灯片，用户需要对这些幻灯片进行相应的管理。

操作步骤

1. 选择幻灯片

如果只选择单张幻灯片，使用鼠标单击即可。被选中的幻灯片的四周会出现亮边，若选择一组连续的幻灯片，可单击第一张要选中的幻灯片，然后按住"Shift"键，单击最后一张要选择的幻灯片。若要选择多张不连续的幻灯片，则需要按住"Ctrl"键，然后分别单击要选中的幻灯片。

2. 新建幻灯片

方法 1：在普通视图的幻灯片缩略图窗格中，单击某张幻灯片，按"Enter"键，即可在当前幻灯片的后面插入一张新的幻灯片。

方法 2：在幻灯片浏览视图下，选择需要插入幻灯片的位置，右击，在弹出的快捷菜单中，选择"新建幻灯片"命令或使用快捷键"Ctrl + M"，如图 6-1-10 所示，即可在当前位置增加一张幻灯片。

方法 3：选择"开始"→"新建幻灯片"命令，在下拉列表中选择一种幻灯片版式，如图 6-1-11 所示，即可插入一张新的幻灯片。

【知识点】幻灯片版式

幻灯片版式包含幻灯片上显示内容的位置、格式和占位符，以及幻灯片的主题、字体和背景。占位符是容器，可容纳图片、声音、影片、SmartArt 图形、图表、表格、文本等内容。

PowerPoint 中包含 10 种内置幻灯片版式，也可以创建满足用户特定需求的自定义版式，并与使用 PowerPoint 创建演示文稿的其他人共享。图 6-1-12 显示了 PowerPoint 中内置的幻灯片版式。

单击"开始"→"幻灯片"→"版式",用户可以随时更改任意一张幻灯片的版式。

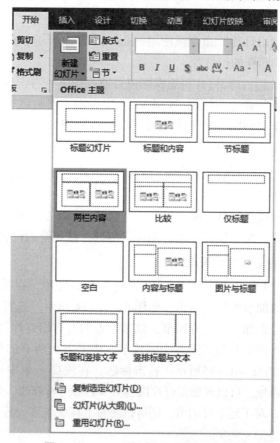

图 6-1-10 "新建幻灯片"快捷菜单　　图 6-1-11 "新建幻灯片"下拉列表

3. 删除幻灯片

选择要删除的幻灯片,然后按"Delete"键,或者右击选定幻灯片的缩略图,从快捷菜单中选择"删除幻灯片"命令,如图 6-1-13 所示。

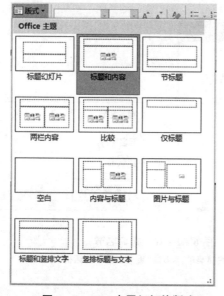
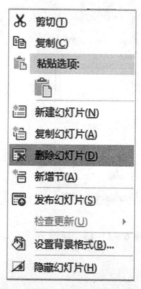

图 6-1-12　内置幻灯片版式　　　　　　图 6-1-13　幻灯片快捷菜单

4. 复制幻灯片

方法1：在普通视图"幻灯片缩略图窗格"中，右击待复制的幻灯片，在快捷菜单中选择"复制幻灯片"命令或使用"Ctrl + D"组合键，此时会在当前幻灯片后面插入一张与当前幻灯片同样的幻灯片。

方法2：在幻灯片浏览视图或普通视图下，右击待复制的幻灯片略缩图，选择快捷菜单的"复制"命令或使用"Ctrl + C"组合键，再将鼠标移动到粘贴的位置，右击，在快捷菜单中选择"粘贴"命令或使用"Ctrl + V"组合键。

5. 移动幻灯片

移动幻灯片的方法与复制幻灯片非常类似，可以用"剪切"和"粘贴"命令来改变幻灯片顺序。

还可以在幻灯片浏览视图下，选择要移动的幻灯片，按住鼠标左键，把幻灯片拖动到需要的位置，松开鼠标左键，即可将幻灯片移到新的位置。

6. 将幻灯片组织成节

幻灯片的节的建立有利于管理多张幻灯片，在普通视图下，在需要添加节的位置右击，如图6-1-14所示。选择"新增节"命令，会添加一个无标题节，该节下方的所有幻灯片都属于本节；而该节上方会自动新建一个默认节，将上方的所有幻灯片归入默认节，如图6-1-15所示。右击标题，在快捷菜单中选择"重命名节"命令，可以根据幻灯片内容对节名称进行修改，如图6-1-16所示。对于建立好的节，还可以随时上移或下移，甚至删除。

图6-1-14 新增节快捷菜单

图6-1-15 新增节

(a)

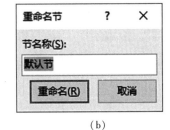

(b)

图6-1-16 重命名节
(a) 快捷菜单；(b) "重命名节"对话框

【任务1-4】 保存和关闭演示文稿

在创建和编辑演示文稿的同时可对其进行保存,以避免其中的内容丢失。当不需要进行编辑时,可关闭演示文稿。

操作步骤

(1) 选择 "文件"→"保存"→"这台电脑"命令,弹出"另存为"对话框,如图6-1-17所示。

(2) 在"另存为"对话框中,输入保存的文件名,选择正确的保存类型及存放的位置,单击"保存"按钮即可。默认情况下,PowerPoint 2016 默认的保存格式为.pptx格式,还可以将演示文稿保存为其他形式,如.ppsx格式,可用于直接播放;.potx格式,用于保存演示文稿模板;还可以保存为网页形式,甚至可以另存为视频文件.wmv格式等,如图6-1-18所示。

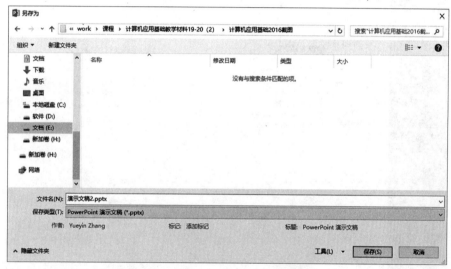

图6-1-17 "另存为"对话框

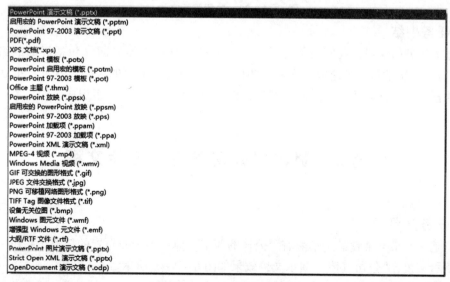

图6-1-18 保存的文件格式

【操作技巧】

（1）使用"Ctrl + S"组合键可快速保存演示文稿。

（2）在"快速访问工具栏"中单击"保存"按钮，如图 6 – 1 – 19 所示，也可以快速保存文件。

图 6 – 1 – 19　"快速访问工具栏"中的"保存"按钮

（3）选择"文件"→"关闭"命令，如图 6 – 1 – 20 所示，可以关闭当前打开的演示文稿。

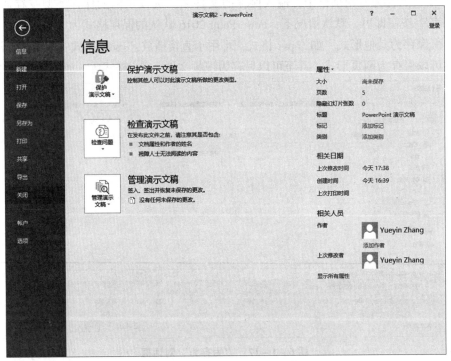

图 6 – 1 – 20　关闭演示文稿

▶任务小结

通过本任务的学习，我们首先熟悉了 PowerPoint 2016 工作界面（包括界面的组成、各类视图等）；其次学习了创建演示文稿的两种方法以及演示文稿的关闭及保存；最后学习了幻灯片的管理方法，如插入、复制、删除、移动幻灯片及将幻灯片组织成节等。

任务2　制作"公司宣传"演示文稿

▶任务介绍

小杨是××市某某食品厂集团有限公司的职工，他接到老板布置的任务，制作一个公司宣传的演示文稿，"公司宣传"演示文稿效果如图 6 – 2 – 1 所示。

▶任务分析

对于初学 PPT 的人来说，尽量不要马上就做，在动手之前，要经过思考，一个好的 PPT

作品是经过策划及设计的。不同的演示目的,不同的演示文稿,不同的受众对象,不同的使用环境,决定了PPT的结构、色彩、节奏和动画效果等。

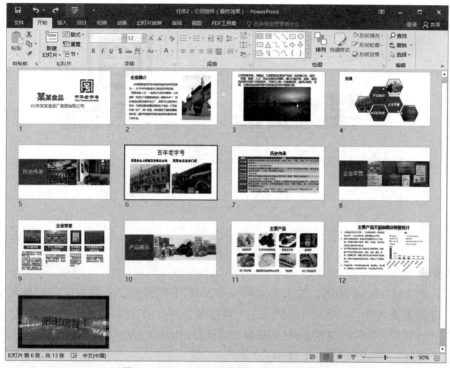

图6-2-1 "公司宣传"演示文稿效果

PPT制作水平的高低可以从内容和外观两个方面来衡量。准备PPT制作与写文章类似,要先确定主题,列出大纲,搜集文字素材、图片素材及其他素材后再动手制作。

一套完整的PPT作品一般包括片头页、目录页、转场页、内容页、片尾页等,再配以文字、图片、形状、图表、动画、声音、影片等素材。

由于PowerPoint与Word、Excel同属Office组件,因此在文字格式、图片格式、表格格式及图表格式设置等方面非常相似,具体设置方法请查阅前面的章节,本章节不再赘述。

本任务路线如图6-2-2所示。

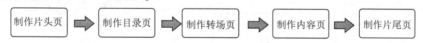

图6-2-2 任务路线

完成本任务的相关知识点:
(1) 版式、占位符等基本概念;
(2) 设置演示文稿页面大小及幻灯片背景;
(3) 编辑与格式化文档;
(4) 幻灯片中插入各类对象(如图片、形状、SmartArt、图表、表格等);
(5) 设置各类对象的大小、样式、排列、效果等属性。

▶任务实现

【任务2-1】制作片头页

演示文稿的片头页,也称标题幻灯片,相当于一本书的封面,十分重要,用于吸引观看者的兴趣,通常会选择一个标志性的图形和对应的主题文字,如图6-2-3所示。

图6-2-3 片头页效果

操作步骤

(1) 启动 PowerPoint 2016,进入 PowerPoint 2016 工作界面,新建一个空白演示文稿。

(2) 设置页面大小:单击"设计"→"自定义"→"幻灯片大小"→"自定义幻灯片大小",在"幻灯片大小"对话框中,选择"幻灯片大小"为"全屏显示(16:9)",幻灯片方向为"横向",如图6-2-4所示。

(3) 在标题幻灯片中输入文字:在标题文本占位符中输入"某某食品",在副标题文本占位符中输入"××市某某食品厂集团有限公司"。

【知识点】占位符

占位符是一种带虚线的边框,用来存储文字和图形的容器,类似于文本框。用户可以操作其中的文字,也可以缩放、移动、复制、粘贴及删除占位符,但是占位符并不影响幻灯片放映的效果。

占位符分为文本占位符(如图6-2-5所示)与项目占位符(如图6-2-6所示)两类。

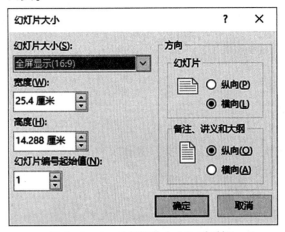

图6-2-4 "幻灯片大小"对话框

图6-2-5 文本占位符

文本占位符可以直接输入文本内容,分为标题占位符(单击此处添加标题)、副标题占位符(单击此处添加副标题)和普通文本占位符(单击此处添加文本)。

项目占位符显示为快捷工具箱,单击不同的按钮可以插入图片、图表、表格、SmartArt 图形和联机图片等。

图 6-2-6 项目占位符

(4)设置文本的大小、字体及颜色:设置标题文本"某某食品"字号大小为 48,加粗,字体为"微软雅黑",颜色为 RGB(220,0,0),其中"某"字的字号大小为 66;设置副标题文本"××市某某食品厂集团有限公司"字号大小为 32,字体为微软雅黑,颜色为 RGB(137,137,137),适当调整占位符的大小及位置。

【操作技巧】

①选择"字体"组中的"增大字号" A˄ 和"减少字号"按钮 A˅,可以根据自己的需要任意增加或减少字号,这在幻灯片文本编辑中会经常使用。

②PowerPoint 2016 在颜色的选择中,经常不会使用标准的颜色,而会设置自定义的 RGB 数值,选择"字体"→"字体颜色"→"其他颜色",在"颜色"对话框中,选择"自定义"选项卡,设置相应数值,其中 R 代表红色,G 代表绿色,B 代表蓝色,数值范围为 0~255,如图 6-2-7 所示。

(5)插入图片并设置透明色。

①选择"插入"→"图像"→"图片",选择相应的图片素材,并适当调整图片的位置及大小。

②选择"图片工具"→"格式"→"调整"→"颜色"→"设置透明色",在图片背景上单击,可快速将图片的背景设置为透明,如图 6-2-8 所示。

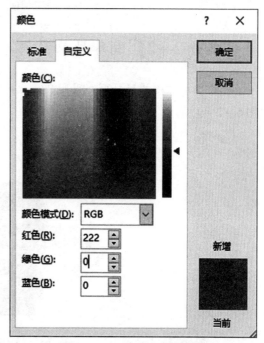

图 6-2-7 自定义颜色设置

(6) 适当调整占位符及图片的位置。

(a)

(b)

图 6-2-8 设置图片背景为透明色

(a) 设置透明色；(b) 图片背景为透明色

【任务 2-2】制作目录页

制作演示文稿的目录页，采用 SmartArt 图形的方式，让幻灯片的内容更生动、易懂，如图 6-2-9 所示。

图 6-2-9 目录页效果

操作步骤

(1) 新建一张幻灯片，在标题文本占位符中输入文字"目录"，设置文字大小为 30，字体为"微软雅黑"，加粗，左对齐。

(2) 更改幻灯片版式：单击"开始"→"幻灯片"→"版式"，选择"仅标题"版式，如图 6 – 2 – 10 所示。

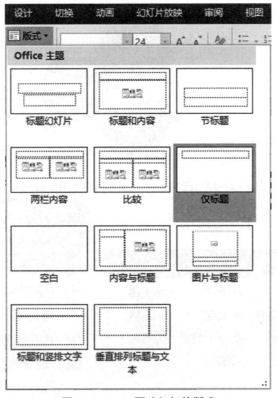

图 6 – 2 – 10　更改幻灯片版式

(3) 插入 SmartArt 图形：单击"插入"→"插图"→"SmartArt"，弹出"选择 SmartArt 图形"对话框，如图 6 – 2 – 11 所示，选择"图片"类中的"六边形群集"，单击"确定"按钮。

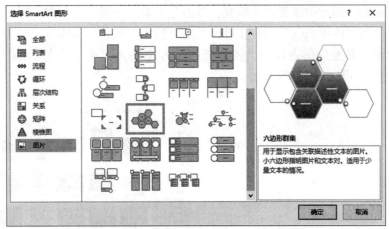

图 6 – 2 – 11　"选择 SmartArt 图形"对话框

(4) 在 SmartArt 图形中输入文本：在 SmartArt 图形相应的位置上输入文本内容，如图 6 – 2 – 12 所示。如果目录的项目较多，可以选择"SmartArt 工具"→"设计"，在"创建图形"组中，选择"添加形状"，根据实际的情况，在后面或前面添加形状，添加后还可通过"上移"或"下移"按钮，调整项目的顺序，如图 6 – 2 – 13 所示。

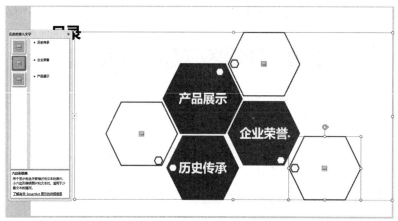

图 6-2-12　在 SmartArt 图形中输入相应的文本

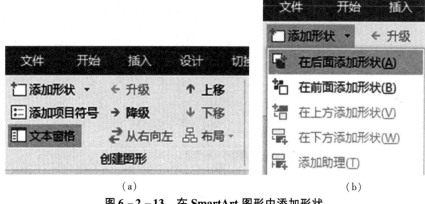

（a）　　　　　　　　　　　　　　　（b）

图 6-2-13　在 SmartArt 图形中添加形状

（a）"添加形状"按钮；（b）"添加形状"下拉菜单

（5）设置文字格式：选择整个 SmartArt 图形，适当调整其大小和位置，整体设置文字格式为"微软雅黑"，字号为"24，加粗"。

（6）在 SmartArt 图形中设置图片填充：单击左边第一个图形占位符，弹出"插入图片"对话框，选择"历史传承. jpg"图片文件，单击"插入"按钮，如图 6-2-14 所示。

（7）依次单击其他图形占位符，使用相同的方法插入"企业荣誉. jpg""产品展示. jpg"图片文件，如图 6-2-15 所示。

图 6-2-14　"插入图片"对话框

图 6-2-15 在 SmartArt 图形中设置图片填充

(8) 设置 SmartArt 样式及颜色。

①设置整体颜色：依次单击"SmartArt 工具"→"设计"→"SmartArt 样式"→"更改颜色"→"个性色 2"选择第 2 个选项"彩色填充，个性色 2"，如图 6-2-16 所示。

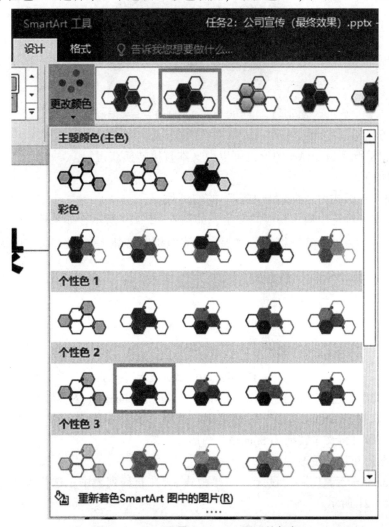

图 6-2-16 设置 SmartArt 图形的颜色

②设置样式：依次单击"SmartArt 工具"→"设计"→"SmartArt 样式"→"白色轮廓"，如图 6-2-17 所示。

③设置部分形状填充与轮廓颜色：单独选择中间的 3 个形状，设置其形状填充颜色为 RGB（222，0，0），如图 6-2-18 所示。

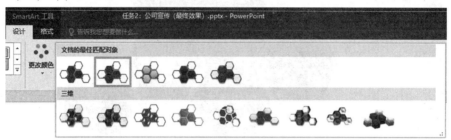

图 6-2-17 设置 SmartArt 图形的样式

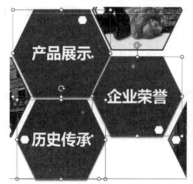

图 6-2-18 设置部分形状填充与轮廓颜色

【操作技巧】

图 6-2-18 所示 SmartArt 图形也可以由文本直接转换获得。

操作步骤如下。

（1）新建一个版式为"标题与内容"的幻灯片。

（2）在文本占位符中输入相应的文字，如图 6-2-19 所示，如果输入文字较多，可以通过单击"开始"→"段落"组中的"提高列表级别"按钮，设置文字的级别。

目录
- 历史传承
- 企业荣誉
- 产品展示

图 6-2-19 输入文本

（3）右击文本，选择"转换为 SmartArt"→"其他 SmartArt 图形"命令，如图 6-2-20 所示，在"选择 SmartArt 图形"对话框中，选择"图片"类中的"六边形群集"，单击"确定"按钮，即可将文本转换为 SmartArt 图形。

SmartArt 图形布局的更改：

选择"SmartArt 工具"→"设计"→"版式"，在布局列表中，选择希望更改的类型即可，如图 6-2-21 所示。

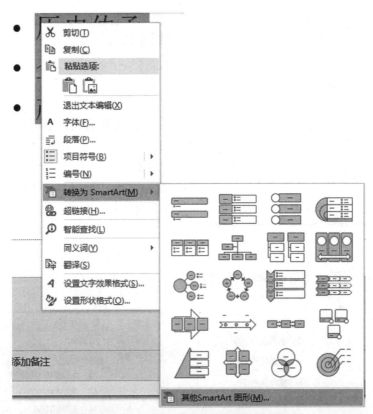

图 6-2-20 将文本转换为 SmartArt 图形

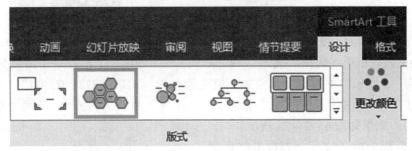

图 6-2-21 SmartArt 图形布局更改

【任务2-3】 制作转场页

目录的内容主要是介绍公司的"历史传承""企业荣誉"和"产品展示",在每一个部分的开头,都插入一个转场页,用于区分每个部分,例如第 5 张、第 8 张和第 10 张幻灯片,如图 6-2-22 所示。

图 6-2-22 三张间隔页效果

3张转场页基本的表现形式是相同的，均是3幅图片放置在幻灯片的正中间，在图片的左边均有一个红色的矩形，矩形区域内输入相应的文字内容。

操作步骤

（1）新建一张版式为"空白"的幻灯片。

（2）插入图片。

①在幻灯片中插入图片素材"产品展示转场页.jpg"，并适当调整图片的位置及大小。

②选择"图片工具"→"格式"→"排列"组→"对齐"，设置"水平居中"及"垂直居中"，如图6-2-23所示，让图片处于幻灯片的正中间。

③选择"图片工具"→"格式"→"排列"组→"旋转"→"水平翻转"或者"垂直翻转"，如图6-2-24所示，设置图片显示的正确方向。

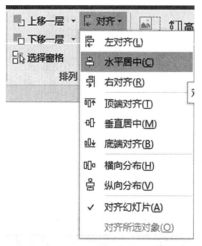

图6-2-23 设置图片对齐方式

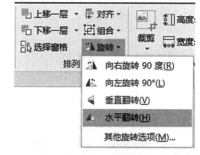

图6-2-24 设置图片旋转方向

（3）绘制红色矩形。选择"插入"→"形状"→"矩形"，绘制一个高度为"6.97厘米"，宽度为"8厘米"的矩形，无轮廓，填充颜色为"RGB（222，0，0）"，并设置其左对齐，上下居中（"图片工具"→"格式"→"排列"组→"对齐"，设置"左对齐"及"垂直居中"），效果如图6-2-25所示。

（4）在矩形上输入文字。7右击红色矩形，选择"编辑文字"命令，如图6-2-26所示，在输入点处输入"产品展示"，设置字体为"微软雅黑、字号40、居中对齐"。

（5）其他转场页的制作。

①复制第一张转场页幻灯片

②右击图片，在快捷菜单中选择"更改图片"命令，如图6-2-27所示，在"插入图片"对话框中单击"从文件"，选择其他转场页的对应图片。

图6-2-25 绘制红色矩形

③根据转场页的内容，更改红色矩形中的对应文字，最后效果如图6-2-22所示。

图 6-2-26　在矩形上输入文字

图 6-2-27　"更改图片"命令

【任务 2-4】制作内容页

PPT 中的内容页的表现形式多种多样，多数是以文字、图片、图表、表格及文本框等多种元素的相互组合出现。

文本是演示文稿最基本的内容，既可以在幻灯片默认的占位符中输入，也可以在幻灯片的任意位置绘制文本框并在其中输入，然后设置其格式，设置方法与在 Word 和 Excel 中设置相似。

操作步骤

1. "企业简介"内容页的制作

（1）在片头页之后添加一张幻灯片，版式设置为"两栏内容"，如图 6-2-28 所示，在上方文本占位符输入"企业简介"，设置字体为"微软雅黑、字号 32、加粗、左对齐"。

图 6-2-28　"两栏内容"版式

（2）输入文字。打开文字素材文件，复制企业简介的相关文字，粘贴至左边项目占位符处。

（3）设置文本格式。设置字体为"微软雅黑"，根据实际需要设置合适的文字大小。

（4）取消项目符号。选择"开始"→"段落"组中的"项目符号"按钮，取消文本左边的原点●。

（5）设置文本段落格式。选择"开始"→"段落"组右下角的对话框启动器，弹出"段落"对话框，设置行距为 1.5 倍行距，文本之前的缩进为 0，首行缩进 1.27 厘米，如

图6-2-29所示,适当调整文本占位符的大小和位置。

图6-2-29 设置文本段落格式

(6) 插入图片素材:单击右边项目占位符中的"图片"按钮,插入对应的图片素材"老东门2.jpg",适当调整图片大小和位置,效果如图6-2-30所示。

图6-2-30 "企业简介"内容页(第2张幻灯片)

(7) 以类似的方法制作第3张(版式设置为"标题和内容")、第6张幻灯片(版式设置为"比较"),效果如图6-2-31所示。

2. "历史传承"内容页的制作

(1) 在"历史传承"转场页后面,新建一张版式为"标题与内容"的幻灯片,输入标题"历史传承",设置字体为"微软雅黑、字号32、加粗"。

(2) 插入表格。在内容占位符中单击"表格"对象或单击"插入"→"表格"→"插入表格",在"插入表格"对话框中输入数据,创建一个2列9行的表格,并适当调整表格的大小,如图6-2-32所示。

(3) 在表格中输入文字。打开文字素材文件,复制表格里的内容,选择表格中的所有单元格,右击,在快捷菜单中选择"粘贴"。

(a) (b)

图6-2-31 第3张、第6张幻灯片效果

(a) 第3张；(b) 第6张

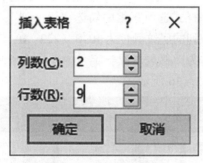

图6-2-32 插入表格

【知识拓展】

一般情况下，在 PowerPoint 2016 中完成创建表格的方法有4种：

① 在 PowerPoint 2016 中直接创建表格；

② 从 Word 中复制表格，在空白处直接粘贴表格；

③ 从 Excel 中复制一组单元格，在空白处直接粘贴；

④ 在 PowerPoint 中直接插入 Excel 表格，表格会变为 OLE 嵌入对象。

(4) 设置单元格内容对齐。适当调整文字的大小，表格的列宽，单击"表格工具"→"布局"，在"对齐方式"组中设置对齐方式，如图6-2-33所示，让所有文字垂直居中对齐，第1行和第1列的文字水平居中，表格内容对齐效果如图6-2-34所示。

图6-2-33 设置表格内容对齐方式

历史传承

时间	说明
1918年	某某食品品牌创始人到上海市经商，本着“本心、本领、本钱”的三本主义经营企业。
1925年	某某食品在各地开设分店。
1934年	其品牌月饼即聘影后胡蝶为形象代言人，广告词“唯中国有此明星，唯某某食品有此月饼”，产品一时名倾大江南北。
1956年	公私合营。
2001年	原中外合资XX市某某食品有限公司因月饼“陈馅”事件而宣布破产。
2004年	XX市某某食品厂有限公司成立。
2005年	全新XX市某某食品试营业，在XX市一次同时开启50多家连锁门店，开创了中国食品界的一个奇迹；已安排500名职工就业，受到了国家、省、市等有关部门的鼓励和肯定。
2012年	XX市某某食品厂有限公司现已升级为“XX市某某食品厂集团有限公司”，进一步整合集团内部资源，以更大的发展平台。

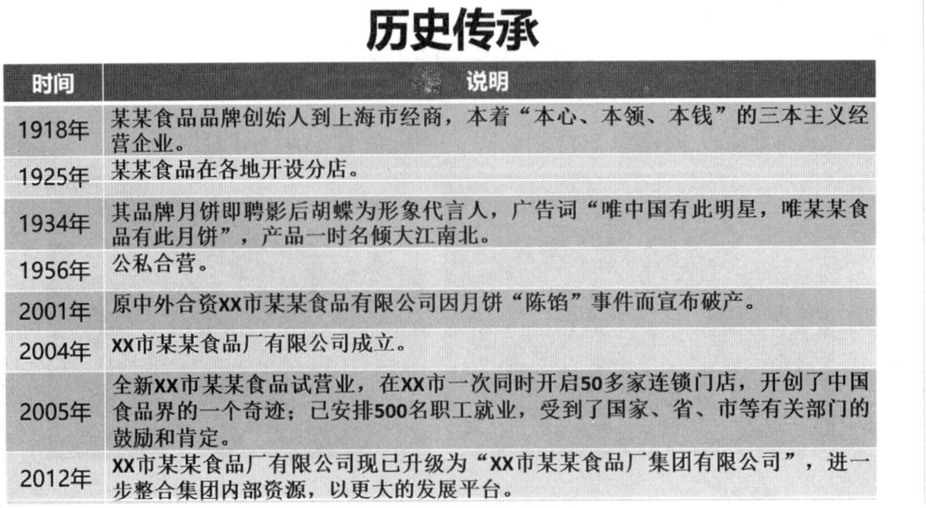

图 6-2-34　表格内容对齐效果

（5）设置表格样式。

①依次选择“表格工具”→“设计”→“表格样式”，选择“中度样式 2，强调 2”的表格样式进行美化，在“表格样式选项”组中勾选“第一列”，如图 6-2-35 所示。

②分别设置第一行和第一列的底纹颜色为 RGB（222，0，0）。

③设置表格中的文字字体为“微软雅黑，字号 16”，适当调整表格的行高和列宽，“历史传承”内容页效果如图 6-2-36 所示。

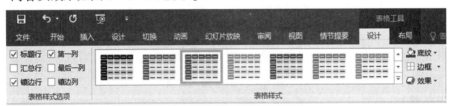

图 6-2-35　表格工具

历史传承

时间	说明
1918年	某某食品品牌创始人到上海市经商，本着“本心、本领、本钱”的三本主义经营企业。
1925年	某某食品在各地开设分店。
1934年	其品牌月饼即聘影后胡蝶为形象代言人，广告词“唯中国有此明星，唯某某食品有此月饼”，产品一时名倾大江南北。
1956年	公私合营。
2001年	原中外合资XX市某某食品有限公司因月饼“陈馅”事件而宣布破产。
2004年	XX市某某食品厂有限公司成立。
2005年	全新XX市某某食品试营业，在XX市一次同时开启50多家连锁门店，开创了中国食品界的一个奇迹；已安排500名职工就业，受到了国家、省、市等有关部门的鼓励和肯定。
2012年	XX市某某食品厂有限公司现已升级为“XX市某某食品厂集团有限公司”，进一步整合集团内部资源，以更大的发展平台。

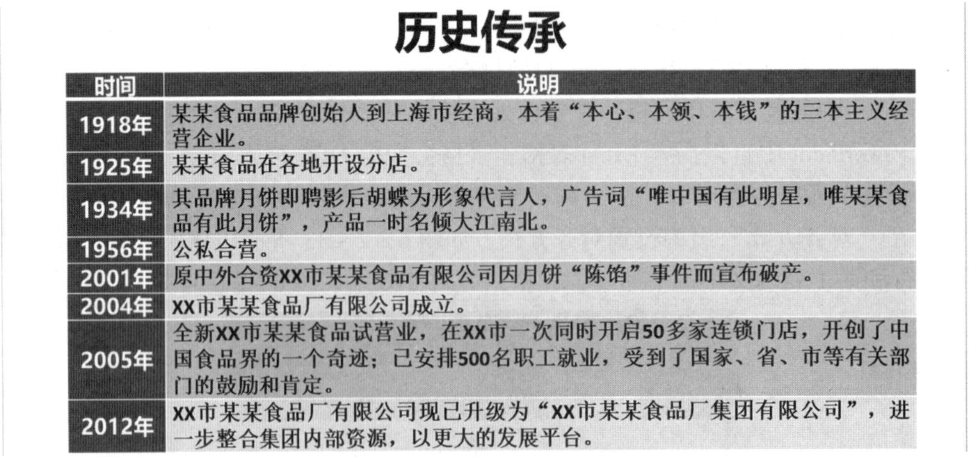

图 6-2-36　“历史传承”内容页效果

3. “企业荣誉”内容页的制作

（1）在“企业荣誉”转场页的后面，新建一张版式为“仅标题”的幻灯片，输入标题“企业荣誉”，设置字体为“微软雅黑，字号 32、加粗”。

（2）同时插入多张图片。选择"插入"→"图像"→"图片"，在"插入图片"对话框中，按"Ctrl 键"的同时选择对应的 4 张图片（企业荣誉 1.png、企业荣誉 2.png、企业荣誉 3.png、企业展示 4.jpg），单击"插入"按钮，即可在幻灯片中插入多张图片，如图 6-2-37 所示。

图 6-2-37　同时插入多张图片

（3）设置多张图片的格式。同时选择 4 张图片，单击"图片工具"→"格式"→"大小"选项组右下角的对话框启动器，弹出"设置图片格式"对话框，设置图片的高度为"3.7 厘米"，如图 6-2-38 所示。如果需要同时改变图片的长和宽，请取消"锁定纵横比"。

（4）设置图片对齐排列。将图片按照出现的顺序排列，同时选择 4 张图片，单击"图片工具"→"格式"→"排列"组→"对齐"，设置"对齐幻灯片""顶端对齐"与"横向分布"，让 4 张图片处于同一条水平线上并且图片之间距离相等，效果如图 6-2-39 所示。

（5）制作图片说明文字。

①绘制一个矩形，高度均为"1 厘米"，宽度与相应图片宽度相等，无轮廓，颜色为 RGB（222，0，0）。

②在矩形中输入文字"中华老字号"，设置字体为"微软雅黑、加粗、字号 18"。

③按住"Ctrl"键，同时拖动，可复制出另外 3 个矩形，并且排列整齐。

图 6-2-38　"设置图片格式"对话框

④将矩形高度改为 1.5 厘米，宽度与相应图片宽度相等，并且更改相应矩形中的文字，如图 6-2-40 所示。

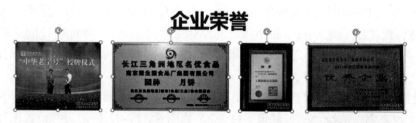

图 6-2-39　设置图片对齐排列

图 6-2-40 制作图片标题

（6）插入文本框。

①打开文字素材文件，复制"中华老字号"的说明文字。

②选择"插入"→"文本框"→"横排文本框"，绘制一个文本框，将说明文字贴入。

③设置字体为"微软雅黑、字号为12，两端对齐，单倍行距"，可根据实际情况适当调整文字的大小。

④使用相同的方法，完成另外3个文本框。

⑤设置4个文本框的高度为相近，并将4个文本框排列整齐，如图6-2-41所示。

图 6-2-41 设置文本框对齐效果

4. "主要产品"内容页的制作

（1）在"产品展示"转场页后面，新建一张版式为"仅标题"的幻灯片，输入标题"主要产品"，设置字体为"微软雅黑、字号32、加粗"。

（2）插入图片及设置图片格式。根据"企业荣誉"内容页的制作方法，在幻灯片中同时插入主要产品的8张图片（金陵馅饼1.jpg、红枣龟苓膏软糖1.jpg、紫薯香芋酥1.jpg、蛋黄酥1.jpg、松仁粽子糖3.jpg、粗粮黑芝麻原味玉米饼1.jpg、鸭油酥1.jpg、松仁枣泥麻饼1.jpg），并设置图片高度均为"3.8厘米"，宽度为"4.8厘米"，取消锁定纵横比，并排列整齐。

（3）设置图片样式。同时选择8张图片，单击"图片工具"→"格式"→"图片样式"，在下拉列表中，选择"圆形对角、白色"，如图6-2-42所示，并设置图片边框的粗细为"1.5磅"。

图 6-2-42　设置图片样式列表

（4）在图片的下面插入文本框，输入产品的名称，设置字体为"微软雅黑、字号18、居中"，效果如图 6-2-43 所示。

5. "主要产品天猫旗舰店销量统计"内容页的制作

（1）在"主要产品"内容页后面，新建一张版式为"两栏内容"的幻灯片，输入标题"主要产品天猫旗舰店销量统计"，设置字体为"微软雅黑、字号32、加粗"。

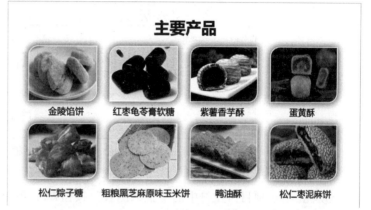

图 6-2-43　"主要产品"内容页效果

（2）输入文字。在左边占位符中贴入文字素材文件中相关说明文字。

（3）设置文本段落格式。设置行距为"1.5 倍行距"，文本之前的缩进与悬挂缩进均为"0.95 厘米"，适当调整文本占位符的大小和位置。

（4）插入项目符号和编号。

①单击"开始"→"段落"组中的"项目符号"按钮，选择"项目符号和编号"命令，如图 6-2-44 所示，在弹出的"项目符号和编号"对话框中单击"自定义"按钮，设置符号大小为"90% 字高"，颜色为 RGB（222,0,0），如图 6-2-45 所示。

②在"符号"对话框中，选择字体为"(拉丁文本)"，输入字符代码为 203B，"来自"选择"Unicode（十六进制）"，单击"确定"按钮，即可选择"※"符号，如图 6-2-46 所示。

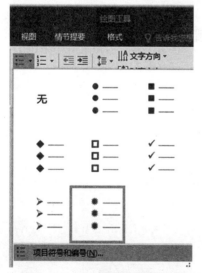

图 6-2-44　设置项目符号列表

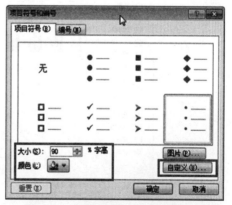

图 6-2-45　项目符号和编号对话框

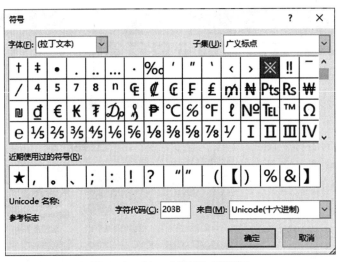

图6-2-46 "符号"对话框

(5) 插入图表。

①单击右边项目占位符中的"插入图表"按钮,或单击"插入"→"插图"→"图表",在弹出的"插入图表"对话框中选择"柱形图"→"簇状柱形图",单击"确定"按钮,如图6-2-47所示。

②在弹出的Excel工作簿中输入数据,如图6-2-48所示。

③关闭工作表,在幻灯片中就会出现对应的数据图表,如图6-2-49所示。

④设置图表布局及样式。选择图表,依次单击"图表工具"→"设计"→"图表样式"→"样式14",并在"快速布局"列表中应用"布局2",如图6-2-50所示。

⑤设置图表的大小及颜色。选择图表,设置字体为"微软雅黑、字号10",适当调整图表的位置及大小。根据自己的爱好,可以分别设置柱形图中每个柱子的颜色:选中"紫薯香芋酥"数据标签,右击选择"填充",选择"标准色—绿色",如图6-2-51所示,"主要产品天猫旗舰店销量统计"内容页效果如图6-2-52所示。

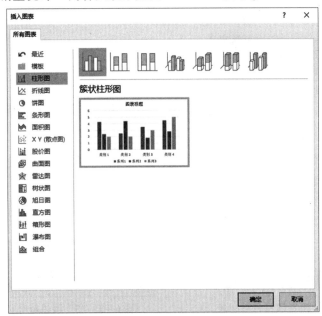

图6-2-47 插入图表

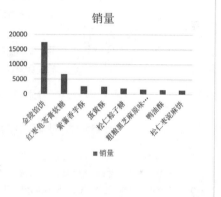

图 6-2-48　在工作簿中输入数据

图 6-2-49　生成数据图表

图 6-2-50　设置图表布局和样式

计算机应用基础任务驱动教程——Windows 10 + Office 2016

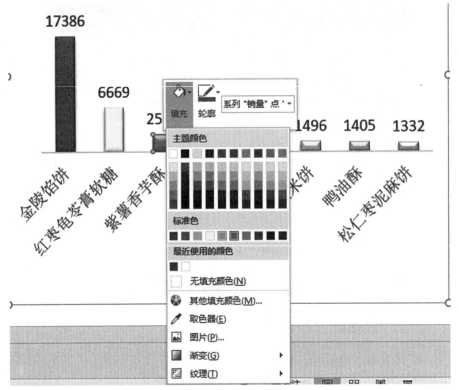

图6-2-51 分别设置柱形图中每个柱子的颜色

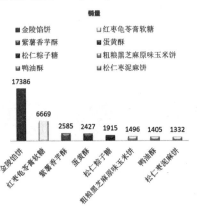

图6-2-52 "主要产品天猫旗舰店销量统计"内容页效果

【任务2-5】制作片尾页

每一个PPT作品的结尾都需要有一张片尾页,通常使用艺术字和图片背景,如图6-2-53所示。

操作步骤

(1) 新建一张版式为"空白"的幻灯片。

(2) 设置幻灯片背景。右击幻灯片空白处,在弹出的快捷菜单中选择"设置背景格式"

命令，如图6-2-54所示，在"设置背景格式"对话框中，如图6-2-55所示，选择"填充"→"图片或纹理填充"，选择合适的图片作为幻灯片背景，单击右上角"×"按钮。

图6-2-53 片尾页效果

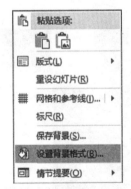

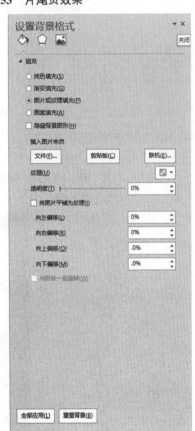

图6-2-54 快捷菜单   图6-2-55 "设置背景格式"对话框

（3）在背景上添加一个半透明的白色矩形：绘制一个矩形，右击选择"设置形状格式"，设置"无线条，纯色填充（白色）、透明度为50%"，如图6-2-56所示。

（4）插入艺术字。单击"插入"→"文本"→"艺术字"，在下拉列表中选择一种艺术字样式，如图6-2-57所示。在文本框中输入文字"谢谢观看!"，设置字体为"微软雅黑、字号66"。

(5) 设置艺术字的形状与对齐方式。

①单击"绘图工具"→"格式"→"艺术字样式"组→"文本填充",设置艺术字填充为标准色红色。

②"绘图工具"→"格式"→"艺术字样式"组→"文本效果"→"转换",设置艺术字的形状为"波形1",如图6-2-58所示。

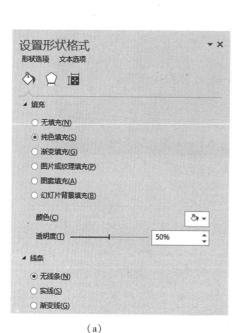

(a)

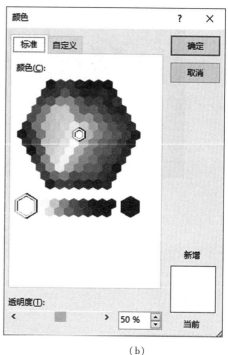

(b)

图6-2-56 设置形状格式

(a) 设置形状格式;(b) "颜色" 对话框

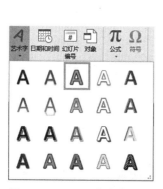

图6-2-57 "艺术字"下拉列表

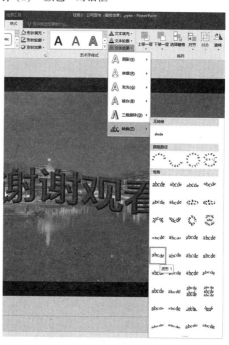

图6-2-58 设置艺术字形状

③适当调整艺术字的大小和位置,并设置艺术字"水平居中,垂直居中"。

(6) 保存文件,命名为"公司宣传.PPT",效果如图 6-2-53 所示。

▶任务小结

本次任务主要是完成了制作"公司宣传"演示文稿,我们首先了解了一套完整的 PPT 作品应具有的基本结构,其次通过制作演示文稿,掌握版式、占位符等基本概念,学习了在 PPT 中添加文本的多种方法,练习了文本编辑的操作技能;掌握在演示文稿中插入图片,甚至多张图片同时编辑,排列整齐的方法;在制作中还练习了在演示文稿中绘制图形、插入艺术字、插入 SmartArt 图形、制作表格以及利用数据制作图表的基本方法,同时也对 Word 和 Excel 的类似操作进行了知识回顾。

任务3 美化"产品发布"演示文稿

▶任务介绍

××××网络科技有限公司的职工小张制作了智能手机新品发布会的宣传 PPT。然而技术有限,制作的 PPT 不够美观,表现也不够生动,需要我们帮助她来美化"产品发布"演示文稿,"产品发布"PPT 效果如图 6-3-1 所示。

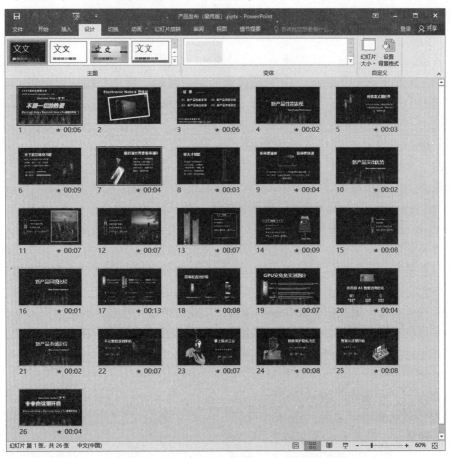

图 6-3-1 "产品发布"PPT 效果

▶ 任务分析

让PPT变得美观大方，生动有趣，通常会从几个方面来入手。首先会根据演示文稿的内容来挑选合适的应用设计主题，其次通过设计幻灯片母版，统一整个文档的风格，对幻灯片设置切换效果以及对展示的内容设计动画效果，还可以通过插入超链接及动作按钮实现演示文稿展示的自由跳转，最后为幻灯片添加一些多媒体元素，成为图、文、声并茂的演示文稿。

本任务路线如图6－3－2所示。

图6－3－2　任务路线

完成本任务的相关知识点：
（1）主题、母版等基本概念；
（2）幻灯片母版的基本编辑；
（3）幻灯片切换效果与动画效果的设置；
（4）在幻灯片中插入超链接及动作按钮；
（5）在幻灯片中插入多媒体元素。

▶ 任务实现

【任务3－1】应用设计主题

幻灯片设计主题可以统一设置演示文稿的颜色、字体、效果和背景样式等外观效果。

主题颜色：由8种颜色组成，主要是设置文字、背景、着色和超链接颜色。单击"设计"→"变体"组→"其他"→"颜色"可以看到各种预设的配色方案，也可以自由选择配色搭配。

主题字体：主要是幻灯片母版中标题文字和正文文字的字体格式，单击"设计"→"变体"组→"其他"→"字体"可以看到很多预设的字体格式组合，也可以用户自定义。

主题效果：主要是设置幻灯片中图形线条和填充效果的组合，单击"设计"→"变体"组→"其他"→"效果"可以看到很多预设的阴影和三维设置组合。

PowerPoint提供了几种内置主题，可以任意应用，也可以根据自己的需要自定义。

我们要美化的演示文稿，主要是有关智能手机产品发布方面的内容。首先要确定主色调，备选颜色是黑、白、灰、蓝，因为黑、白、灰是商务风搭配，而蓝色和银灰常用来体现高科技感。天空、大海、宇宙星空这些现实中无限广阔的事物都是蓝色的，蓝色能带给人安详、广阔的视觉感受。银灰能使人联想到金属、工业，带给人收敛、冰冷、坚硬的感觉。最终确定使用黑色背景，白色文字，在强调冷硬和冲击感的商务色中点缀蓝色的烟火，象征着对高科技产品的热爱，然后统一设置背景、颜色及字体。

操作步骤

（1）打开"产品发布"演示文稿。

（2）应用默认的设计主题。选择"设计"→"主题"，在主题列表中，应用"石板"主题和第4种变体，如图6－3－3所示。

图6-3-3 应用设计主题

(3) 设置主题颜色。选择"设计"→"变体"→"颜色"→"灰度",如图6-3-4所示。

图6-3-4 选择主题颜色

(4) 设置主题字体。选择"设计"→"变体"→"字体"→"自定义字体",在"新建主题字体"对话框中设置中文字体为"微软雅黑",西文字体为"Times New Roman",单击"保存"按钮,如图6-3-5所示。

图6-3-5 选择主题字体

(5) 设置主题背景格式。选择"设计"→"自定义"→"设置背景格式",在弹出的"设置背景格式"对话框格中选择"渐变填充",设置渐变光圈的第1个色标(位置0%)为RGB (0, 0, 0),第2个色标(位置92%)为RGB (0, 0, 0),第3个色标(位置98%)为RGB (0, 112, 192),第4个色标(位置100%)为RGB (0, 176, 240),如图

6-3-6所示,单击"全部应用"按钮,设置应用主题后效果如图6-3-7所示。

图6-3-6 "设置背景格式"对话框

图6-3-7 设置应用主题后效果

【操作技巧】

可以为不同的幻灯片应用不同的设计主题,操作方法如下。

(1)选定一张或多张幻灯片,右击选择想要应用的主题,在快捷菜单中选择"应用于选定幻灯片",如图6-3-8所示。

(2)选中的幻灯片页面就会应用该主题,而其他幻灯片页面不变,以此类推,这样一个演示文稿可以应用多个设计主题。

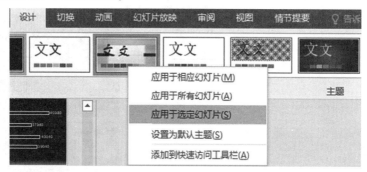

图6-3-8 为不同的幻灯片应用不同的设计主题

【任务3-2】编辑幻灯片母版

PowerPoint母版有幻灯片母版、讲义母版和备注母版3种类型。

讲义母版,用来修改或添加每页讲义的页眉和页脚信息。

备注母版,控制备注页的版式及备注文字的格式。

最常用的是幻灯片母版,它在幻灯片层次结构中处于顶层,可以对当前演示文稿的所有幻灯片(包括以后新建的幻灯片)的背景、颜色、字体、效果、占位符等主题和版式信息进行统一设置，无须在多张幻灯片上重复设置相同的样式，可以提高工作效率。

幻灯片母版视图左侧窗格第1张幻灯片，可以对所有幻灯片设置统一的效果。幻灯片母版视图左侧窗格第2张开始的幻灯片，分别对应不同版式的母版。每个演示文稿包含一个或者多个幻灯片母版。如果演示文稿中有不同设计主题的幻灯片，就会出现多个不同的母版。

在上一任务中，幻灯片设计主题帮助我们统一了标题和正文的字体，也设定了配色的方案，自定义背景格式，但是在设计中，我们会发现还会有一部分效果不能满足需要，因此需要使用幻灯片母版功能完成如下任务。

将原主题背景效果中不需要的内容统一删除。

①调整内容页标题文字的格式、位置及大小及增加背景元素。

②设计片头页与片尾页的效果

③设计转场页的效果

操作步骤

（1）切换母版视图。选择"视图"→"母版视图"→"幻灯片母版"，如图6-3-9所示，切换到"幻灯片母版"视图，并在左侧窗格中单击第1张幻灯片，如图6-3-10所示。

图6-3-9 切换母版视图

图6-3-10 幻灯片母版

（2）删除不需要的元素。选择相应的占位符，按"Delete"键，即可删除。

（3）选择"单击此处编辑母版标题样式"标题占位符，设置字体"加粗、字号38，调整占位符的位置及大小，如图6-3-11所示。

（4）调整段落格式。选择下方占位符（"编辑母版文本样式"），设置段落格式为"1.5倍行距，段前段后距离均为0磅，其他为默认"。

（5）插入图片。插入图片"图片6.jpg"，设置图片底端对齐，右击图片，将其至置于底层，如图6-3-12所示。

（6）设置两栏内容版式幻灯片。选择左侧列表中第5张幻灯片（两栏内容），调整其占位符的位置及大小，如图6-3-13所示。

图 6-3-11　设置标题占位符的格式

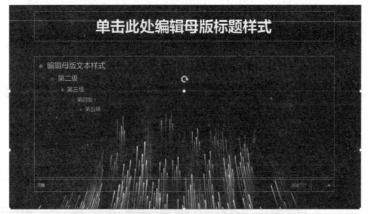

图 6-3-12　插入背景元素，并且置于底层

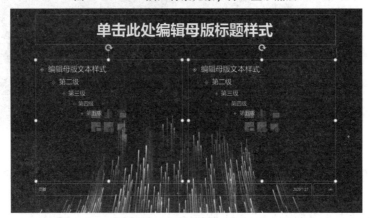

图 6-3-13　调整"两栏内容"幻灯片母版占位符

（7）设计片头页与片尾页的效果。

①在幻灯片母版视图中，选择左侧列表中第 2 张幻灯片，即标题幻灯片版式，删除副标题占位符，只保留标题占位符，设置文字大小为"80 磅"。选择"绘图工具"→"格式"→"艺术字样式"，设置文本填充为"白色"，文本轮廓为"灰色—25%、个性色1"，文字效果为"灰色—25%、11pt 发光、个性色1"，如图 6-3-14 所示，效果如图 6-3-15 所示。

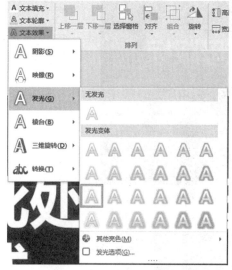

图 6-3-14 设置文字发光

图 6-3-15 文字效果图

②隐藏背景图形。在"幻灯片母版"选项卡的"背景"组,勾选"隐藏背景图形"复选框,以隐藏母版中添加的图形,如图 6-3-16 所示,效果如图 6-3-17 所示。

图 6-3-16 设置隐藏背景图形

图 6-3-17 标题幻灯片母版文字效果

③设置背景图片。右击标题幻灯片母版,在弹出的快捷菜单中选择"设置背景格式"命令,在"设置背景格式"右侧窗格中选择"图片或纹理填充",单击"文件"按钮,设置"背景1.jpg"为幻灯片背景,如图 6-3-18 所示。

(8) 设计转场页的效果。

①转场页应用的版式是"节标题",因此在幻灯片母版视图中,选择左侧列表中第 4 张幻灯片,即节标题幻灯片版式,调整标题及副标题占位符的位置,标题文字加粗。

②插入图片"节标题背景2.jpg",适当调整图片大小和位置,设置其置于底层,如图 6-3-19所示。

图 6-3-18　设置标题幻灯片母版背景

图 6-3-19　节标题幻灯片母版

（9）单击"关闭母版视图"按钮，如图 6-3-20 所示，幻灯片即可应用对应母版的格式，最后效果如图 6-3-1 所示。

图 6-3-20　关闭母版视图

【操作技巧】

幻灯片母版视图可以多次进入，用于反复观察设置的效果，直至满意为止。

幻灯片母版可以批量设置幻灯片的格式，用于提高排版的工作效率，但对于特殊的要求，则需要单独设置该张幻灯片的格式。

【任务 3-3】 设置幻灯片切换效果

幻灯片切换效果是指幻灯片从一张切换到另一张时提供的动态视觉显示方式，使得幻灯片在放映时更加生动。

PowerPoint 2016 提供了多种精彩的切换效果，甚至还有绚丽的 3D 切换，主要分为细微型、华丽型和动态内容 3 种类别。

幻灯片的切换，主要是利用"切换"选项卡，如图6-3-21所示。

单击"预览"按钮，可以观看切换效果。如果为所有的幻灯片应用相同的切换效果，可以单击"全部应用"按钮。用户可以控制切换效果持续的时间、添加换片声音、换片方式以及应用的范围。

如果设置自动换片时间，可以让幻灯片在放映时无需人工单击鼠标，而自动进行切换。

图6-3-21 幻灯片切换选项卡

操作步骤

（1）选第2张幻灯片，单击"切换"→"翻转"，设置幻灯片切换效果为华丽型的翻转效果，如图6-3-22所示。

（2）继续单击"效果"选项中的"向左"设置切换的方向，如图6-3-23所示。

（3）在幻灯片浏览视图下，同时选择第4~9张幻灯片，设置切换效果为"细微型"——"擦除"，方向为"自左侧"，设置自动换片时间为"00：05：00"秒，表示无需单击鼠标，5秒后自动换片。

（4）按照同样的方法，给其他幻灯片设置合适的切换方式。

图6-3-22 选择切换方式

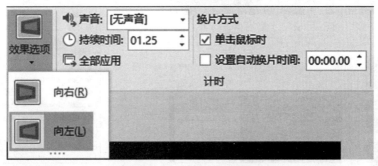

图6-3-23 设置切换效果选项

【任务3-4】 设置幻灯片动画效果

为了让幻灯片内容表现得更加生动、活泼，可以为幻灯片中各对象添加合适的动画效果。
操作步骤

1. 分别设置每个对象的动画效果

（1）选择第4张幻灯片中的标题占位符，单击"动画"按钮，在动画下拉列表中，选择"劈裂"，如图6-3-24所示。在"效果选项"中选择方向为"左右向中央收缩"，如图6-3-25所示，动画效果会自动预览。

（2）选择第4张幻灯片中的图片，单击"动画"按钮，在动画下拉列表中，选择"更多进入效果"，在弹出的"更改进入效果"对话框中，选择动画效果为华丽型的"玩具风车"，如图6-3-26所示，单击"预览"按钮，可以观看动画效果。

（3）选择第4张幻灯片右边的文本占位符，设置其动画效果为"浮入"，效果选项为"上浮""按段落"。

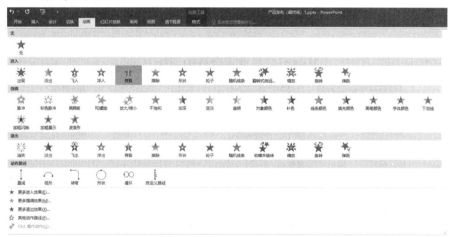

图6-3-24 动画下拉列表

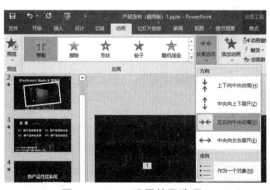

图6-3-25 设置效果选项

图6-3-26 "更改进入效果"对话框

【知识点】幻灯片动画效果的类型

PowerPoint 2016 中有以下 4 种不同类型的动画效果,可以单独使用任何一种动画,也可以将多种效果组合在一起。

①"进入"效果。表示元素进入幻灯片的方式。例如,可以使对象从上方弹跳进入幻灯片、逐渐淡入焦点或者翻转进入视图中。

②"退出"效果。表示元素退出幻灯片的动画效果,这些效果包括使对象旋出幻灯片、擦除消失或者逐渐淡出焦点。

③"强调"效果。表示元素突出显示的效果,这些效果包括使对象加粗闪烁、加深颜色或加下划线。

④动作路径。表示元素可以在幻灯片上按照某种路径舞动的动画效果,使用这些效果可以使对象上下左右直线移动、沿着圆形移动,或者自定义路径。

另外,动画的下拉列表框中只列出了常用的几种动画效果,单击动画下拉列表"更多进入效果""更多强调效果""更多退出效果""其他动作路径",如图 6-3-27 所示,能选择其他的动画效果,分为基本型、细微型、温和型和华丽型 4 种。

选择"添加动画"按钮,如图 6-3-28 所示,还可以为同一对象添加多种动画效果。

图 6-3-27 更多动画效果命令　　图 6-3-28 添加动画按钮

2. 同时设置多个对象或多张幻灯片的动画效果

(1) 使用"Ctrl + A"组合键,同时选择第 5 张幻灯片中的所有对象(包括图片和占位符),设置动画效果为"随机线条",垂直方向。

(2) 切换至母版视图中,设置标题幻灯片母版中标题占位符的动画效果为"缩放",关闭母版视图。

3. 管理动画效果和顺序

幻灯片对象添加了动画效果后,系统自动在对象的左上角出现"0""1""2""3"…的编号,表示各对象动画播放的次序,如图 6-3-29 所示。如果幻灯片中只有一个动画效果,系统会为幻灯片中的所有元素添加一个"1"的编号。

图 6-3-29 动画编号

在设置了多个对象动画效果的幻灯片中,若想改变某个对象的动画在整个幻灯片的播放顺序,可以选择该对象或对象前的编号,单击"动画窗格"中"重新排序"的两个按钮 和 来调整,同时对象前的编号会随着位置的变化而变化。在"重新排序"列表框中,所有对象始终按照"0""1""2"…或"1""2""3"…的编号排序。

(1) 选中第 4 张幻灯片,选择"动画"选项卡,在"高级动画"组中单击"动画窗格"按钮,显示动画窗格,如图 6-3-30 所示。

(2) 拖动编号为 2 的动画效果至编号为 1 的图片动画效果之前,可以改变动画的顺序和编号。

(3) 单击编号为 2 的"标题 1"动画效果下拉列表箭头,在菜单中选择"从上一项之后开始"选项,如图 6-3-31 所示,表示编号 2 动画是在上一个编号动画执行完毕之后开始执行的。如果选择"从上一项开始",表示两个动画效果是同时执行的。

(4) 继续在该下拉菜单中选择"计时"命令,在弹出的"劈裂"对话框中,设置延迟时间为 1 秒,如图 6-3-32 所示。说明图片的动画效果是在上一动画完成 1 秒后自动播放,无须鼠标单击。在此对话框中,还可以设置执行速度和重复等参数。切换到"效果"选项卡,可以设置效果增强参数:声音、颜色等效果,如图 6-4-33 所示。

模块6 演示文稿PowerPoint 2016

图6-3-30 "动画"窗格　　　　　　图6-3-31 设置动画出现方式

图6-3-32 "玩具风车"计时设置对话框　　图6-3-33 "玩具风车"动画效果设置对话框

（5）依照同样的方法，根据需要设置其他幻灯片内容的动画效果，为了能提高工作效率，可以利用动画刷功能，对动画进行复制。

4. 删除动画效果

方法1：选定要删除动画效果的对象，单击"动画"选项卡，在"动画"组中，选择"无"选项

方法2：在"动画窗格"中，在列表区域右击要删除的动画，在快捷菜单中选择"删除"命令。

【操作技巧】

如果需要为演示文稿中多个幻灯片对象应用相同的动画效果，依次添加会非常麻烦，而且浪费时间，这时可以使用动画刷快速复制动画效果，然后应用于幻灯片对象。

动画刷的使用与格式刷的使用方法类似，方法如下。

（1）在幻灯片中选择已经设置动画效果的对象，单击"动画"选项卡，在"高级动画"组中，单击"动画刷"按钮，此时光标将变成如图6-3-34所示的形状。

图 6-3-34 动画刷按钮及光标图样

（2）将光标移动到需要应用动画效果的对象上，然后单击，即可为该对象应用复制的动画效果。

（3）如果需要复制到多个对象上，可以双击动画刷。若取消复制，则需取消"动画刷"按钮。

【任务 3-5】 插入超链接与动作按钮

创建交互式演示文稿，可以通过对幻灯片对象设置超链接以及添加动作按钮等方法让观看者可以直接跳转到需要观看的内容，不必按顺序观看。

本任务中，需要达到下列目标。

①可以通过分别单击目录页中的 4 项内容，直接观看到相应内容。

②除了第一张和最后一张幻灯片之外的所有幻灯片，其右下角均有一组动作按钮，可以自由向前或向后跳转，甚至可以返回到目录页，如图 6-3-35 所示。

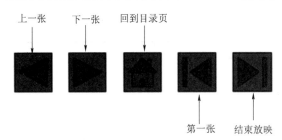

图 6-3-35 动作按钮

操作步骤

1. 设置超链接

（1）选择第 2 张目录页幻灯片，选中"01. 新产品性能表现"文本框，选择"插入"→"超链接"，如图 6-3-36 所示；或右击，在弹出的快捷菜单中选择"超链接"命令。

图 6-3-36 设置超链接

（2）在弹出的"插入超链接"对话框中，"请选择文档中的位置"选择"4. 新产品性能表现"（即第 3 张幻灯片），如图 6-3-37 所示，然后再单击"屏幕提示"按钮，在弹出的对话框中，输入屏幕提示文字为"新产品性能表现"，如图 6-3-38 所示，最后单击"确定"按钮。

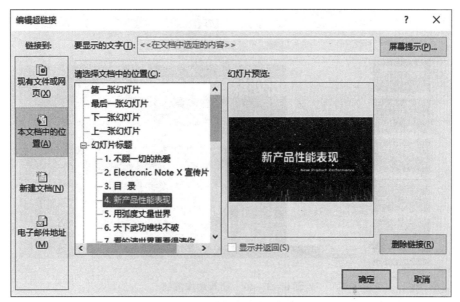

图 6-3-37　超链接目标

（3）依照相同的方法，设置目录页中另外 3 项内容的超链接与屏幕提示文字，如图 6-3-39 所示，幻灯片放映时，当光标移至超链接对象时会变成手型指针，并且显示屏幕提示文字。

图 6-3-38　设置超链接屏幕提示

图 6-3-39　放映时目录链接效果

2. 动作按钮

添加动作按钮实际上也是创建超链接的一种方法。由于本任务要求除了第一张和最后一张幻灯片之外的所有幻灯片，其右下角均有一组动作按钮，因此需要使用母版。

（1）进入幻灯片母版视图，选择第 1 张幻灯片，单击"插入"→"插图"→"形状"按钮，在弹出的下拉列表中选择"动作按钮"区域的"动作按钮：后退或前一项"图标，如图 6-3-40 所示。

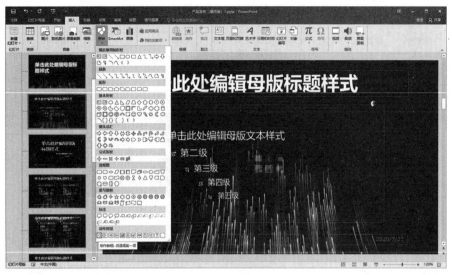

图 6-3-40　插入动作按钮

(2) 在幻灯片适当的地方单击并拖动左键绘制图形,释放左键弹出"操作设置"对话框,在"单击鼠标"选项卡中单击"超链接到"选择"上一张幻灯片",如图 6-3-41 所示,单击"确定"按钮,即可完成动作按钮的创建。

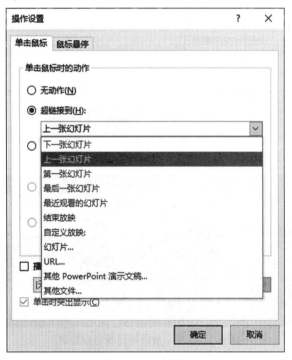

图 6-3-41　完成动作按钮设置

(3) 使用相同的方法,在幻灯片母版中插入另外 4 个动作按钮,分别链接至"下一张幻灯片""2. 目录""第一张幻灯片"和"结束放映",如图 6-3-42 所示。

图 6-3-42　插入 5 个动作按钮

(4) 设置动作按钮的样式。

①同时选择 5 个动作按钮,设置所有动作按钮的高和宽均为 0.8 厘米,顶端对齐,横向分布,放置在幻灯片母版的右下角。

②设置动作按钮的形状轮廓为"黑色",粗细为"0.25 磅",形状填充为"灰色—80%、个性色 5",最终效果如图 6-3-35 所示。

③选择幻灯片母版视图的第 4 张幻灯片,也就是应用于转场页的节标题幻灯片。节标题幻灯片母版的背景图片如果遮挡了动作按钮,可以将背景图片置于底层,或者复制动作按钮到节标题幻灯片母版。

④关闭母版视图后,除了第一张和最后一张幻灯片以外,其他所有的幻灯片的右下角均会出现 5 个动作按钮。

【操作技巧】

任何对象,包括图片、图形、文字等都可以成为动作按钮。这些对象也可以通过动作设置添加超链接,方法如下。

(1) 选择幻灯片对象,选择"插入"→"动作",在弹出的"操作设置"对话框中选择"单击鼠标"→"超链接到"→"幻灯片……",如图 6-3-43 所示。

(2) 在"超链接到幻灯片"对话框中,选择链接的幻灯片,如图 6-3-44 所示,单击"确定"按钮,这样就为所选对象创建了动作,让其成为动作按钮。

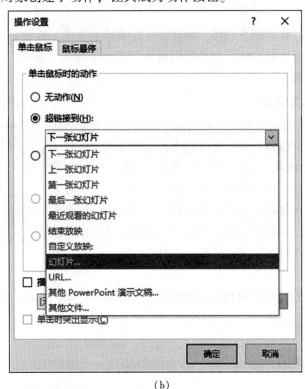

(a)　　　　　　　　　　　　　　(b)

图 6-3-43　动作设置

(a)"动作"按钮;(b) 操作设置

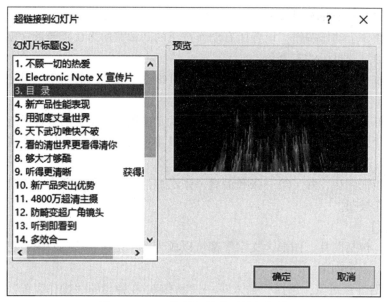

图6-3-44 设置超链接到的幻灯片

【任务3-6】添加多媒体元素

随着幻灯片的动态切换,再配上一段美妙的音乐,在演示文稿中添加一小段视频,可以让演示文稿更生动有趣,容易吸引观众,不会觉得枯燥乏味。

操作步骤

1. 添加背景音乐

PPT可以插入剪贴画中的音频,还可以插入文件中的音频,并可以根据演示文稿的内容录制音频。

(1) 选择第一张幻灯片,单击"插入"→"媒体"→"音频"→"PC上的音频",如图6-3-45所示,在"插入音频"对话框中选择音乐文件"ppt音频.wav",单击"插入"按钮。"插入"按钮右下角下拉菜单,可选择"插入"或"链接到文件",如图6-3-46所示。

图6-3-45 插入"文件中的音频"

(2) 在幻灯片中出现喇叭的标志,如图6-3-47所示,表示音频已经插入至幻灯片。

图6-3-46 "插入音频"对话框

图6-3-47 音频标志

（3）选择小喇叭，单击"音频工具"→"播放"勾选"跨幻灯片播放"，勾选"循环播放，直到停止""放映时隐藏""播完返回开头"，如图6-3-48所示。

图6-3-48　设置音频播放参数

2. 添加视频

为丰富幻灯片的内容，可将视频也放入演示文稿中，同时给视频加上一个好看的封面。

（1）在第一张幻灯片之后，新建一张版式为"标题与内容"的幻灯片，在标题占位符上输入文字"Electronic Note X 宣传片"。

（2）单击"插入"→"媒体"→"视频"→"PC上的视频"，如图6-3-49所示。

（3）在"插入视频文件"对话框中选择视频文件"0001. 好看—小米7全面屏手机宣传广告 . wmv"，单击"插入"按钮，所需的视频文件会直接插入至幻灯片中，如图6-3-50所示。

图6-3-49　文件中的视频

图6-3-50　插入视频文件

（4）设置视频参数。单击插入的视频，在"视频工具"→"播放"选项卡中，可以对视频进行相应的参数设置，如自动播放视频，全屏播放等，设置如图6-3-51所示。

（5）设置视频外观。在"视频工具"→"格式"选项卡中，可以根据实际的需要设置视频的外观，如视频样式、视频形状、设置视频边框及效果等，如图6-3-52所示。设置视频样式为"旋转、白色"，效果如图6-3-53所示。

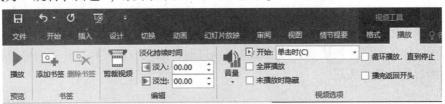

图6-3-51　设置视频播放参数

图6-3-52　设置视频格式参数

图 6-3-53 设置视频样式

(6) 为视频添加封面。播放视频,从视频中选择一帧效果较好的画面,暂停,选择"视频工具"→"格式"选项卡中的"调整"→"标牌框架",在下拉列表中选择"当前框架",如图 6-3-54 所示,即可使用该画面作为封面,当然也可另选图片文件作为封面。

图 6-3-54 设置标牌框架

▶任务小结

本次任务主要是对"产品发布"演示文稿进行美化。为了提高工作效率,首先从幻灯片设计主题、幻灯片母版入手,设置演示文稿的统一风格,根据演示文稿的结构及幻灯片版式设计效果;其次,设置了精彩的幻灯片切换效果,并且为幻灯片内容对象设置动画、设计自定义动画效果,在目录页,根据演示文稿内容,设置超链接,每一页幻灯片均有一组动作按钮,让观众无须按顺序观看,可以自主选择内容进行跳转;最后在幻灯片的首页插入了音乐文件,可以伴随幻灯片的播放,最后在文稿结束前,加入一段视频,作为内容的补充,并为视频添加封面,更为美观。

任务 4 放映与输出演示文稿

▶任务介绍

制作演示文稿的最终目的是放映给观众,小张虽然制作好了"产品展示"演示文稿,但是还不能立即放映给客户看,还需要做一些放映准备,对演示文稿进行一些放映设置,使其更符合放映的场合。

在展示前,可以为观众准备打印好的讲义资料,还可以将演示文稿输出为不同的文件类型,以备不时之需。

▶**任务分析**

在放映演示文稿之前,需要正确设置放映参数,使其更适应放映的场合,如排练计时、录制旁白、自定义放映及设置放映方式等。

在放映演示文稿中,还可以根据展示的需要,随时定位某张幻灯片,或者在讲演过程中,对某张幻灯片添加屏幕注释等。

将制作好的演示文稿输出为不同的文件格式,如图片、视频或者低版本的PPT,最后掌握演示文稿打包和打印的基本方法。

本任务路线如图6-4-1所示。

图6-4-1 任务路线

完成本任务的相关知识点:

(1) 设置放映方式、排练计时、自定义放映、录制旁白;

(2) 放映演示文稿、定位幻灯片与添加屏幕注释;

(3) 演示文稿的打包与打印。

▶**任务实现**

【任务4-1】设置放映参数

在放映演示文稿之前,先对演示文稿的演示进行演练,如进行排练计时、录制旁白、自定义放映等,然后了解一下放映的场合,决定放映的类型、放映选项、放映范围及换片方式等。

设置放映参数主要在"幻灯片放映"选项卡进行设置,如图6-4-2所示。

图6-4-2 "幻灯片放映"选项卡

操作步骤

1. 设置排练计时

公共场合展示PPT时需要控制好演示时间,我们可以通过"排练计时"设置每一张幻灯片的具体播放时间,使演示文稿自动放映,无须手动单击。

(1) 选择"幻灯片放映"→"排练计时"命令,在放映窗口出现"录制"工具栏,如图6-4-3所示。

(2) 当幻灯片放映完毕后,显示一个消息框,显示当前幻灯片放映的总共时间,单击"是",完成幻灯片的排练计时,如图6-4-4所示。

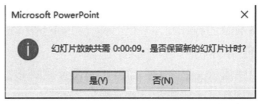

图6-4-3 "录制"工具栏　　　图6-4-4 "Microsoft PowerPoint"对话框

2. 录制旁白

在放映演示文稿时,可以通过录制旁白的方法事先录制好解说词,这样播放时会自动播放。需注意的是:在录制旁白前,需要保证计算机已安装了声卡和麦克风,且两者处于工作状态,否则将不能进行录制或录制的旁白无声音。

下面在第19张幻灯片中录制旁白,介绍"GPU安兔兔实测跑分",操作如下。

(1)选择第19张幻灯片,选择"幻灯片放映"选项卡,在"设置"组中单击"录制幻灯片演示"按钮右侧的下拉按钮,在弹出的列表中选择"从当前幻灯片开始录制"选项,如图6-4-5所示。

(2)在"录制幻灯片演示"对话框中,取消"幻灯片和动画计时"复选框,单击"开始录制"按钮,如图6-4-6所示。

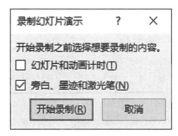

图6-4-5 "录制幻灯片演示"按钮　　　图6-4-6 "录制幻灯片演示"对话框

(3)此时进入幻灯片录制状态,在幻灯片左上角会出现"录制"工具栏,开始对录制旁白进行计时,此时录制准备好的演说词。录制完成后按"Esc"键退出幻灯片录制状态,返回幻灯片普通视图,此时录制旁白的幻灯片中将会出现声音文件图标,如图6-4-7所示,通过控制栏可试听旁白语音效果。

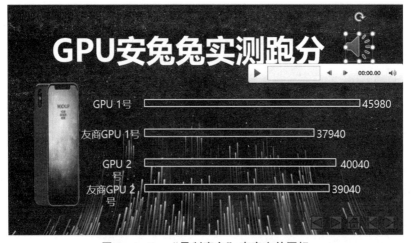

图6-4-7 "录制旁白"声音文件图标

【操作技巧】

如果放映幻灯片时,不需要使用录制的排练计时和旁白,可在"幻灯片放映"选项卡的"设置"组中撤销选中"播放旁白"和"使用计时"复选框,这样不会删除录制的旁白和计时。

如果需要把录制的旁白和计时全部删除,可以单击"录制幻灯片演示"按钮右侧的下拉按钮,在弹出的列表中选择"清除"选项,在弹出的子列表中选择相应选项。

3. 自定义放映

在一些特定场合中可能只需放映演示文稿中的一部分幻灯片,这时就可以通过创建幻灯片的自定义放映来达到该目的。

例如,放映"产品发布"演示文稿中的第 1~6 张幻灯片,并且将"用弧度丈量世界"(第 5 张)幻灯片及"天下武功唯快不破"(第 6 张)幻灯片放映顺序调换。

操作步骤

(1)选择"幻灯片放映"→"自定义幻灯片放映"→"自定义放映"命令,打开"自定义放映"对话框,如图 6-4-8 所示。

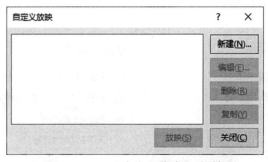

图 6-4-8 "自定义放映"对话框

(2)单击"新建"按钮,打开"定义自定义放映"对话框,在"幻灯片放映名称"文本框中输入自定义放映名称,如"天下武功唯快不破",在左侧列表框中选择左侧列表框中需要放映的幻灯片,单击"添加"按钮,把幻灯片添加到右侧列表框中。设置如图 6-4-9 所示。

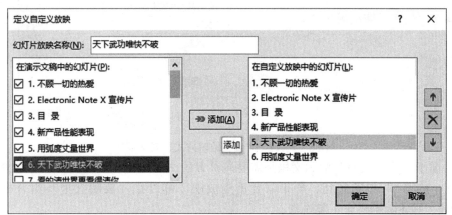

图 6-4-9 添加幻灯片至自定义放映

(3)选择右侧列表框中需调整顺序的幻灯片,单击 ⬆ 按钮或 ⬇ 按钮可以调整幻灯片自定义放映的顺序。

(4)单击"确定"按钮,返回"自定义放映"对话框,这时"自定义放映"列表框中已经显示出刚才创建的自定义放映名称，如图 6-4-10 所示，单击"放映"按钮，系统就会自动按设置的幻灯片内容进行放映。

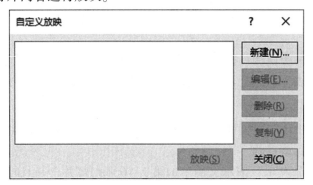

图 6-4-10　完成自定义放映设置

4. 设置放映方式

（1）打开"产品发布"演示文稿，选择"幻灯片放映"→"设置幻灯片放映"命令，打开"设置放映方式"对话框，如图 6-4-11 所示。

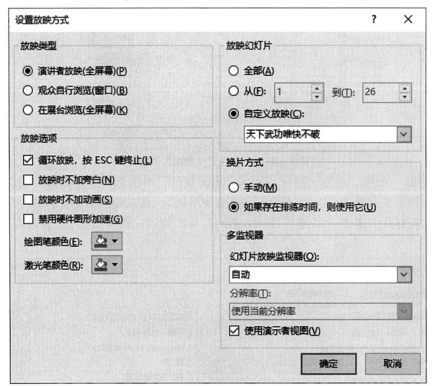

图 6-4-11　"设置放映方式"对话框

（2）由于"产品发布"演示文稿是需要演讲者的，因此在"放映类型"中选择"演讲者放映（全屏幕）"单选按钮，如果需要重复放映，可以在"放映选项"组合框中勾选"循环放映，按 Esc 键终止"复选框。

（3）放映幻灯片的范围，默认是全部放映，也可以选择从某张幻灯片到某张幻灯片或者设置自定义放映。

（4）在"换片方式"中，如果设计了幻灯片切换效果，就会存在排练时间，当然也可以通过排练计时的方式自动换片。

设置以上4个方面后,单击"确定"按钮,返回到演示文稿中,即可完成放映方式的设置。

【知识点】幻灯片放映方式

(1)"演讲者放映(全屏幕)":全屏显示幻灯片,演讲者能掌握放映过程,可以随时暂停放映,可以添加细节,以及录制和播放旁白。这是最常用的放映方式。

(2)"观众自行浏览(窗口)":幻灯片放映在标准窗口,观众可以拖动垂直滚动条,或者滚动鼠标滚轮来实现翻页。

(3)"在展台浏览(全屏幕)":自动全屏循环放映幻灯片,其他功能均不能使用,只能通过超链接或动作按钮来切换页面。只能通过"Esc"键终止放映。这是最简单的放映方式。

【任务4-2】 控制演示文稿的放映

作为演讲者,掌握演示文稿的放映技能十分重要,演讲者可以有选择地放映演示文稿,也可以在放映过程中定位某个幻灯片,甚至在演讲的同时,在幻灯片上留下屏幕的标记。

操作步骤

1. 放映演示文稿

按照设置的效果进行顺序放映,被称为一般放映,是演示文稿最常用的放映方式,PowerPoint提供了从头开始放映和从当前幻灯片开始放映两种方式。

(1)在"幻灯片放映"选项卡的"开始放映幻灯片"组中单击"从头开始"按钮,如图6-4-12所示,或者直接按"F5"键,从演示文稿的开始位置(第一张幻灯片)开始放映。

(2)在"幻灯片放映"选项卡的"开始放映幻灯片"组中单击"从当前幻灯片开始"按钮,如图6-4-12所示,或者直接按"Shift+F5"组合键,从演示文稿的当前幻灯片开始放映。

(3)单击状态栏上的"幻灯片放映"按钮 ,会从当前幻灯片开始放映。

图6-4-12 放映的两种方式

2. 隐藏幻灯片

每个演示文稿都包含多张幻灯片,系统默认依次放映每张幻灯片,如果在实际放映时不想每张幻灯片都被演示,可以通过隐藏幻灯片的方法将其隐藏起来,需要放映时再将它们显示出来。

(1)选中需要隐藏的幻灯片,如第2张幻灯片,选择"幻灯片放映"→"隐藏幻灯片"命令,如图6-4-13所示。

(2)被隐藏的幻灯片,在放映的时候是不会出现的,如果需要显示隐藏的幻灯片,在幻灯片的缩略图上,再次选择"幻灯片放映"→"隐藏幻灯片"命令即可。

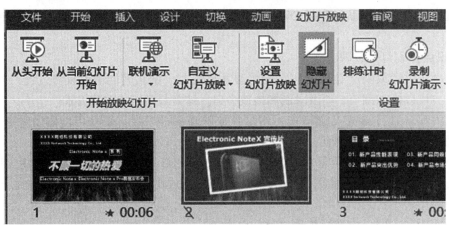

图 6-4-13　隐藏幻灯片

3. 定位幻灯片

在幻灯片放映视图右击，可弹出如图 6-4-14 所示的快捷菜单，或单击屏幕左下角的放映控制按钮，如图 6-4-15 所示。演讲者通过这些命令可以轻松掌握幻灯片的放映进度。

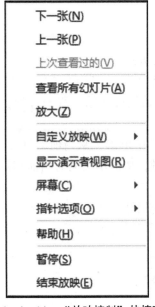

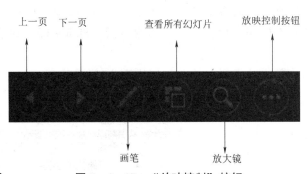

图 6-4-14　"放映控制"快捷菜单　　　　图 6-4-15　"放映控制"按钮

在实际放映中演讲者通常会使用快速定位功能实现幻灯片的定位，这种方式可以实现任意幻灯片之间的切换，如从第 16 张幻灯片"新产品同级比较"定位到第 2 张幻灯片"Electronic Note X 宣传片"等。

（1）放映演示文稿，在幻灯片中右击，在弹出的快捷菜单中，选择"上一张"命令可切换至上一张幻灯片。

（2）在屏幕左下角"放映控制"按钮中单击"查看所有幻灯片"（如图 6-4-15 所示），或者在右键快捷菜单中选择"查看所有幻灯片"命令（如图 6-4-14 所示），屏幕上可以看到 26 张幻灯片对应的缩略图，另外被隐藏的第 2 号幻灯片的序号有"\"，如图 6-4-16所示。

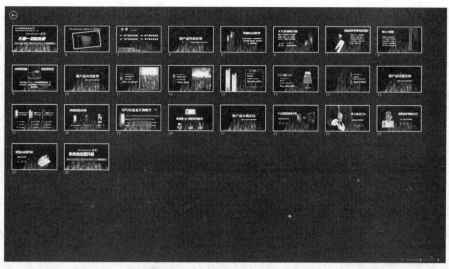

图 6-4-16　查看所有幻灯片

4. 添加屏幕注释

演讲者若想突出幻灯片中的某些重要内容，对其着重讲解，可以通过在屏幕上添加下划线或圆圈等注释方法来勾勒出重点。

（1）放映演示文稿，在幻灯片中右击，在弹出的快捷菜单中，选择"指针选项"命令，在子菜单中选择"笔"命令，如图 6-4-17 所示。

（2）此时光标变为一个小圆点，在需要突出重点的地方拖动光标绘制下划线，如图 6-4-18 所示。

（3）在指针选项中将"笔"更换为"荧光笔"，再次右击，选择"指针选项"→"墨迹颜色"，选择黄色。

（4）使用相同的方法拖动光标，使用荧光笔将幻灯片中的重点内容圈起来，最后效果如图 6-4-18 所示。

（5）当用户绘制错误时，可以选择"橡皮擦"命令，将绘制错误的墨迹逐项擦除。

（6）标注完成后，按"Esc"键退出放映状态时，系统会自动打开对话框询问用户是否保留在放映时所做的墨迹注释，如图 6-4-19 所示，若单击"保留"按钮，则添加的墨迹注释转换为图形保留在幻灯片中。

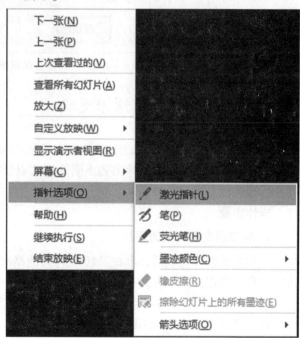

图 6-4-17　指针选项级联菜单

图6-4-18 在幻灯片中拖动鼠标绘制重点

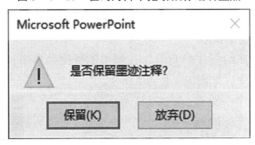

图6-4-19 "是否保留墨迹注释"提示框

【任务4-3】 输出演示文稿

不同的用途对演示文稿的格式也会有不同的要求,在 PowerPoint 2016 中可根据不同的需要,将制作好的演示文稿导出为不同的格式以便实现输出共享的目的。输出的结果可以是图片,也可以是视频等格式。

操作步骤

1. 将演示文稿转换为图片

演示文稿制作完成后,可将其转换为其他格式的图片文件,如 JPG、PNG 等图片文件,这样浏览者能以图片的方式查看演示文稿的内容,操作如下。

(1) 选择"文件"→"导出"→"更改文件类型",在右侧"图片文件类型"中选择"JPEG 文件交换格式",如图6-4-20所示。

(2) 单击"另存为"按钮,打开"另存为"对话框,在地址栏中设置保存位置,在"文件名"文本框中输入文件名,单击"保存"按钮。此时会弹出一个提示对话框,如图6-4-21所示,单击"所有幻灯片"按钮,可将演示文稿中所有幻灯片保存为图片。

(3) 打开保存幻灯片图片的文件夹,在其中可查看图片内容,双击幻灯片图片,在 Windows 照片查看器中打开图片进行查看,如图6-4-22所示。

模块 6 演示文稿 PowerPoint 2016

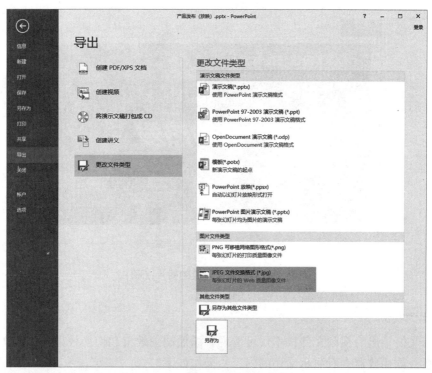

图 6-4-20 选择图片类型

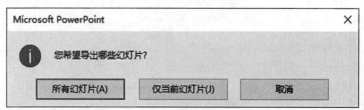

图 6-4-21 提示对话框

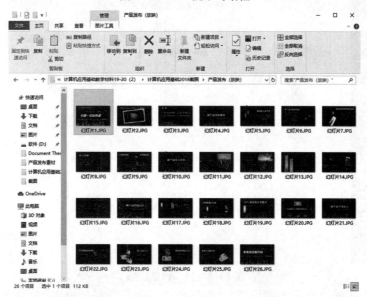

(a)

图 6-4-22 查看转换的图片
(a) 缩略图

(b)

图 6-4-22 查看转换的图片（续）

(b) 放大图

2. 导出为视频

将演示文稿导出为视频文件，不仅可以观看添加动画效果和切换效果的演示文稿，还可以通过任意一款播放器查看演示文稿的内容，操作如下。

（1）选择"文件"→"导出"→"创建视频"，如图 6-4-23 所示。

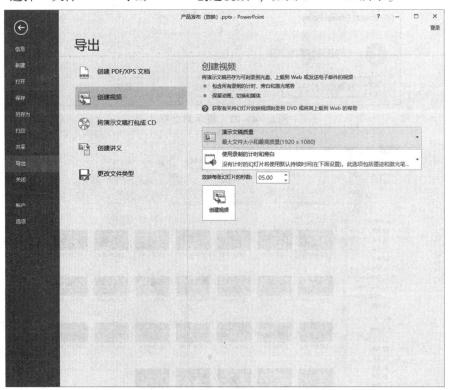

图 6-4-23 创建视频

（2）在右侧选择"演示文稿质量"，在下拉列表中，选择导出视频的分辨率，在"使用录制的计时和旁白"下拉列表中选择是否包含计时和旁白，下方设置放映每张幻灯片的大致时间。

模块6　演示文稿 PowerPoint 2016

(3) 单击"创建视频"按钮,打开"另存为"对话框,在地址栏中设置保存位置,在"文件名"文本框中输入文件名,保存视频的格式为.wmv,单击"保存"按钮。

(4) 开始导出视频,导出完成后,在保存位置双击导出的视频文件,将开始播放视频,如图6-4-24所示。

图6-4-24　将演示文稿导出为视频

3. 创建讲义

在 PowerPoint 2016 中将演示文稿创建为讲义,就是在 PowerPoint 2016 中创建一个包含该演示文档中的幻灯片和备注的 Word 文档,操作如下。

(1) 打开"产品发布(放映)"演示文稿,单击"文件"→"导出"→"创建讲义",单击"创建讲义"按钮,如图6-4-25所示。

(2) 在弹出的对话框中,设置讲义的版式,选择"空行在幻灯片旁",单击"确定"按钮后,会自动生成一个 Word 文档的讲义,如图6-4-26所示。

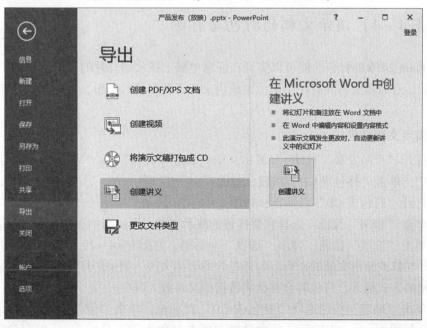

图6-4-25　创建讲义

图 6-4-26 生成讲义

4. 输出为其他格式

PowerPoint 演示文稿除了可以输出为图片和视频，还可以输出为较低版本 PowerPoint 97-2003 演示文稿（*.ppt）、幻灯片模板（*.potx）、自动以幻灯片放映形式打开的 PowerPoint 自动放映（*.ppsx）格式、每张幻灯片均为图片的演示文稿以及 PDF 文档格式，输出方法与转换为图片的方法类似，均是选择"文件"→"导出"→"更改文件类型"。

【任务 4-4】演示文稿的打包与打印

PowerPoint 2016 的打包功能可以实现在任意电脑上播放幻灯片的目的。另外，演示文稿制作完成后，有时需要将其打印出来，做成讲义或者留作资料备份，此时就需要使用打印设置来完成了。

1. 将演示文稿打包

（1）打开"产品发布（放映）"演示文稿，单击"文件"→"导出"→"将演示文稿打包成 CD"，单击"打包成 CD"按钮，如图 6-4-27 所示。

（2）打开"打包成 CD"对话框，如图 6-4-28 所示。

（3）单击"添加"按钮，选择需要打包的演示文稿，可以添加多个演示文稿。

（4）单击"选项"按钮，弹出"选项"对话框，如图 6-4-29 所示，在对话框中，可以设置打开与修改演示文稿的密码，勾选包含的链接文件，如果幻灯片中的音频、视频和图片是以链接的方式插入，打包时会自动将链接的文件放入其中。

（5）单击"确定"按钮返回"打包成 CD"对话框，单击"复制到文件夹"按钮，在对话框中，如图 6-4-30 所示，分别设置文件夹名称为"产品发布"，保存位置在桌面，单击"确定"按钮。

(6) 系统开始自动复制文件到文件夹,复制完成后,系统会自动打开生成的 CD 文件夹。如果所使用的电脑没有安装 PowerPoint,操作系统将自动运行"AUTORUN.INF"文件,并自动播放幻灯片文件,打包文件夹如图 6-4-31 所示。

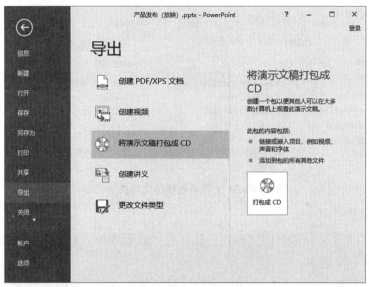

图 6-4-27 将演示文稿打包成 CD

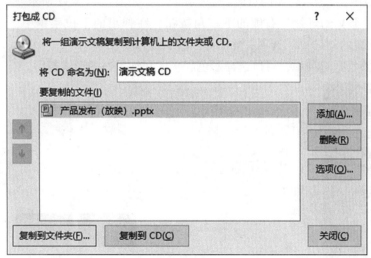

图 6-4-28 "打包成 CD"对话框

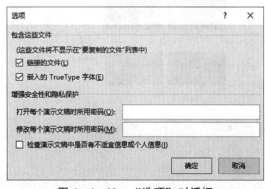

图 6-4-29 "选项"对话框

图 6-4-30 "复制到文件夹"对话框

计算机应用基础任务驱动教程——Windows 10 + Office 2016

图 6-4-31　打包生成的文件夹的内容

2. 演示文稿的打印

（1）选择"文件"→"打印"命令，打开打印设置界面，首先可以设置打印份数，如 2 份，如图 6-4-32 所示。

（2）在"打印机"列表中，选择正确的打印机型号，在"设置"组中，将打印范围设置为"自定义范围"，输入打印的页码，如"4-9"，如图 6-4-32 所示。

（3）单击"整页幻灯片"右侧的下三角按钮，在弹出的下拉菜单中，选择打印形式，如"6 张水平放置的幻灯片"选项，如图 6-4-33 所示。

（4）在"颜色"选项中，可以选择彩色、灰度和纯黑白的形式打印。

图 6-4-32　设置"打印"设置

— 290 —

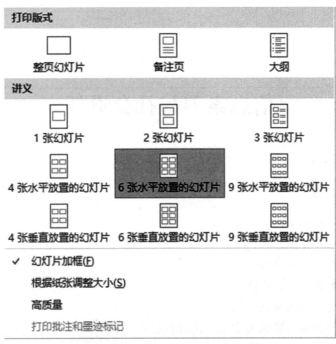

图 6-4-33 打印幻灯片或讲义

（5）单击"打印"按钮，即可对演示文稿进行打印。

▶**任务小结**

本次任务，我们学习了如何在放映演示文稿前设置放映方式、创建自定义放映、排练计时、录制旁白、隐藏不需要放映的幻灯片等；在放映演示文稿时，学习了如何快速定位某张幻灯片，在讲演过程中，对重点内容及突出部分做屏幕标注，将制作好的演示文稿输出为图片、视频格式；最后学习了演示文稿打包和打印的基本方法。

▶**模块总结**

PowerPoint 用于制作和放映演示文稿，是现在办公行业应用广泛的多媒体软件，使用 PowerPoint 软件可以用于制作培训讲义、宣传文稿、课件以及会议报告等各类型的演示文稿。通过多个任务的完成，我们可以总结出 PowerPoint 制作演示文稿的基本流程，如图 6-4-34所示。

图 6-4-34 PowerPoint 制作演示文稿的基本流程

模块 7 信息素养与社会责任

本模块知识目标
- 了解信息素养基本概念
- 了解信息素养标准
- 掌握信息素养基本内涵
- 了解信息素养主要表现能力
- 了解社会责任内涵及具有的意义
- 了解网络社会如何影响大学生，提高社会责任感

本模块技能目标
- 能够认识信息素养基本概念，基本能力
- 能够识别信息素养的内容包含的层次及之间的关系
- 能够掌握信息素养表现的能力
- 能够认识社会责任的意义
- 能够举例描述如何提高社会责任感

任务1 信息素养

▶任务介绍

信息素养是一种基本能力，是对信息社会的适应能力，包括基本学习技能、信息素养、创新思维能力、人际交往与合作精神、实践能力。信息素养涉及信息的意识、信息的能力和信息的应用等，本任务主要是学习信息素养的基本概念、标准、内涵及表现能力等。

▶任务分析

为了顺利地完成本次工作任务，需要对信息素养的基本概念等有一些基本的认识和了解，为以后的学习打下基础。本任务路线如图7-1-1所示。

图7-1-1 任务路线

完成本任务的相关知识点：
(1) 信息素养基本概念；

(2) 信息素养标准；
(3) 信息素养内涵；
(4) 信息素养表现能力。

▶**任务实现**

【任务1-1】信息素养基本概念

信息素养是一个含义广泛且不断发展的综合性概念。它不仅包括运用当代信息技术获取、识别、加工、传递和创造信息的基本技能，更重要的是有在当代信息技术所创造的新环境中独立学习的能力及创新意识、批判精神及社会责任感和参与意识。

信息素养的概念最早是由美国信息产业协会主席保罗·车可斯基（Paul Zurkowski）于1974年提出的，他对信息素养的定义是：利用大量的信息工具及主要信息源使问题得到解答的技术和技能。信息素养的概念通过掌握最基本的信息技术、到拥有信息意识、再到拥有信息选择以及评价和利用的能力这一过程来实现高校学生的终身学习。

1989年美国图书馆协会下设的"信息素养总统委员会"在其年度报告中对信息素养的含义进行了重新概括："能够判断什么时候需要信息，并且懂得如何去获取信息，如何去评价和有效利用所需的信息"。

信息素养是一种基本能力，是对信息社会的适应能力，包括基本学习技能、信息素养、创新思维能力、人际交往与合作精神、实践能力。信息素养涉及信息的意识、信息的能力和信息的应用。

信息素养是一种综合能力，涉及各方面的知识，是一个特殊的、涵盖面很宽的能力，它包含人文的、技术的、经济的、法律的诸多因素，和许多学科有着紧密的联系。信息技术支持信息素养，通晓信息技术强调对技术的理解、认识和使用技能。而信息素养的重点是内容、传播、分析，包括信息检索以及评价，涉及更宽的方面。它是一种了解、搜集、评估和利用信息的知识结构，既需要熟练的信息技术，也需要完善的调查方法来鉴别和推理。信息素养是一种信息能力，信息技术是它的一种工具。

【任务1-2】信息素养标准

到目前为止，我国仍未发布比较权威的、全国性的信息素养评价标准，北京高校图书馆学会在2005年完成了北京地区高校信息素养能力示范性框架研究，该框架由7个一级指标和19个二级指标组成。该研究推动了我国高校信息素养培养的全面发展。其中，7个一级指标分别如下。

指标1：能够了解信息与信息素养在当今社会中的作用、价值和力量。
指标2：能够确定自己所需信息的性质和范围。
指标3：能够有效地获取自己所需要的信息。
指标4：能够准确地评价信息及其信息源，能够把所选择的信息纳入已有的知识体系中，构建新的知识体系。
指标5：能够有效地管理、组织和交流信息。
指标6：无论是个人，还是团体的一员，都能够有效地使用信息来完成一项指定的任务。

指标7：能够了解与信息检索、使用相关的法规，道德与社会经济问题，能够正确、合法地搜索与使用信息。

【任务1-3】信息素养内涵

从根本上来说，具有信息素养的人是那些学会如何学习的人。具有信息素养的人熟悉知识的创造流程，通晓知识的组成结构和处理机制，能在需要的时候及时地发现所需要的特定知识和信息；能在大量的纷繁凌乱的信息中找到所需的有效信息；具有出色的知识和信息组织技能，具有敏锐的信息意识，能从普通的信息和知识中创造和发展出新知识；能对不同的信息和知识作出客观的评价，具有良好的信息道德。

信息素养内涵包含信息意识、信息知识、信息能力、信息道德4个方面，包含3个层次，具体要求如表7-1-1所示。

表7-1-1 信息素养内涵各层次及要求

层次	内涵			
	信息意识	信息知识	信息能力	信息道德
基础性信息素养	具有使用技术、信息和软件的习惯	了解计算机基本工作原理和网络基本知识	熟练地使用网上资源，学会获取、传输、处理、应用信息的基本方法	懂得与信息技术有关的道德、文化和社会问题，负责任地使用信息
自我满足性信息素养	积极利用信息技术，将信息技术作为工作、生活的必要手段之一	了解各类信息技术工具的原理知识	能充分利用信息技术为自己的学习、生活、工作服务	关注与信息技术有关的道德、文化和社会问题，自觉按照法律和道德使用信息技术
自我实现性信息素养	信息技术成为实现自我价值的重要工具，成为工作、生活的重要内容	了解信息技术原理和知识，深入掌握某一领域或方面的设计、开发、利用、管理和评价的知识	具有信息的分析、加工、评价、创新能力，具有设计和开发新的信息系统的能力	严格按照知识产权法等相关法规使用信息，做有知识、有责任感、有贡献的信息技术的使用者、探求者、创造者

（1）信息意识：指人们对情报现象的思想观点和情报嗅觉程度；是人们对社会产生的各种理论、观点、事物、现象从情报角度的理解、感受和评价能力。具体来说它包含了对信息敏锐的感受力、持久的注意力和对信息价值的判断力、洞察力。

（2）信息知识：传统文化知识、信息的基本知识、现代信息技术知识、信息法规伦理知识、外语。

（3）信息能力：即信息技能，包括确定信息需求的时机、选择信息源高效获取信息、处理评估信息、有效利用信息的能力。

（4）信息道德：指人们在信息活动中应遵循的道德规范，如保护知识产权、尊重个人隐私、抵制不良信息等。

【任务1-4】信息素养表现能力

信息素养主要表现为以下8个方面的能力。

（1）运用信息工具。能熟练使用各种信息工具，特别是网络传播工具。

（2）获取信息。能根据自己的学习目标有效地收集各种学习资料与信息，能熟练地运用阅读、访问、讨论、参观、实验、检索等获取信息的方法。

（3）处理信息。能对收集的信息进行归纳、分类、存储记忆、鉴别、分析综合、抽象概括和表达等。

（4）生成信息。在信息收集的基础上，能准确地概述、综合、履行和表达所需要的信息，使之简洁明了，通俗流畅并且富有特色。

（5）创造信息。在多种收集信息的交互作用的基础上，迸发创造思维的火花，产生新信息的生长点，从而创造新信息，达到收集信息的终极目的。

（6）发挥信息的效益。善于运用接收的信息解决问题，让信息发挥最大的社会和经济效益。

（7）信息协作。使信息和信息工具作为跨越时空的、"零距离"的交往和合作中介，使之成为延伸自己的高效手段，同外界建立多种和谐的合作关系。

（8）信息免疫。浩瀚的信息资源往往良莠不齐，需要有正确的人生观、价值观、甄别能力以及自控、自律和自我调节能力，能自觉抵御和消除垃圾信息及有害信息的干扰和侵蚀，并且完善合乎时代的信息伦理素养。

任务2　社会责任

▶任务介绍

社会中的每一个人都应该为自身所处的社会负责任和尽义务，社会责任感已成为其自身发展的内在需求和对社会发展的责任担当。为了更好地培养大学生的社会责任感，本任务主要是学习社会责任的意识及其重要意义，通过案例剖析如何提高社会责任感。

▶任务分析

为了顺利地完成本次工作任务，需要对社会责任感的基本概念等有一些基本的认识和了解，为以后的学习打下基础。本任务路线如图7-2-1所示。

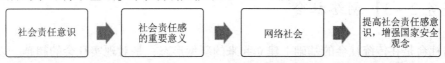

图7-2-1　任务路线

完成本任务的相关知识点：

（1）社会责任意识；

（2）重要意义；

(3) 网络社会；

(4) 增强安全观念。

▶任务实现

【任务2-1】社会责任意识

1. 自我责任意识

自我责任意识，指自己对自身处理事情或人际交往中应负责任的一种主观认识和态度。它通常表现为在一定的情境下，自己对自己负责，通过对自身的严格要求，加之不懈地努力，最终实现自身的人生价值。

2. 他人责任意识

他人责任意识是指对他人负责任的一种主观认识和态度。社会是由一个个的个体组成的，任何人都不能脱离社会和他人而单独存在，对他人负责任，反之他人就会对你负责任，形成一个良性循环，整个社会就会更和谐、美满。

3. 社会责任意识

社会责任意识是指处于社会中的每一个人都应该为自身所处的社会负责任和尽义务。为了使整个社会更加进步，每个人都应该贡献自己的一份力量，用自己的实际行动感化社会大群体，对社会负责任。

【任务2-2】社会责任感的重要意义

2013年5月4日，习近平总书记在同各界优秀青年代表座谈时指出："广大青年要勇敢肩负起时代赋予的重任，志存高远，脚踏实地，努力在实现中华民族伟大复兴的中国梦的生动实践中放飞青春梦想。"大学生作为广大青年的重要组成部分，肩负社会责任和时代重任，社会责任感已成为其自身发展的内在需求和对社会发展的责任担当。

社会责任感是优秀传统道德文化的重要组成部分，关系国家发展和民族振兴。"先天下之忧而忧，后天下之乐而乐""位卑未敢忘忧国""天下兴亡，匹夫有责"等体现强烈社会责任感的诗句至今仍有强大的生命力和现实意义。长期以来，党和国家高度重视青年学生的社会责任感培养，《国家中长期教育改革和发展规划纲要（2010—2020年）》中强调"着力提高学生服务国家、服务人民的社会责任感"。社会责任感是一种道德情感，是一种责任担当，是个人对国家、集体和他人所承担的道德责任的内在自觉意识和外在具体行为的有机统一。

【任务2-3】网络社会

网络社会是在传统社会的基础上建立起来的新型形态，是对现实社会的超越。以互联网信息技术为基础的传统社会结构发生了巨大的变化，"大数据""互联网+""网络命运共同体"时代的到来，使我们的社会生产活动发生了翻天覆地的变化。同样作为调节各类关系、规范行为活动、促进社会和谐健康发展而自觉形成的道德责任，是一定社会经济基础的集中反映，总是随着社会生产力的变化而改变。

尽管虚拟的互联网社会具有超越现实、开放隐蔽的特性，但是它与传统的现实社会一样，都是为了满足人们不断发展的需求，进而促进人的全面发展。网络时代的到来改变了传统的生产活动和思维方式，人与人、人与社会、人与自我之间的关系也随着社会空间的变化而发生改变，对伦理责任也有了更严格的要求。

首先，网络社会促进责任伦理的发展。以现代计算机网络信息技术为基础而形成和发展的网络社会为责任伦理的创新性发展提供了全新的平台，特别是对网络、多媒体、手机等智能终端和微博、微信、App 等自媒体的大量运用，为责任伦理带来了高效的传播载体和多样的培育手段。网络社会的开放性、虚拟性意味着传统社会的道德责任不能顾全所有，新型社会形态的产生冲击了传统社会原有的道德责任体系，促进了新的责任伦理的产生。

其次，网络社会对责任伦理的建构和完善形成了一定的冲击作用。网络社会中新的责任伦理体系尚未完全建立起来，传统伦理在虚拟网络环境的冲击下已失去原有秩序，导致了人在网络大环境下的责任缺失严重。主要有责任认识不足、道德责任价值认同淡漠、责任缺乏主动化践行等问题。特别是对当代大学生产生了不容小觑的影响，如网络诈骗、沉迷网络游戏、网络交友、网络色情、网络谣言以及网络校园贷等不良行为的发生。这些都严重影响了大学生的身心健康，给社会和谐稳定发展带来了隐患。

【任务 2-4】提高社会责任意识，增强国家安全观念

案例 1

2020 年 8 月，国家安全机关侦破河北某高校学生田某煽动颠覆国家政权案，及时挫败境外反华势力培养、扶植境内代理人的企图。

1999 年出生的田某为河北某高校新闻系学生。田某自 8 岁起开始收听境外反华媒体广播节目，经常"翻墙"浏览境外大量反华政治信息。2016 年 1 月，田某开通境外社交媒体账号，开始同境外反华敌对势力进行互动。进入大学后，田某经境外反华媒体记者引荐，成为某西方知名媒体北京分社实习记者。在此期间，田某大量接受活动经费，介入炒作多起热点敏感案件，累计向境外提供反宣素材 3000 余份，刊发署名文章 500 余篇。在境外势力蛊惑教唆下，田某于 2018 年创办境外反华网站，大肆传播各类反华信息和政治谣言，对中国进行恶毒攻击。2019 年 4 月，田某受境外反华媒体人邀请秘密赴西方某国，同境外二十余个敌对组织接触，同时接受该国十余名官员直接问询和具体指令，秘密搜集并向境外提供污蔑抹黑中国的所谓"证据"。

由于田某与境外反华组织接触开展的一系列渗透活动严重危害我国政治安全，国家安全机关通过严密侦查，于 2019 年 6 月依法将田某抓捕归案。

案例 2

江西赣州市会昌县村民张某发现其儿子张某某在广东汕头务工期间可能从事过危害国家安全的违法活动后，劝说并陪同其子于 4 月 21 日至赣州市国家安全局投案自首。张某某主动交代：2019 年在汕头期间，他通过微信结识某境外间谍情报机关人员，被对方以兼职为诱饵发展利用后，每天到驻汕头某部队港区进行观察记录，拍摄港区舰艇舷号的动态和静态情况，通过微信发给对方。在此过程中，张某某共接受对方提供的间谍经费近 3 万元。经有关部门鉴定，张某某提供给对方的多份资料涉及国家秘密。

▶模块总结

本模块主要介绍了信息素养和社会责任的基本概念等基本知识。信息素养是一种基本能

力,是对信息社会的适应能力。具有信息素养的人是那些学会如何学习的人。信息素养内涵包含信息意识、信息知识、信息能力、信息道德4个方面。社会责任意识是指处于社会中的每一个人都应该为自身所处的社会负责任和尽义务。鼓励大学生培养正确的人生观、价值观,要把自己个人的前途与祖国命运联系起来,做个有担当的大学生。